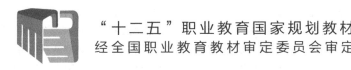

"十二五"职业教育国家规划教材

经全国职业教育教材审定委员会审定

塑料注射成型

第三版

戴伟民　主编

U0231001

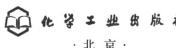

化学工业出版社

·北京·

本书主要介绍注射成型过程中所涉及的注射成型机、注射成型模具和注射成型工艺三部分内容。全书共分为六章：第一章主要介绍塑料制品生产过程、塑料注塑件的工艺特性分析和注射成型制品生产特点；第二章主要介绍常用注射成型机的注射成型系统、合模系统和控制系统，还简介了注射成型机的安装、调试及安全生产；第三章主要介绍注射成型模的组成以及成型零件、浇注系统、合模导向机构、脱模机构、侧向分型抽芯机构、温度调节系统、注射成型模具的使用；第四章主要介绍注射成型工艺过程及工艺条件分析、常用热塑性塑料的注射成型、注射成型制品的质量分析与管理、注射成型技术进展；第五章主要介绍模流分析软件在注射成型中的应用；第六章主要介绍典型制品注射成型案例。

本书内容密切联系生产实际，适用于高职高专高分子材料加工专业师生，也可供相关专业工程技术人员参考。

图书在版编目（CIP）数据

塑料注射成型/戴伟民主编. —3 版 . —北京：
化学工业出版社，2015.7（2024.2重印）
"十二五"职业教育国家规划教材
ISBN 978-7-122-24026-2

Ⅰ.①塑…　Ⅱ.①戴…　Ⅲ.①注塑-塑料成型-高等
职业教育-教材　Ⅳ.①TQ320.66

中国版本图书馆 CIP 数据核字（2015）第 106269 号

责任编辑：于　卉	文字编辑：李　玥
责任校对：宋　玮	装帧设计：王晓宇

出版发行：化学工业出版社（北京市东城区青年湖南街 13 号　邮政编码 100011）
印　　装：北京七彩京通数码快印有限公司
787mm×1092mm　1/16　印张 12½　字数 315 千字　　2024 年 2 月北京第 3 版第 5 次印刷

购书咨询：010-64518888　　　　　　售后服务：010-64518899
网　　址：http：//www.cip.com.cn
凡购买本书，如有缺损质量问题，本社销售中心负责调换。

定　　价：30.00 元　　　　　　　　　　　　　版权所有　违者必究

前　言

本书自 2009 年修订后出版以来，曾作为 2013 年国家精品资源共享课立项课程"塑料注射成型"的主要参考教材。为了能及时跟上现代塑料工业的发展步伐，满足广大读者的需求，编者决定对原书进行修订，更正原书中存在的不妥之处，并对相关章节进行了修编。

全书共分六章，以注射成型过程中所涉及的注射成型机、注射成型模具和注射成型工艺三部分内容为主。原第一章中增加了"塑料注塑件的工艺特性分析"的内容，并作为本章的第二节；第三章中增加了"其他注射成型模具"和"注射成型模具的使用"等内容；增加了第五章"模流分析软件在注射成型中的应用介绍"；并把第四章的第八节单独作为第六章"典型制品注射成型案例"。

本书的拓展内容及相关教学资源可进入国家精品课程《塑料注射成型》网站查阅，课程网址：http://jpkc.czili.edu.cn/slcx/。国家精品资源共享课立项课程《塑料注射成型》上线后，编者会在上述课程网站中提供网址。

第三版仍由常州轻工职业技术学院戴伟民老师担任主编。具体编写分工如下：第一章由常州轻工职业技术学院戴伟民老师和许昆鹏老师编写；第二章由武汉职业技术学院王红春老师编写；第三章由常州轻工职业技术学院卜建新老师和许昆鹏老师编写；第四章由常州轻工职业技术学院戴伟民老师和常州星宇车灯股份有限公司陈海民工程师编写；第五章由常州轻工职业技术学院许昆鹏老师编写；第六章由常州轻工职业技术学院戴伟民老师和许昆鹏老师编写。

本书在修订过程中得到高职高专学校的多位同仁支持，在此表示衷心的感谢！

由于塑料注射成型应用面广，技术发展迅猛，故本教材虽经修订，受编者实际经验所限，书中还可能有不妥之处，敬请使用本教材的教师与读者批评指正。

编　者
2015 年 2 月

第一版前言

本书是教育部高职高专规划教材,是按照教育部对高职高专人才培养工作的指导思想,在广泛汲取近几年高职高专教育成功经验的基础上编写的,是高分子材料加工专业必备的专业教材之一。

本书在编写过程中,注意贯彻"基础理论教学要以应用为目的,以必需、够用为度,以掌握概念、强化应用、培养技能为教学的重点"的原则,突出应用能力和综合素质的培养,反映高职高专特色。内容紧密联系生产实际,主要适用于高职高专学生,也可供相关专业工程技术人员参考。

本书由常州轻工职业技术学院戴伟民主编,无锡市松元塑料厂高级工程师陈庆生主审。编写分工如下:第一章、第四章由常州轻工职业技术学院戴伟民编写;第二章由江汉石油学院王红春编写;第三章由常州轻工职业技术学院卜建新编写。

在本书编写过程中,得到陶国良教授及有关高职高专学院多位同仁的支持,在此表示衷心的感谢!

由于编者水平有限,书中难免有不足之处,恳请使用本书的广大读者批评指正。

编　者

2004 年 9 月

第二版前言

本书自 2005 年出版以来，曾获 2007 年江苏省高等学校精品教材，也是 2008 年国家精品课程"塑料注射成型"的主要参考教材。本书于 2008 年被评为普通高等教育"十一五"国家级规划教材。为了能及时跟上现代塑料工业的发展步伐，满足广大读者需求，编者决定对第一版进行再版，更正第一版中存在的不妥之处，并对相关章节进行了修编。

本次第二版基本保持了第一版结构框架。全书共分四章，以注射成型过程中所涉及的注射成型机、注射成型模具和注射成型工艺三部分内容为主。原第一章中的"注射成型技术进展"内容移至第四章中，增加了"注射成型制品生产特点"内容；第二章中增加了"注射成型的动作过程""注射成型机进展"等内容；第三章增加了"注射成型模具进展"内容。此外，在增加或调整部分内容的同时，更新了参考文献。

本次第二版仍由常州轻工职业技术学院戴伟民担任主编，江汉石油学院王红春和常州轻工职业技术学院卜建新也参加了编写。常州轻工职业技术学院许昆鹏参与了本书的编写工作。在本书编写过程中还得到高职高专学校的多位同仁支持，在此表示衷心的感谢！

由于塑料注射成型应用面广，技术发展迅猛，故本教材虽已再版，受编者实际经验所限，书中可能会有不妥之处，敬请使用本教材的教师与读者批评指正。

编　者
2009 年 6 月

目　录

第一章 绪 论

【学习目标】

本章介绍了塑料制品生产、本课程主要内容与学习方法。

通过本章内容的学习，要求：

1. 掌握塑料的概念、塑料的组成和分类、塑料的性能及塑料制品生产；

2. 会分析注塑件的工艺特点；

3. 了解本课程的主要内容，掌握学习方法。

第一节 塑料制品生产

一、塑料

塑料是以合成树脂或天然树脂经化学改性后的产物为主要原料，适当加入添加剂（如填料、增塑剂、稳定剂、着色剂、抗氧剂、润滑剂等），在一定温度和压力下能成型成各种制品的可塑性材料，其弹性模量通常介于同类树脂制成的纤维与橡胶之间。

塑料是 20 世纪才发展起来的一大类新材料。由于其品种多、性能优、适应性广、加工方便等，因此发展迅速。到 20 世纪 90 年代，塑料的体积年产量已赶上钢铁，现已广泛用于国民经济的各个领域，成为人类社会中不可缺少的材料。

二、塑料的组成和分类

塑料的主要成分是树脂，约占塑料总量的 $40\% \sim 100\%$，塑料的基本性能主要取决于树脂。

塑料的分类方法很多，最常用的是按树脂的受热特性和塑料的用途分类。

1. 按树脂受热特性分类

按加热冷却时树脂呈现的特性，塑料分为热塑性塑料和热固性塑料两大类。

（1）热塑性塑料 热塑性塑料的特征是在特定温度范围内能反复加热软化和冷却硬化。常用的热塑性塑料有聚乙烯（PE）、聚丙烯（PP）、聚苯乙烯（PS）、聚氯乙烯（PVC）、聚甲醛（POM）、聚酰胺（PA）、聚碳酸酯（PC）、丙烯腈-丁二烯-苯乙烯共聚物（ABS）、聚甲基丙烯酸甲酯（PMMA）、聚对苯二甲酸乙二醇酯（PET）等。

（2）热固性塑料 热固性塑料受热后成为不熔不溶的物质，再次受热不再具有可塑性。常用的热固性塑料有酚醛树脂（PF）、环氧树脂（EP）、氨基树脂、醇酸树脂和不饱和聚酯（UP）等。

2. 按塑料用途分类

按塑料用途分为通用塑料、通用工程塑料、特种工程塑料和功能塑料等。

（1）通用塑料 通常指产量大、用量大、价格低廉、性能一般、主要用于制造日用品的塑料。常用通用塑料有聚乙烯、聚氯乙烯、聚苯乙烯、聚丙烯、酚醛塑料和氨基塑料等。

（2）通用工程塑料 一般指产量大、机械强度高、可代替金属用作工程结构材料的塑料，这类塑料包括聚酰胺、聚碳酸酯、聚甲醛、ABS、聚苯醚（PPO）、聚对苯二甲酸丁二醇酯（PBT）及其改性产品等。

（3）特种工程塑料（高性能工程塑料）　一般指产量小、价格昂贵、能耐高温、可作结构材料的塑料。如聚砜（PSF）、聚酰亚胺（PI）、聚苯硫醚（PPS）、聚醚砜（PES）、聚芳酯（PAR）等。

（4）功能塑料　一般指具有特种功能（如耐辐射、超导电、导磁、感光等）的塑料，包括氟塑料、有机硅塑料等。

三、塑料的性能

塑料除原料来源丰富、品种繁多、制造方便、色泽鲜艳和成型简单等特点外，还具有许多独特的优良性能，如质轻、比强度高，耐腐蚀性好，绝缘性好，优良的消声和减震性能，良好的透明、透光性，成型性好，价格便宜等。

塑料的主要缺点是：机械强度和耐热性较低，导热性差，热收缩率大，大部分易燃烧，在光、热、空气、机械以及化学介质等作用下易发生老化现象等。

四、塑料制品生产

塑料制品生产的目的是充分发挥塑料的固有特性，利用各种成型方法，使其成为具有一定形状并有使用价值的制件或型材。

塑料制品的生产主要由原料准备、成型、机械加工、修饰和装配等连续生产过程所组成。原料准备是指根据制品的使用性能和加工方法选择合适的树脂及助剂的过程，必要时还要进行配料和预处理（包括预压、预热和干燥等）操作。成型是将各种形态的塑料（如粉料、粒料、溶液或分散体等）制成所需形状的制品或坯件的过程，它是生产塑料制品的必经过程。塑料成型方法很多，如模塑、层压和压延等。塑料制品生产的其他过程，通常要根据制品的要求进行取舍。机械加工是指在成型后的工件上进行钻孔、切螺纹、车削或铣削等，以完成成型过程所不能完成或完成得不够准确的一些工作。修饰的目的是为美化制品外观或改变制品表面性能，如对制品表面进行磨削、抛光、增亮、涂层和镀金属等。装配是将已成型的各个部件连接或配套成为一个完整制品的过程。后三种过程有时称为二次加工。

塑料制品的模塑成型方法主要有注射成型、挤出成型、压缩模塑和传递模塑等，本书主要介绍塑料注射成型。

五、注射成型制品生产特点

注射成型工艺可以在较短的时间内利用热固性或者热塑性塑料生产出外形复杂、尺寸精确、重复性好、带有金属嵌件或非金属嵌件的注塑制品。此外，对于有一定批量要求的塑件，其新品开发周期较短，并且新品开发成本较低，生产效率也高，能够实现自动化生产，与其他生产工艺相比，产品的能耗也较低。

由于以上特点，塑料注射成型的应用范围越来越广，对于国民经济各领域的发展都起到了一定的促进作用，许多领域的复杂零件都有用塑料注塑制品替代的趋势。目前，注射成型制品产量已接近塑料制品产量的1/3；制品生产所用的注射成型机台数约占塑料制品成型设备总台数的1/4。随着注射成型工艺、理论和设备的研究进展，注射成型已应用于部分热固性塑料、泡沫塑料、多色塑料、复合塑料及增强塑料的成型中。

第二节　塑料注塑件的工艺特性分析

注塑件的结构特点决定了其注塑工艺性是否良好。好的注塑件设计在符合客户需求的同时，还应考虑其是否满足注射成型规律。

一、尺寸和精度

和注塑件的注塑工艺特性相关的尺寸指的并不是制品的具体尺寸，而是指注塑件的总体尺寸。在分析注塑件的总体尺寸对其注塑工艺特性的影响时，应着重考虑以下两个方面的因素：一是塑料的流动性，对于流动性差的塑料，所设计的塑料件的尺寸不宜过大，而且壁厚也不宜过薄，否则容易产生充模不足、产生明显的熔接痕并且熔接痕处的强度过差，此外还会影响产品的外观或者产品的强度；二是成型设备的能力，如果塑料件的尺寸过大，超出设备的成型能力，也不能得到合格的产品。

注塑件的精度也对其工艺有很大的影响。注塑件的精度主要是为了保证塑料件的装配及互换性要求。但注塑件的精度影响因素很多，其中应着重考虑的有以下几个方面：一是模具的制造误差，主要包括模具零件的制造误差、模腔的变形、模具零件相互之间的安装定位尺寸误差和浇口的位置、分型面位置、模具的拼合方式等；二是塑料材料的成型收缩率波动，如同一塑料材料的不同批次、同一塑料材料的不同成型工艺条件等都有可能造成成型收缩率的波动；三是模具在使用过程中的磨损；四是注射成型工艺条件的波动及产品尺寸测量条件的波动，成型过程中的工艺条件（如温度、压力、时间等）的波动直接影响产品的收缩率，测量条件的不同，所测得的产品的尺寸也有较大的差异，所以在测量和比较时应该统一标准，如国家标准。根据上述几点的分析可以知道，要求塑料件的精度达到金属件的水平是不科学和不经济的，在决定注塑件的尺寸精度时，可以参考 GB/T 14486—2008。

二、表面粗糙度

注塑件的表面粗糙度和所选用的材料、模具材料的选用及模具型腔表面的加工情况、注射成型工艺有很大的关系，所选用的材料必须有好的流动性，所设定的工艺条件也应能让塑料熔体平稳快速充模。在选定合适的塑料材料及注塑工艺后，在日常生产过程中还应注意以下几点。

① 对于表面要求高的塑料件，应选用适合的模具型腔材料，并且模具型腔表面粗糙度要求应达到 $Ra0.02\sim0.04\mu m$ 以上，并高于塑料制品表面的质量要求。

② 对于由于型腔表面的磨损而导致的注塑件表面质量变差，应及时维护模具型腔。

③ 对于透明注塑件，应要求对应的型腔和型芯表面有相同的表面粗糙度。

④ 注塑件的非配合表面和隐蔽表面可取较大的表面粗糙度，这样可以降低模具加工及注塑生产的难度。

⑤ 在不影响产品质量的前提下，对于有些难脱模的注塑件，可以利用其不同表面的粗糙度差异来使注塑件在开模时留在表面粗糙度较大的型芯或凹模中，这样便于安排脱模机构。

⑥ 注塑件的光亮度并不完全取决于型腔的表面粗糙度，它和塑料品种有很大的关系，有时也可以在选用的塑料材料中加入助剂来改善注塑件的表面质量。

⑦ 有时可通过放电或化学腐蚀的方法在型腔表面生成均匀的麻纹以使得到的注塑件表面达到闷光的效果，增加塑料件的质感。

⑧ 模具型腔的表面粗糙度对充模过程有一定的影响，所以在选择塑料件的表面粗糙度的同时还要考虑粗糙度对塑料熔体充模的影响。

三、结构形状

注塑成型对注塑件的结构形状有一定的要求，不符合注塑工艺特性的注塑件设计往往导致开发成本成倍上涨，并且注塑件的质量也难以保证。一个好的注塑件结构设计在符合客户使用要求的前提下，还应该注意考虑模具的结构，尽可能避免采用复杂的侧抽芯及瓣合模结构，使模具结构变得简单，这样不但可以缩短模具设计与制造难度，降低模具成本，也可以简化注塑工艺，提高生产效率。对于注塑件上较浅的侧凹及侧孔，如果采用的是强制脱模，则应检查注塑件的材料选择及工艺条件，确保脱模顺利并且不损伤制品。

四、脱模斜度

塑料注塑件在注射成型后，由于冷却结晶及热胀冷缩等作用，制品往往会包紧型芯，而较大的包紧力也会导致脱模力或者侧抽芯的抽拔力较大，不易脱模。在注塑时，如果加大脱模力强制脱模，通常会导致塑料件表面产生划痕、拉毛、变形等缺陷，并且模具的寿命也会变短。为了解决这个问题，在设计注塑件时要求在脱模方向或者抽拔方向的内外表面设置一定的脱模斜度。同样，在调整注塑工艺参数时，也应在保证产品质量的前提下，降低脱模力。

脱模斜度的大小可以根据产品的结构及使用要求、产品的表面粗糙度要求、塑料材料的种类、模具结构等综合考虑。比如注塑件形状复杂时、表面粗糙度大或者有花纹时、注塑件壁厚较大时、塑料材料的硬度较高时，在允许的情况下，均应采用较大的脱模斜度。

五、壁厚

通常情况下，壁厚较大的注塑件往往容易注塑成型。但注塑件壁厚的选择应综合考虑产品的总体尺寸及其成型的难易、产品的使用及装配要求、注塑件壁厚的均匀程度等。对于大型制品，壁厚应该取较大值，以便于注塑成型。很多注塑件往往在成型后还面临着二次加工方面的问题，这也是注塑件的壁厚在选取时应考虑的问题。此外，不均匀的注塑件壁厚通常会导致很多产品质量问题，所以好的注塑件的结构设计应保证其壁厚均匀，在不可避免不均匀的壁厚时，厚壁和薄壁间也应有很好的过渡。

六、加强筋和加强结构

提高注塑件的壁厚是保证注塑件强度和刚度的一种方法，但对于注射成型来说，这种方法却会同时带来许多弊端。我们可以在注塑件的受力较大或者易变形部位增设一些加强结构来提高其强度和刚度，并且还可以通过良好的设计，利用这些加强结构改善制品的充模及制品壁厚的均匀性问题。在日常生活中有许多这方面的例子，比如脸盆边缘及底部，塑料澡盆的边缘及底部，这些都是很好的加强结构设计方面的案例。

但在设计加强结构时，往往会导致制品局部壁厚增加，导致注塑生产时制品相应部位冷却后的凹陷及内应力等质量问题，所以在设计加强结构时应综合考虑。

七、支承面

对于需要支承面的注塑件，不能采用整个平面作为支承面，因为塑料件的平面总是容易变形，从而导致整个支承面不平。这种情况下可以在制品相应的支承面上增设凸边或者几个支脚来作为支承。在日常生活中这方面的案例也较多，比如保鲜盒、整理箱、塑料脸盆等都采用类似的设计来避免整个平面作为支承面。

在增设支承面时，也要注意同一平面上是否有加强筋等结构的存在。通常要求支承边或者支脚的高度尺寸应大于加强筋等结构的高度尺寸，这样可以保证是支承面起到相应的支承作用，而不是加强筋。

八、圆角

塑料熔体充模时应该尽量避免大幅度的运动状态调整，如果注塑件的结构决定了熔体充模时需要有较大幅度的运动状态方面的改变，在设计注塑件时，就应在这些结构有变化的部位尽可能采用圆度过渡。注塑件面和面间的过渡采用圆度过渡不但可以改善注塑时的充模性能，也可以避免制品和模具在相应部位的较高的应力集中，提高制品和模具的强度，同时模具零件的加工及热处理性能也会有所改善。但需要注意的是，在设计圆角过渡时，应考虑到制品的使用要求及注塑工艺的特点，不可盲目采用圆角过渡。

九、孔

注塑件由于使用或装配方面的要求，往往会设计一些孔，但在设计孔时应考虑到塑料材料的性能特点及注塑工艺特点，尽量避免两个孔之间的距离过近或者孔距离制品的边缘过近，因为孔间的距离或者孔距制品的边缘距离过近时，在注塑、装配或者使用过程中往往会成为薄弱环节，受力时容易损坏。另外，还应避免在注塑件上设计较深的盲孔，并且在设计较深的通孔时，可以采用组合型芯，降低型芯高度。因为注塑时的高压力会冲击型芯，导致型芯变形，使成型的孔的精度变差并且脱模难度也加大。对于一些异型孔，单一型芯成型困难时，可以采用组合型芯，降低模具复杂度。

十、螺纹和自攻螺纹

注塑件上螺纹的成型可以根据注塑件的结构采取整体式螺纹型芯及型环或者瓣合模成型。但必须注意的是，由于不同塑料的收缩率不同、加工工艺的变化及模具制造精度等许多因素都会影响注塑件螺纹的精度，所以不应对注塑件螺纹的精度提出过高的要求，并且内外螺纹的配合长度也不应过长。此外，由于塑料材料的特点，注塑件上的螺纹都应该有无牙段，并且在螺纹的起始及终止处均应有一定的过渡段，这样在拆装螺纹时，可以避免螺纹的变形及崩牙。

十一、嵌件

在很多应用场合，为了赋予注塑件局部有较高的强度、刚度、硬度、耐磨性及导电性等性能，或者为了提高注塑件的形状和尺寸稳定性、精度，或者为了降低塑料的消耗及满足外观设计需求，在注塑时，会在注塑件中埋入一些零件，这些零件可能是由玻璃、金属、木材、其他塑料等各种材料制成的。由于埋入的这些材料往往会影响注塑过程及最终所得产品的质量，所以我们也要注意这些零件在注塑件中的固定，同时还要保证这些零件周边的强度，并且在选用埋入的零件和制订注塑工艺时还要避免给注塑件带来内应力。此外，注塑前在模具中放入这些零件时，还应注意其在模具中的固定方式一定要可靠，以免出现较多的不合格品或者出现意外而导致模具损伤。

十二、标记符号

塑料注塑件内外表面经常会设计文字或标记，这些标记有些已经做成标准件，可以在注塑模具上预留位置，注塑生产前根据需要直接安装使用。有些文字或者标记是在模具加工时加工在模具型腔表面，在确定这些文字或者标记的尺寸、脱模斜度时也应该考虑注塑工艺的特点，尽可能让文字或标记容易成型和脱模，并且不易被损伤。

第三节　主要内容和学习要求

一、本书的主要内容

本书介绍注射成型过程中所涉及的注射成型机、注射成型模具、注射成型工艺及注射成型 CAE 软件四部分内容。全书共分为六章：第一章主要介绍塑料制品生产过程、塑料注塑件的工艺特性分析和注射成型制品生产特点；第二章主要介绍常用注射成型机的注射成型系统、合模系统和控制系统，还简介了注射成型机的安装、调试及安全生产；第三章主要介绍注射成型模的组成以及成型零件、浇注系统、合模导向机构、脱模机构、侧向分型抽芯机构、温度调节系统、注射成型模具的使用；第四章主要介绍注射成型工艺过程及工艺条件分析、常用热塑性塑料的注射成型、注射成型制品的质量分析与管理、注射成型技术进展；第五章主要介绍模流分析软件在注射成型中的应用；第六章主要介绍典型制品注射成型案例。

二、学习要求

通过本课程的学习，要求学生能掌握注射成型机的工作原理和结构特点，学会注射成型机正确选用及安装调试；掌握注射成型模具的组成及各组成部分的设计；掌握常用塑料的注射成型工艺条件及控制，学会分析生产中可能出现各种故障的原因及排除方法；会借助软件工具分析与解决注射成型过程中遇到的问题。

复习思考题

1. 什么是塑料？简述塑料制品的生产过程。
2. 影响注塑件注塑工艺特性的结构要素有哪些？
3. 简述注射成型技术的新进展。

第二章 注射成型机

【学习目标】

本章主要介绍了塑料注射成型机的结构、组成、工作原理和主要技术参数，重点分析了注射成型机的注射系统、合模系统和控制系统的结构、原理及其特点，简单介绍了注射成型机的安装、调试、操作与维护。

通过本章内容的学习，要求：

1. 掌握注射成型机的工作原理和结构性能；
2. 了解注射成型机的安装与调试、操作与维护；
3. 能分析注射成型机主要参数之间的相互关系和影响。

第一节 概　　述

注射成型是使热塑性或热固性塑料在料筒中经过加热、剪切、压缩、混合和输送作用，熔融塑化并使之均匀化，然后借助于柱塞或螺杆对熔化好的物料施加压力，将其推射到闭合的模腔中成型的一种方法。注射成型所用的机械为注射成型机，简称注塑机。

与其他成型方法相比，注射成型的特点为：能一次加工出外形复杂、尺寸精确或带有金属嵌件、成型孔长的塑料制品；成型周期短；制品表面粗糙度低，后加工量少；生产效率高，易于实现自动化；对各种塑料的加工适应性强，能生产加填料改性的某些塑料制品。

工业上所用的注射制品有塑料齿轮、轴承、阀件等；医学上所用的注射制品有一次性注射器、组织培养盘、血液分析试管等；此外，塑料注射制品还广泛用于电气工程、国防、航空、文教、农业、交通运输、建筑、包装等工业和人民生活等领域。

一、注射成型的动作过程

注射成型机的动作过程基本相同，通过了解注射成型机的动作过程，可以帮助分析注射成型机各组成部分的要求、结构及作用原理。图 2-1 为常规注射成型机的工艺流程。

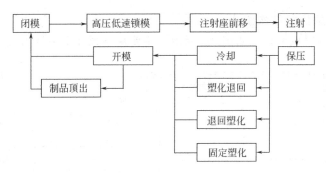

图 2-1　常规注射成型机的工艺流程

塑料制品的注射成型通常包括以下几个方面：固体物料的输送、加热、剪切、塑化、压缩、混炼、塑炼、均化后的熔融物料的充模，熔融态物料的保压、冷却或固化成型。为了配合上述塑料注塑制品的成型过程，注射成型机及模具要相互配合完成如图 2-1 所示的周期性循环。现以普通螺杆式注射成型机的工作过程加以说明。

1. 闭模和锁模

注塑周期是从注塑模具的闭合开始的。模具的闭合由注射成型机的合模机构完成。从缩短闭模时间提高工作效率和保护模具两个方面来考虑，要求合模机构在闭模第一阶段能提供较快的合模速度和较低的合模压力；而在合模的第二阶段，即模具即将闭合时，应该降低合模压力及速度试合模，如果没有异物或异常情况，合模系统切换成高压低速锁模，否则模具自动打开并报警以提醒操作人员排除故障。

2. 注射座前移和注射

正常合模后，注射成型机的注射座在油缸的作用下整体前移直至喷嘴和模具的主流道入口紧密贴合，然后再在注射油缸的作用下，推动螺杆前进，将设定量的塑料熔体以预定的速度或时间注射入模。

3. 保压

模具型腔充满后，一方面为防止熔体的倒流；另一方面为了对型腔内不断冷却收缩的熔体进行补充，在注射动作完成后，有必要继续通过螺杆对料筒内的熔体施加一定的压力，直至模具的浇口冻结。此过程中螺杆头部施加于熔体的压力称为保压压力，通过控制该压力及该压力作用的时间可以得到质量合格的、重复性好的塑料注塑制品。

4. 制品的冷却与预塑化

保压完成后，模具型腔中的物料在模具的冷却作用下固化定型，与此同时，完成保压后的螺杆在驱动装置的作用下开始旋转并把物料塑化并输送至料筒前端，而螺杆在物料的反作用下后退至设定的位置。

5. 注射座后退

在上一步所述的预塑化步骤进行时，注射装置可以不退回，也可以在物料预塑后退回，但有时也可以在退回后再预塑物料，这主要由物料、设备、模具的种类而定。

6. 开模及顶出制品

冷却完成后，模具开启，至开模终点后，注射成型机的顶出机构开始动作顶出制品。在此过程中，制品可以自由落下，也可以由人工或机械手取出制品。

上述为通常情况下注射成型机的动作过程，但随着注射成型机的种类及应用场合的变化，上述动作过程可能有所改变，应根据具体情况加以调整。

二、注射成型机的结构组成

一台通用型注射成型机（如图 2-2 所示）主要由下列几个系统组成。

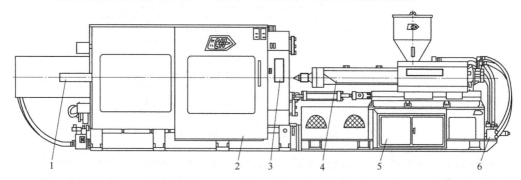

图 2-2　注射成型机的结构组成

1—合模系统；2—安全门；3—控制电脑；4—注射成型系统；5—电控箱；6—液压系统

1. 注射成型系统

使塑料均匀地塑化成熔融状态，并以足够的速度和压力将一定量的熔料注射入模腔内。主要由料斗、螺杆、料筒、喷嘴、螺杆传动装置、注射成型座移动油缸、注射油缸和计量装置等组成。

2. 合模系统

亦称锁模装置，其主要作用是保证成型模具的可靠闭合，实现模具的开、合动作以及顶出制品。通常由合模机构、拉杆、模板、安全门、制品顶出装置、调模装置等组成。

3. 液压与电气控制系统

是保证注射成型机按工艺过程预定的要求（如压力、温度、速度及时间）和动作程序，准确、有效地工作。液压传动系统主要由各种阀件、管路、动力油泵及其他附属装置组成；电气系统主要由各种电器仪表等组成。液压与电气系统有机地组合在一起，对注射成型机提供动力和实施控制。

三、注射成型机的分类

塑料注射成型机有以下几种常见的分类方法。

1. 按机器加工能力分类

按机器加工能力（指机器的注射量和锁模力）分为超小型（锁模力在 160kN 以下、注射成型量在 16cm³ 以下者），小型（锁模力为 160～2000kN、注射成型量为 16～630cm³），中型（锁模力为 2000～4000kN、注射成型量为 800～3200cm³），大型（锁模力为 4000～12500kN、注射成型量为 3200～10000cm³），超大型（锁模力在 12500kN 以上、注射成型量在 10000cm³ 以上）。

2. 按机器的传动方式分类

按机器的传动方式分为机械式注射成型机、全液压式注射成型机、液压-机械式注射成型机。由于机械式注射成型机制造维修困难、噪声大、惯性大等缺陷，目前已被淘汰。

3. 按塑化和注射成型方式分类

按塑化和注射成型方式可分为柱塞式注射成型机和螺杆式注射成型机。

（1）柱塞式注射成型机 柱塞式注射成型机是通过柱塞依次将落入料筒中的颗粒状物料推向料筒前端的塑化室，依靠料筒外部加热器提供的热量将物料塑化成黏流状态，而后在柱塞的推挤作用下，注入模具的型腔中，见图 2-3。

（2）螺杆式注射成型机 螺杆式注射成型机其物料的熔融塑化和注射成型全部都由螺杆来完成。图 2-4 所示是目前生产量最大、应用最广泛的螺杆式注射成型机。

4. 按机器外形特征分类

按机器外形特征分为立式、卧式、角式和多模注射成型机。

（1）立式注射成型机 其注射成型装置与合模装置的轴线呈垂直排列，见图 2-5。优点是：易于安放嵌件，占地面积小；模具拆装方便。缺点是：机身较高，加料不便；重心不稳，易倾斜；制品不能自动脱落，需人工取出，难以实现自动化操作。因此，立式注射成型机主要用于生产注塑量在 60cm³ 以下、多嵌件的制品。

（2）卧式注射成型机 其注射成型装置与合模装置的轴线呈水平排列，如图 2-6 所示。与立式注射成型机相比，具有机身低、便于操作；制品依自重脱落，可实现自动化操作等优点。但也有模具安装麻烦、嵌件易倾覆落下、机器占地面积大等不足。目前，该形式的注射成型机使用最广、产量最大，是国内外注射成型机的最基本形式。

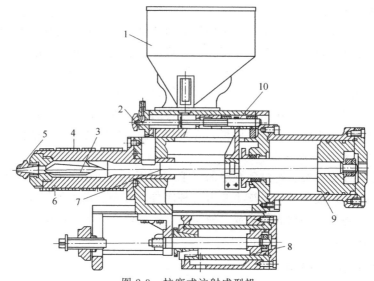

图 2-3　柱塞式注射成型机

1—料斗；2—计量供料；3—分流梭；4—加热器；5—喷嘴；6—料筒；7—柱塞；
8—移动油缸；9—注射成型油缸；10—控制活塞

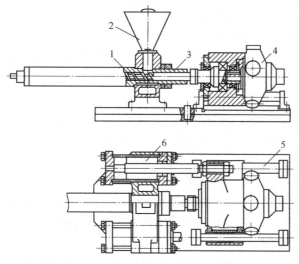

图 2-4　螺杆式注射成型机

1—螺杆；2—料斗；3—料筒；4—液压电机；
5—导柱；6—注射成型油缸

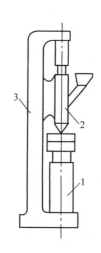

图 2-5　立式注射成型机简图

1—合模系统；2—注射成型系统；
3—机身

（3）角式注射成型机　其注射成型装置与合模装置的轴线相互成垂直排列，注射时，熔料从模具分型面进入型腔，如图 2-7 所示。该类注射成型机适用于成型中心不允许留有浇口痕迹的制品。目前，国内许多小型机械传动的注射成型机多属于这一类，而大、中型注射成型机一般不采用这一形式。

（4）多模注射成型机　这是一种多工位操作的特殊注射成型机，如图 2-8 所示。该类注射成型机充分发挥了塑化装置的塑化能力，可缩短成型周期，适用于冷却定型时间长、安放嵌件需要较多生产辅助时间、具有两种或两种以上颜色的塑料制品生产。多模注射成型机又分单注射成型头多模位式（用一个注射成型装置供多模注射成型）、多注射成型头单模位式和多注射成型头多模位式。

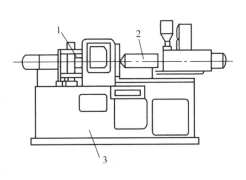

图 2-6 卧式注射成型机

1—合模系统；2—注射成型系统；3—机身

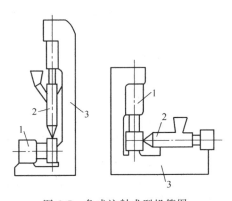

图 2-7 角式注射成型机简图

1—合模系统；2—注射成型系统；3—机身

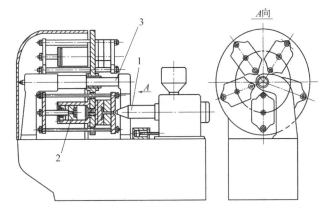

(a) 合模机构绕水平轴转动式

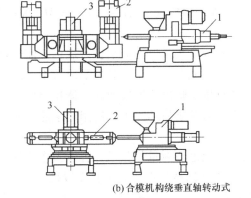

(b) 合模机构绕垂直轴转动式

(c) 注射系统移动（或摆动）式

图 2-8 多模注射成型机

1—注射成型系统；2—合模系统；3—转盘轴；4—滑道

近年来，为了满足生产要求，出现了注射成型装置和合模装置的位置可依据需要进行多种组合的注射成型机。

四、注射成型机的操作方式

注射成型机通常设有可供选择使用的四种操作方式，即调整、手动、半自动和全自动。

1. 调整操作

指注射成型机所有动作，都必须在按住相应按钮开关的情况下慢速进行。放开按钮，动作即停止，故又称为点动。这种操作方式适合于装拆模具、螺杆或检修、调整注射成型机时用。

2. 手动操作

指按动按钮后，相应的动作便进行，直至动作完成。这种操作方式多用在试模或开始生产阶段或自动生产有困难的一些制品上使用。

3. 半自动操作

指将安全门关闭以后，工艺过程中的各个动作按照一定的顺序自动进行，直到打开安全门取出制件为止。该操作主要用于不具备自动化生产条件的塑料注射制品的生产，如人工取出制品或放入嵌件等，是一种最常用的操作方式。采用半自动操作，可减轻体力劳动和避免因操作错误而造成事故。

4. 全自动操作

指注射成型机全部动作由电器控制，自动地往复循环进行。由于模具顶出并非完全可靠以及其他附属装置的限制，目前在实际生产中的使用还较少。但采用这种操作方式可以减轻劳动强度，是实现一人多机或全车间机台集中管理、进行自动化生产的必备条件。

五、注射成型机的规格表示

对注射成型机的规格表示，虽然各个国家有所差异，但大部分都是采用注射容量、合模力及注射容量与合模力同时表示三种方法。

1. 注射容量表示法

该法是以注射成型机标准螺杆的80％理论注射容量（cm^3）为注射成型机的注射容量。但由于此容量是随设计注射成型机时所取的注射压力即螺杆直径而改变，同时，注射容量与加工物料的性能和状态有密切的关系。因此，采用注射容量表示法，并不能直接判断出两台注射成型机的规格大小。我国以前生产的注射成型机就是用此法表示的，如 XS-ZY-250，即表示注射成型机的注射容量为 $250cm^3$ 的预塑式（Y）塑料（S）注射（Z）成型（X）机。

2. 合模力表示法

该法是以注射成型机的最大合模力（单位为吨）来表示注射成型机的规格。由于合模力不会受到其他取值的影响而改变，可直接反映出注射成型机成型制品面积的大小，因此采用合模力表示法直观、简单。但由于合模力并不能直接反映出注射成型制品体积的大小，所以此法不能表示出注射成型机在加工制品时的全部能力及规格的大小，使用起来还不够方便。

3. 注射容量与合模力同时表示法

这是注射成型机的国际规格表示法。该法是以理论注射量作分子，合模力作分母（即注射容量/合模力）。具体表示为 SZ-□/□，S 表示塑料机械，Z 表示注射成型机。如 SZ-200/1000，表示塑料注射成型机（SZ），理论注射量为 $200cm^3$，合模力为 1000kN。

我国注射成型机的规格是按国家标准 GB/T 12783—2000 编制的。注射成型机规格表示的第一项是类别代号，用 S 表示塑料机械；第二项是组别代号，用 Z 表示注射；第三项是品种代号，用英文字母表示；第四项是规格参数，用阿拉伯数字表示。第三项与第四项之间一般用短横线隔开，其表示方法为：

S Z □-□
类 组 品 规
别 别 种 格
代 代 代 参
号 号 号 数

注射成型机品种代号、规格参数的表示见表2-1。

表 2-1　注射成型机品种代号、规格参数 (GB/T 12783—2000)

品　种　名　称	代　号	规　格　参　数	备　注
塑料注射成型机	不标	合模力(kN)	卧式螺杆式预塑为基本型,不标品种代号
立式塑料注射成型机	L(立)		
角式塑料注射成型机	J(角)		
柱塞式塑料注射成型机	Z(柱)		
塑料低发泡注射成型机	F(发)		
塑料排气式注射成型机	P(排)		
塑料反应式注射成型机	A(反)		
热固性塑料注射成型机	G(固)		
塑料鞋用注射成型机	E(鞋)	工位数×注射装置数	注射装置数为1时不标注
聚氨酯鞋用注射成型机	EJ(鞋聚)		
全塑鞋用注射成型机	EQ(鞋全)		
塑料雨鞋、靴注射成型机	EY(鞋雨)		
塑料鞋底注射成型机	ED(鞋底)		
聚氨酯鞋底注射成型机	EDJ(鞋底聚)		
塑料双色注射成型机	S(双)	合模力(kN)	卧式螺杆式预塑为基本型时不标品种代号
塑料混色注射成型机	H(混)		

第二节　注射成型机的主要技术参数

注射成型机的主要技术参数有注射量、注射压力、注射速率、塑化能力、锁模力、合模装置的基本尺寸、开合模速度、空循环时间等。这些参数是设计、制造、购置和使用注射成型机的依据。

一、注射系统的基本参数

1. 注射量

注射量是指在对空注射条件下,注射螺杆或柱塞作一次最大注射行程时,注射成型系统所能达到的最大注出量。该参数在一定程度上反映了注射成型机的加工能力,标志着该注射成型机能成型塑料制品的最大质量,是注射成型机的一个重要参数。注射量一般有两种表示方法:一种以 PS 为标准 (密度 $\rho=1.05\text{g/cm}^3$),用注出熔料的质量 (g) 表示;另一种是用注出熔料的容积 (cm^3) 来表示。我国注射成型机系列标准采用后一种表示方法。系列标准规定有 16cm^3、25cm^3、40cm^3、63cm^3、100cm^3、160cm^3、200cm^3、250cm^3、320cm^3、400cm^3、500cm^3、630cm^3、800cm^3、1000cm^3、1250cm^3、1600cm^3、2000cm^3、2500cm^3、3200cm^3、4000cm^3、5000cm^3、6300cm^3、8000cm^3、10000cm^3、16000cm^3、25000cm^3、40000cm^3 等。

根据注射量的定义,由图 2-9 可知注射螺杆一次所能注出的最大注射量的理论值为:螺杆头部在其垂直于轴线方向的最大投影面积与注射螺杆行程的乘积。

$$Q_L = \frac{\pi}{4} D^2 S \qquad (2\text{-}1)$$

式中　Q_L——理论最大注射量,cm^3;

　　　D——螺杆或柱塞的直径,cm;

　　　S——螺杆或柱塞的最大行程,cm。

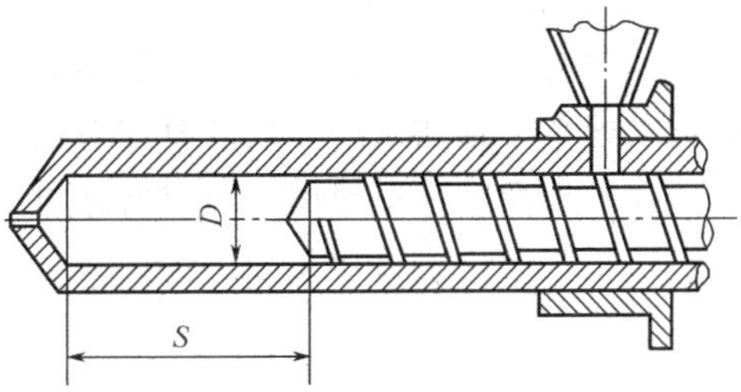

由于注射时,有部分熔料在压力作用下产

图 2-9　注射量与螺杆几何尺寸的关系

生回流，为保证塑化质量和在注射完毕后保压时的补缩需要，实际注射量要小于理论注射量。因此，注射量需作适当修正，修正后的注射量为：

$$Q = \alpha Q_L = \frac{\pi}{4} D^2 S \alpha \tag{2-2}$$

式中　Q——实际注射量，cm^3；

α——射出系数，一般为 0.7～0.9，对热扩散系数小的物料 α 取小值，反之取大值，通常取 α 为 0.8。

影响射出系数的因素很多，如被加工物料性能、螺杆结构参数、模具结构、制品形状、注射压力、注射速率、背压大小等。

通常，注射制品与浇注系统的总用料量为注射量的 25%～70%，最低不小于 10%。如果总用料量太少，则注射成型机不能充分发挥效能，而且熔料也会因在料筒中停留时间过长而分解；若总用料量大于注射量的 70%，则制品成型时易出现缺陷。

2. 注射压力

注射压力是指螺杆或柱塞端面处作用于熔料单位面积上的力。在注射成型时，为了克服熔料流经喷嘴、流道和型腔时的流动阻力，螺杆或柱塞对熔料必须施加足够的压力。注射压力的大小与注射成型机结构、流动阻力、制品形状、塑料性能、塑化方式、塑化温度、模具结构、模具温度和对制品精度要求等因素有关。注射压力可用式(2-3)计算：

$$p_z = \frac{\frac{1}{4}\pi D_0^2 p_0}{\frac{1}{4}\pi D^2} = \left(\frac{D_0}{D}\right)^2 p_0 \tag{2-3}$$

式中　p_z——注射压力，MPa；

D_0——注射成型油缸内径，cm；

D——注射成型螺杆或柱塞直径，cm；

p_0——工作油压力，MPa。

在实际生产中，注射压力应能在注射成型机允许的范围内调节。若注射压力过大，则制品上可能会产生飞边；制品在模腔内因镶嵌过紧造成脱模困难；制品内应力增大，强制顶出会损伤制品；影响注射系统及传动装置的设计。若注射压力过低，易产生缺料和缩痕，甚至根本不能成型等现象。

注射压力的大小要根据实际情况进行选用。如熔体黏度高的物料（PVC、PC 等）比熔体黏度低的物料（PS、PE 等）所用的注射压力高；制品为薄壁、长流程、大面积、形状复杂件时，注射压力应选高一些；模具浇口小时，注射压力应取大一些。

为满足精密制品、结构形状复杂制品和工程结构零件的加工要求，使注射成型机加工适应能力增强、成型周期缩短、产品质量提高，注射压力有提高的趋势。

3. 注射速率（注射速度、注射时间）

注射时，为了使熔料及时充满型腔，除了必须有足够的注射压力外，熔料还必须有一定的流动速率。描述这一参数的有注射速率、注射速度和注射时间。

注射速率、注射速度、注射时间可用式(2-4)和式(2-5)定义：

$$q_{注} = \frac{Q_{公}}{\tau_{注}} \tag{2-4}$$

$$V_{注} = \frac{S}{\tau_{注}} \tag{2-5}$$

式中　$q_{注}$——注射速率，cm^3/s；

　　　$Q_{公}$——注射量，cm^3；

　　　$\tau_{注}$——注射时间，s；

　　　$V_{注}$——注射速度，mm/s；

　　　S——注射行程，即螺杆移动距离，mm。

可见，注射速率是将已塑化好的达到一定注射量的熔料在注射时间内注射出去，单位时间内所达到的体积流率；注射速度是指螺杆或柱塞的移动速度；而注射时间，即螺杆（或柱塞）射出一次注射量所需要的时间。

注射速率（注射速度、注射时间）的选定很重要。若注射速率过低（即注射时间过长），制品易形成冷接缝，不易充满复杂的模腔。合理地提高注射速率，能缩短生产周期，减少制品的尺寸公差，能在较低的模温下顺利地获得优良的制品，特别是在成型薄壁、长流程制品及低发泡制品时采用高的注射速率，能获得优良的制品。通常，$1000cm^3$ 以下的中小型螺杆式注射成型机注射时间为 3～5s，大型或超大型注射成型机也很少超过 10s。表 2-2 列出了注射速率的数值，供参考。但是，注射速率也不能过高，否则塑料高速流经喷嘴时，易产生大量的摩擦热，使物料发生热降解和变色，模腔中的空气由于被急剧压缩产生热量，在排气口处有可能出现制品烧伤的现象。一般说来，注射速率应根据工艺要求、塑料性能、制品形状及壁厚、浇口设计以及模具冷却情况来选定。

表 2-2　常用的注射速率

注射量/cm³	125	250	500	1000	2000	4000	6000	10000
注射速率/(cm³/s)	125	200	333	570	890	1330	1600	2000
注射时间/s	1	1.25	1.5	1.75	2.25	3	3.75	5

此外，为了提高注射制品的质量，尤其对形状复杂制品的成型，近年来发展了变速注射，即注射速度是变化的，其变化规律根据制品的结构形状和塑料的性能决定。

4. 塑化能力

塑化能力是指塑化装置在单位时间内所能塑化的物料量。塑化能力与螺杆转速、驱动功率、螺杆结构、物料的性能有关。

塑化能力与成型周期的关系为：

$$G = \frac{Q}{T} \tag{2-6}$$

式中　G——注射成型机塑化能力，g/s；

　　　Q——注射质量（PS），g；

　　　T——成型周期，s。

注射成型机的塑化装置应能在规定的时间内保证能够提供足够量的塑化均匀的熔料。塑化能力应与注射成型机整个成型周期配合协调，否则不能发挥塑化装置的能力。若塑化能力高而注射成型机空循环时间长，则可采用提高螺杆转速、增大驱动功率、改进螺杆结构形式等方法提高塑化能力和改进塑化质量。一般注射成型机的理论塑化能力大于实际所需量的20%左右。

5. 其他参数

（1）开合模速度　为使模具闭合时平稳以及开模、顶出制品时不使塑料制件损坏，要求模板慢行，但模板又不能在全行程中慢速运行，这样会降低生产率。因此，在每一个成型周期中，模板的运行速度是变化的。即在合模时从快到慢，开模时则由慢到快再慢。速度的变化由液压与电气控制系统来完成。

目前国产注射成型机的动模板移动速度，高速为 12～22m/min，低速为 0.24～3m/min。随着生产的高速化，动模板的移动速度，高速已达到 25～35m/min，有的甚至可达60～90m/min。

（2）空循环时间　空循环时间是指在没有塑化、注射保压、冷却、取出制品等动作的情况下，完成一次循环所需要的时间（s）。它由合模、注射座前进和后退、开模以及动作间的切换时间所组成。

空循环时间是表征机器综合性能的参数，它反映了注射成型机机械结构的好坏、动作灵敏度、液压系统以及电气系统性能的优劣（如灵敏度、重复性、稳定性等），也是衡量注射成型机生产能力的指标。近年来，由于注射、移模速度的提高和采用了先进的液压电气控制系统，空循环时间已大为缩短，即空循环次数大为提高。

二、合模系统的基本参数

1. 锁模力

锁模力是指注射成型机合模机构施于模具上的最大夹紧力。在此力作用下，模具不应被

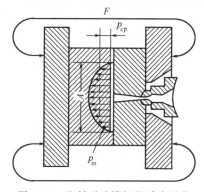

图 2-10　注射时动模板的受力平衡

熔料所顶开。它在一定程度上反映出注射成型机所能加工制品的大小，是一个重要的技术参数。有些国家采用最大锁模力作为注射成型机的规格标称。锁模力如图2-10所示，当熔料以一定速度和压力注入模腔前，需克服流经喷嘴、流道、浇口等处的阻力，会损失一部分压力。但熔料在充模时还具有相当高的压力，此压力称为模腔内的熔料压力，简称模腔压力 p_{m}。模腔压力在注射时形成的胀模力将会使模具顶开。为保证制品符合精度要求，合模系统必须有足够的锁模力来锁紧模具。

在注射成型时，为了使模具不能被模腔压力所形成的胀模力顶开，锁模力应满足式(2-7)：

$$F \geqslant K p_{\mathrm{cp}} A \times 10^{-3} \tag{2-7}$$

式中　F——合模力，kN；

　　　K——安全系数，一般取 1～2；

　　　p_{cp}——模腔内平均压力，MPa；

　　　A——成型制品和浇注系统在模具分型面上的最大投影面积，mm²。

制品在模具分型面上的最大投影面积比较容易确定，但模腔平均压力是一个比较难以确定的数值，因为它受到注射压力、成型工艺条件、物料性能、模具结构、喷嘴和浇道形式、模具温度、制品形状和精度要求等因素的影响。模腔平均压力可参见表2-3选择。但结果较粗略，多数情况下，可用流长比（i）（熔料流经自浇口到制品最边缘的极限流程与制品壁

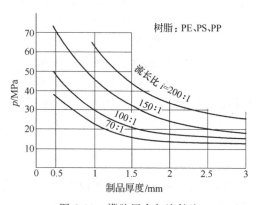

图 2-11　模腔压力与流长比

厚之比）反映流道阻力，用黏度系数 α 表示物料流动。用查图（表）计算法，确定模腔平均压力。

$$p_{\mathrm{cp}} = \alpha p_{\mathrm{m}} \tag{2-8}$$

式中　p_{m}——根据流长比由图 2-11 查出的模腔压力值，MPa；

　　　α——塑料的黏度系数（查表 2-4）。

表 2-3　模腔平均压力与成型制品的关系

成　型　条　件	模腔平均压力/MPa	举　　例
易于成型制品	25	PE、PP、PS 等壁厚均匀的日用品
一般制品	30	在模具温度较高条件下,成型薄壁容器类制品
加工高黏度和有要求制品	35	BS、POM 等加工有精度要求的零件
用高黏度物料加工高精度、难充模制品	40～45	高精度机械零件，如塑料齿轮等

表 2-4　塑料黏度系数 α

塑料名称	PE、PP、PS	PA	ABS	PMMA	PC
黏度系数 α	1	1.2～1.4	1.3～1.4	1.5～1.7	1.7～2.0

锁模力的选取很重要。若选用注射成型机的锁模力不够，在成型时易使制品产生飞边，不能成型薄壁制品；若锁模力选用过大，容易压坏模具，使制品内应力增大和造成不必要的浪费。因此，锁模力是保证塑料制品质量的重要条件。近年来，由于改善了塑化机构的效能，改进了合模机构，提高了注射速度并实现其过程控制，注射成型机的锁模力有明显的下降。

2. 合模装置的基本尺寸

合模装置的基本尺寸直接关系到所能加工制品的范围和模具的安装、定位等。主要包括有：模板尺寸与拉杆间距、模板间最大开距、动模板行程、模具厚度、调模行程等。

（1）模板尺寸与拉杆间距　如图 2-12 所示，模板尺寸为（$H \times V$），拉杆间距指水平方向两拉杆之间的距离与垂直方向两拉杆距离的乘积，即拉杆内侧尺寸为（$H_0 \times V_0$），模板尺寸和拉杆间距均表示模具安装面积的主要参数。注射成型机的模板尺寸决定注射模具的长度和宽度，它应能安装上制品质量不超过注射成型机注射量的一般制品的模具，模板面积大约是注射成型机最大成型面积的 4～10 倍，并能用常规方法将模具安装到模板上。可以说模板尺寸限制了注射成型机的最大成型面积，拉杆间距限制了模具的尺寸。

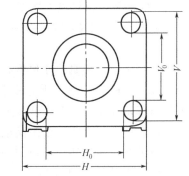

图 2-12　模具与模板尺寸

我国注射成型机标准规定了模板上定位孔直径、注射成型喷嘴球半径尺寸，如表 2-5 所示，以供参考。

近年来，由于模具结构的复杂化、低压成型方法的使用、注射成型机塑化能力的提高以及合模力的下降，模板尺寸有增大的趋势。

表 2-5　注射成型机模板定位孔直径、喷嘴球半径尺寸（JB/T 7267—94）　　　　单位：mm

拉杆有效间距	模具定位孔直径		注射成型喷嘴球半径
	基 本 尺 寸	极限偏差(H8)	
200～223	80	+0.054	
224～279	100	0	10
280～449	125	+0.063	15
450～709	160	0	20
710～899	200	+0.072	25
900～1399	250	0	30
1400～2239	315	+0.081	35
≥2400		0	

（2）模板间最大开距　模板间最大开距是用来表示注射成型机所能加工制品最大高度的特征参数。它是指开模时，固定模板与动模板之间，包括调模行程在内所能达到的最大距离，如图 2-13 所示。

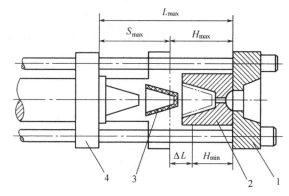

图 2-13　模板间的尺寸
1—固定模板；2—模具；3—制品；4—移动模板

为使成型后制品能方便地取出，模板间最大开距一般为成型制品最大高度的 3～4 倍。

$$L_{max} = (3 \sim 4)h_{max} \qquad (2\text{-}9)$$

式中　L_{max}——模板间最大开距，mm；

　　　h_{max}——成型制品最大高度，mm。

对液压式合模系统模板间最大开距为：

$$L_{max} = S_{max} + H_{max} \qquad (2\text{-}10)$$

式中　S_{max}——动模板行程，mm；

　　　H_{max}——模具最大厚度，mm。

对液压-机械式合模系统模板间最大开距为：

$$L_{max} = S_{max} + H_{min} \qquad (2\text{-}11)$$

式中　H_{min}——模具最小厚度，mm。

（3）动模板行程　动模板行程是指动模板移动距离的最大值。对于肘杆式合模装置，动模板行程是固定的；对于液压式合模装置，动模板行程随安装模具厚度的变化而变化。一般来说，动模板行程要大于制品最大高度 2 倍，以便于取出制品。为了减少机械磨损的动力损耗，成型时应尽量使用最短的动模板行程。

（4）模具最大厚度与最小高度　模具最大厚度 H_{max} 与最小厚度 H_{min} 是指动模板闭合后，达到规定合模力时，动模板与固定模板间的最大（小）距离。如果所成型制品的模具厚度小于模具最小厚度，应加垫块（板），否则不能形成合模力，使注射成型机不能正常生产。反之，也不能形成合模力。

（5）调模行程　为了成型不同高度的制品，模板间距应能调节。调节范围是最大模具厚度的 30%～50%。模具最大厚度 H_{max} 与最小厚度 H_{min} 之差为调模行程。

以上简要地介绍了注射成型机的基本参数。注射成型机的其他技术参数，如注射成型机的功率、开模力、注射座推力、液压电机最大扭矩等，就不一一介绍了。

第三节　注射成型机的注射系统

注射系统的作用是使塑料塑化和均化，并在很高的压力和较快的速度下，通过螺杆或柱塞的推挤将熔料注射入模具。

一、柱塞式注射系统

1. 结构组成

柱塞式注射系统主要由塑化部件（包括喷嘴、螺杆、料筒、分流梭）、定量加料装置、注射油缸、注射座整体移动油缸等组成，见图 2-2。

2. 工作原理

加入料斗中的颗粒料，经过定量加料装置，使每次注射所需的塑料落入料筒加料室。当注射油缸活塞推动柱塞前进时，将加料室中的塑料推向料筒前端熔融塑化。熔融塑料在柱塞向前移动时，经过喷嘴注入模具型腔。

根据需要，注射座移动油缸可以驱动注射座做往复移动，使喷嘴与模具接触或分离。

3. 结构特点

（1）物料塑化不均匀　料筒内塑料加热熔融塑化的热量来自料筒的外部加热，由于塑料的导热性差，加上塑料在料筒内的运动呈"层流"状态，因此，靠近料筒外壁的塑料温度高、塑化快，料筒中心的塑料温度低、塑化慢。料筒直径越大，则温差越大，塑化越不均匀，有时甚至会出现内层塑料尚未塑化好，表层塑料已过热降解的现象。通常，热敏性塑料不采用柱塞式注射成型。

（2）注射压力损失大　由于注射压力不能直接作用于熔料，需经未塑化的塑料传递后，熔融塑料才能经分流梭与料筒内壁的狭缝进入喷嘴，最后注入模腔，因此，该过程会造成很大的压力损失。据统计，采用分流梭的柱塞式注射成型机，模腔压力仅为注射压力的 $25\%\sim50\%$。

（3）工艺条件不稳定　柱塞在注射时，首先对加入料筒加料区的塑料进行预压缩，然后才将压力传递给塑化好的熔料，并将头部的熔料注入模腔。由此可见，即使柱塞等速移动，但熔料的充模速度却是先慢后快，直接影响熔料在模内的流动状态。另外，每次加料量的不精确性，对工艺条件的稳定性和制品的质量也会有影响。

（4）注射量提高受限制　由于注射量的大小主要取决于柱塞面积和柱塞行程，因此，提高塑化能力主要依靠增大柱塞直径和柱塞行程。根据传热原理，对于热的长筒体，单位时间内从料筒壁传给物料的热量与料筒温度和物料温度之差及传热面积（即料筒内径和长度的乘积）成正比，而与料层厚度成反比，但加大料筒内径和长度都会加剧物料塑化和温度的不均匀。因此柱塞式注射成型系统的塑化能力低，从而限制了注射量的提高。柱塞式注射系统的注射量一般在 $250cm^3$ 以下。

此外，料筒的清洗也比较困难。但由于柱塞式注射成型机的结构简单，因此，在注射量较小时，还是有使用价值的。

二、螺杆式注射系统

1. 结构组成

这是目前应用最为广泛的一种形式。它由塑化部件、料斗、螺杆传动装置、注射油缸、注射座以及注射座移动油缸等组成。如图 2-3 所示。

2. 工作原理

螺杆式注射成型机的工作原理已在概述中介绍过,在此不再叙述。

3. 结构特点

在图 2-3 中所示的注射系统中,螺杆是由电动机经液压离合器和齿轮变速箱驱动的。为了使注射油缸的活塞不随螺杆一起转动,在油缸活塞与螺杆连接处设置了止推轴承,而阻止螺杆预塑时后退的背压,则可通过调节背压阀来调整其大小。当所塑化的塑料达到所要求的注射量时,计量柱压合行程开关,液压离合器便分离,从而切断了螺杆的动力源(驱动电机),使螺杆停止转动。此时,压力油可通过抽拉管,经注射座的转动支点,进入注射油缸,实现螺杆的注射动作。由于螺杆与活塞杆连接处以及与齿轮箱出轴之间设置了较长的滑键,故注射时,驱动电动机和齿轮箱固定不动(不随螺杆移动)。设在注射座下面的移动油缸,可使注射座沿注射架的导轨作往复运动,使喷嘴和模具离开或紧密地贴合。这种结构的主要特点是:压力油管全部使用钢管连接,寿命长,承压能力大;注射座沿平面导轨运动,故承载量大,精度易保持;螺杆的拆装和清理比较方便;螺杆传动部分的效率比较高,故障少,易于维修等。目前我国生产的注射量由 125cm³ 到 4000cm³ 的 XS-ZY 型注射成型机,基本上采用了类似的注射系统。

与柱塞式注射系统相比,螺杆式注射系统具有以下特点。

① 螺杆式注射系统不仅有外部加热器的加热,而且螺杆还有对物料进行剪切摩擦加热,因而塑化效率和塑化质量较高;而柱塞式注射系统主要依靠外部加热器加热,并以热传导的方式使物料塑化,塑化效率和塑化质量较低。

② 由于螺杆式注射系统在注射时,螺杆前端的物料已塑化成熔融状态,而且料筒内也没有分流梭,因此压力损失小。在相同模腔压力下,用螺杆式注射系统可以降低注射压力。

③ 由于螺杆式注射系统的塑化效果好,从而可以降低料筒温度,这样,不仅可以减小物料因过热和滞流而产生的分解现象,而且还可以缩短制品的冷却时间,提高生产效率。

④ 由于螺杆有刮料作用,可以减小熔料的滞流和分解,所以,可用于成型热敏性物料。

⑤ 可以对物料直接进行染色,而且清理料筒方便。

螺杆式注射系统虽然有以上许多优点,但是它的结构比柱塞式注射系统复杂,螺杆的设计和制造都比较困难。此外,还需要增设螺杆传动装置和相应的液压传动和电气控制系统。因此,目前一些小型注射成型机仍采用柱塞式注射系统,用于加工熔料流动性好的物料,而大型注射成型机则普遍采用螺杆式注射系统。

三、注射成型机的塑化装置

塑化装置是注射系统的重要组成部分。由于柱塞式塑化装置主要应用于小型注射成型机,因此本书不作详细介绍。下面主要介绍螺杆式塑化装置。

螺杆式注射成型机的主要塑化装置包括螺杆、料筒、注射喷嘴等。

1. 螺杆

(1)螺杆的类型 分为结晶型和非结晶型两种。

非结晶型螺杆是指螺槽深度由加料段较深螺槽向均化段较浅螺槽过渡的过程是在一个较长的轴向距离内完成的,如图 2-14(a)所示。该类螺杆主要用于加工具有较宽的熔融温度范围、高黏度的非晶性物料,如 PVC 等。

结晶型螺杆指螺槽深度由深变浅的过程是在一个较短的距离内完成的,如图 2-14(b)所示。该类螺杆主要用于加工低黏度、熔点温度范围较窄的结晶性物料,如 PE、PP 等。

(2)注射螺杆的主要特征 注射螺杆与挤出螺杆很相似,但由于它们在生产中的使用要

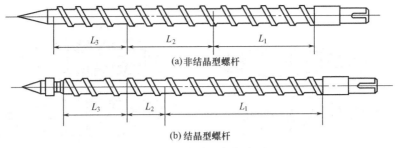

(a)非结晶型螺杆

(b)结晶型螺杆

图 2-14　注射成型螺杆类型

求不同，所以相互之间有差异。

① 作用原理方面　挤出螺杆是在连续推物料的过程中将物料塑化，并在机头处建立起相当高的压力，通过成型机头获得连续挤出的制品。挤出机的生产能力、稳定的挤出量和塑化均匀性是挤出螺杆应该充分考虑的主要问题，这将关系到挤出制品的质量和产量。而注射螺杆按注射工艺过程的要求完成对固体物料的预塑和对熔料的注射这两个任务，并无稳定挤出的特殊要求，注射螺杆的预塑也仅仅是注射成型过程的一个前道工序，与挤出螺杆相比不是主要问题。

② 物料受热方面　物料在注射成型机料筒中，除了受到在塑化时类似于挤出螺杆的剪切作用而产生的热量外，预塑后的物料因在料筒内有较长的停留时间，受到较多外部加热器的加热作用。另外，在注射成型时，物料以高速流经喷嘴而受到强烈剪切产生剪切热的作用。

③ 塑化压力调节方面　在生产过程中，挤出螺杆很难对塑化压力进行调节，而注射螺杆对物料的塑化压力可以方便地通过背压来进行调节，从而容易对物料的塑化质量进行控制。

④ 螺杆长度变化方面　注射螺杆在预塑时，螺杆边旋转边后退，使得有效工作长度发生变化。而挤出螺杆要求定温、定压、定量、连续挤出，挤出时必须是定位旋转，螺杆有效工作长度不能发生变化。

⑤ 塑化能力对生产能力的影响方面　挤出螺杆的塑化能力直接影响生产能力，而注射螺杆的预塑化时间比制品在模腔内的冷却时间短，因此注射螺杆的塑化能力不是影响生产能力的主要因素。

⑥ 螺杆头结构形式方面　注射螺杆头与挤出螺杆头不同，挤出螺杆头多为圆头或钝头，注射螺杆头多为尖头，且头部具有特殊结构。尖形或头部带有螺纹的螺杆头如图 2-15（a）所示。该类螺杆头主要用于加工黏度高、热稳定性差的物料，可以防止在注射时因排料不干净而造成滞料分解现象。

止逆环螺杆头如图 2-15（b）所示。对于中、低黏度的物料，为防止在注射时螺杆前端压力过高，使部分熔料在压力下沿螺槽回流，造成生产能力下降、注射压力损失增加、保压困难及制品质量降低等，通常使用带止逆环的螺杆头。止逆环螺杆头的工作原理是：当螺杆旋转塑化时，沿螺槽前进的熔料具有一定的压力，将止逆环推向前方，熔料通过止逆环与螺杆头间的通道进入螺杆头前面；注射时，在注射压力的反作用下使止逆环向后退，与环座紧密贴合，压力越高贴合越紧密，从而防止了熔料的回流。

注射成型机配置的螺杆一般只有一根，且必备基本形式的螺杆头。为扩大注射螺杆的使用范围，降低生产成本，可通过更换螺杆头的办法来适应不同物料的加工，如图 2-15（c）、

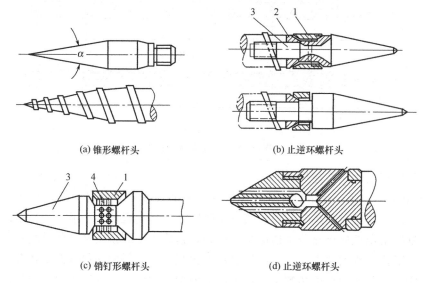

(a) 锥形螺杆头　　　　　　　(b) 止逆环螺杆头

(c) 销钉形螺杆头　　　　　　(d) 止逆环螺杆头

图 2-15　注射用螺杆头结构

1—止逆环；2—环座；3—螺杆头；4—销钉

（d）所示。

　　综上所述，注射螺杆和挤出螺杆在结构上有下列几个主要差别：注射螺杆长径比和压缩比比挤出螺杆小；注射螺杆均化段螺槽深度比挤出螺杆深；注射螺杆加料段长度比挤出螺杆长，而均化段长度比挤出螺杆短；注射螺杆头多为尖头并带有特殊结构。

　　（3）新型注射螺杆　在注射过程中，注射螺杆既要作旋转运动又要作轴向移动，而且是间歇动作的，因而注射螺杆中物料的塑化过程是非稳定的。其次，螺杆在注射时螺槽中产生较大的横流和倒流。这都是造成固化床破碎比挤出机更早的原因。由挤出过程可知，破碎后的固体碎片被熔料包围，不利于熔融。根据注射过程的特点，注射螺杆的均化段不像挤出螺杆那样需要稳定的熔体输送，而是要对破碎后的固体碎片进行混炼、剪切，促进其熔融。普通注射螺杆难以完成这一任务。

　　近年来，由于注射成型机合模力的下降，普遍要求对原来注射成型机的加工能力作相应提高，即在不改变合模力的情况下提高螺杆的注射量和塑化能力。为此，在研制新型挤出螺杆的基础上，经过移植，研制出了很多适应于加工各种物料特殊形式的注射螺杆，如波状型、销钉型、DIS 型、屏障型的混炼螺杆、组合螺杆等。它们是在普通螺杆的均化段上增设一些混炼剪切元件，能给物料提供较大的剪切力，从而获得熔料温度均匀的低温熔体，这样不仅可制得表面质量较高的制品，同时也省能耗，获得较大的经济效益。图 2-16 中所示的是用于注射螺杆上的几种混炼剪切元件。

　　在注射成型机中还使用一种通用螺杆，这是因为在注射成型过程中，由于经常更换塑料品种，拆螺杆也就比较频繁，既费劳力又影响生产，因此，虽备有多根螺杆，但在一般情况下不予更换，而通过调整工艺条件（温度、螺杆转速、背压）来满足不同物料的要求。通用螺杆的特点是其压缩段长度介于结晶型螺杆、非结晶型螺杆之间，约 $(2\sim3)D$，以适应结晶型塑料和非结晶型塑料的加工需要。虽然螺杆的适应性扩大了，但其塑化效率低，单耗大，使用性能比不上专用螺杆。

　　2. 料筒

　　料筒是注射成型机塑化装置的另一个重要零件。其结构形式与挤出机的料筒相同，大多

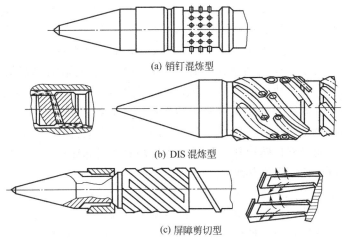

(a) 销钉混炼型

(b) DIS 混炼型

(c) 屏障剪切型

图 2-16　注射成型螺杆上常用的混炼剪切元件

采用整体式结构。

（1）料筒加料口的断面形状　由于注射成型机多数采用重力加料，加料口的断面形状必须保证重力加料时的输送能力。为了加大输送能力，加料口应尽量增加螺杆的吸料面积和螺杆与料筒的接触面积。加料口的断面形状可以是对称型的，也可以是偏置型的，基本形式见图 2-17。图 2-17（a）为对称型加料口，加料口偏小，制造容易、输送能力低。图 2-17（b）、（c）为非对称型加料口，适合于螺杆高速喂料，有较好的输送能力，但制造较困难。当采用螺旋强制加料装置时，加料口的俯视形状应采用对称圆形为好。

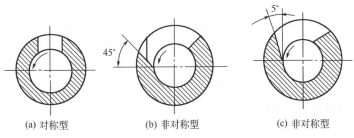

(a) 对称型　　　　　(b) 非对称型　　　　　(c) 非对称型

图 2-17　加料口的断面形状

（2）料筒的壁厚　料筒壁厚要保证在压力下有足够的强度，同时还要具有一定热惯性，以维持温度的稳定。薄的料筒壁厚虽然升温快，质量轻，节省材料，但容易受周围环境温度变化的影响，工艺温度稳定性差。厚的料筒壁不仅结构笨重，升温慢，热惯性大，在温度调节过程中易产生比较严重的滞后现象。一般料筒外径与内径之比为 2～2.5，我国生产的注射成型机料筒壁厚见表 2-6，供参考。

表 2-6　注射成型机料筒壁厚

螺杆直径/mm	35	42	50	65	85	110	130	150
料筒壁厚/mm	25	29	35	47.5	47	75	75	90
外径与内径比	2.46	2.5	2.4	2.46	2.1	2.35	2.15	2.2

（3）料筒的加热与冷却　注射成型机料筒的加热方式大多采用的是电阻加热（带状加热器、铸铝加热器、陶瓷加热器），这是由于电阻加热器具有体积小、制造和维修方便等特点。为了满足加工工艺对温度的要求，需要对料筒的加热分段进行控制。一般来说，料筒加

热分为 3~5 段，每段长约（3~5）D（D 为螺杆直径）。温控精度一般不超过 5℃，对热敏性物料最好不大于 2℃。料筒加热功率的确定，除了要满足塑料塑化所需要的功率以外，还要保证有足够快的升温速度。为使料筒升温速度加快，加热器功率的配备可适当大些，但从减少温度波动的角度出发，加热功率又不宜过大，因为一般电阻加热器都采用开关式控制线路，其热惯性较大。加热功率的大小可根据升温时间确定，即小型机器升温时间一般不超过半小时，大、中型机器约为 1h，过长的升温时间会影响机器的生产效率。

根据注射螺杆塑化物料时产生的剪切热比挤出螺杆小的特点，一般对注射料筒和注射螺杆不设冷却装置，而是靠自然冷却。为了保持良好的加料和输送作用，防止料筒热量传递到传动部分，在加料口处应设冷却水套。

3. 螺杆与料筒的强度校核

（1）螺杆与料筒的选材　注射螺杆与料筒不仅受到高温、高压的作用，同时还受到较严重的腐蚀和磨损（特别是加工玻璃纤维增强塑料）。因此，注射螺杆与料筒的材料必须选择耐高温、耐磨损、耐腐蚀、高强度的材料，以满足其使用要求。因此，注射螺杆与料筒常采用含铬、钼、铝的特殊合金钢制造，经氮化处理（氮化层深约 0.5mm），表面硬度较高。常用的氮化钢为 38CrMoAl。

注射成型机料筒也可以不用氮化钢，而用碳钢，内层浇铸铜铝合金衬里。

（2）注射螺杆的强度校核　注射螺杆的工作条件比挤出螺杆恶劣，它不仅要承受预塑时的扭矩，还要经受带负载的频繁启动，以及承受注射时的高压，注射螺杆的受力状况如图 2-18 所示。预塑时，螺杆主要承受螺杆头部的轴向压力和扭矩，危险断面在螺杆加料段最小根径处，其强度校核如下。

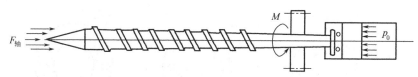

图 2-18　注射螺杆的受力

① 计算由轴向力 $F_{轴}$ 引起的压应力 $\sigma_{压}$：

$$\sigma_{压}=\frac{F_{轴}}{A}=\left(\frac{D_0}{D_s}\right)^2 p_0 \tag{2-12}$$

式中　$\sigma_{压}$——螺杆所受的压应力，MPa；

$F_{轴}$——螺杆所受的轴向力，N；

A——螺杆加料段最小根径处的截面积，cm^2；

p_0——预塑时油缸背压，MPa；

D_0——注射成型油缸内径，mm；

D_s——螺杆危险断面处的根径，mm。

② 计算由扭矩 M 产生的剪切应力 τ：

$$\tau=\frac{M}{G}=9550\times\frac{P_{max}}{n_{max}}\times\frac{1}{G} \tag{2-13}$$

式中　τ——螺杆所受的剪切应力，MPa；

M——螺杆所受的扭矩，N·m；

G——螺杆抗扭断面模量，mm^3；

P_{max}——螺杆所需的最大功率，kW；

n_{max}——螺杆最大工作转速，r/min。

根据材料力学可知，对塑性材料，复合应力用第三强度理论计算，其强度条件为：

$$\sigma = \sqrt{\sigma_{压}^2 + 4\tau^2} \leqslant [\sigma] = \frac{\sigma_s}{n_s} \tag{2-14}$$

式中　σ——螺杆所受的复合应力，MPa；

　　　$[\sigma]$——材料的许用应力，MPa；

　　　σ_s——材料的屈服极限，MPa；

　　　n_s——安全系数，通常取 $n = 2.8 \sim 3$。

（3）注射料筒的强度校核　由于注射料筒的壁厚也往往大于按强度条件计算出来的值，因此，正如挤出料筒那样，可省略其强度校核。

（4）螺杆与料筒的径向间隙　螺杆与料筒的径向间隙，即螺杆外径与料筒内径之差，称为径向间隙。如果这个值较大，则物料的塑化质量和塑化能力降低，注射成型时熔料的回流量增加，影响注射成型量的准确性；如果径向间隙太小，会给螺杆和料筒的机械加工和装配带来较大的难度。我国部颁标准 JB/T 7267—94 对此作出了规定，见表 2-7。

表 2-7　螺杆与料筒最大径向间隙值（JB/T 7267—94）　　　　单位：mm

螺杆直径	12～25	25～50	50～80	80～110	110～150	150～200	200～240	>240
最大径向间隙	≤0.12	≤0.20	≤0.30	≤0.35	≤0.45	≤0.50	≤0.60	≤0.70

4. 喷嘴

喷嘴起连接注射系统和成型模具的桥梁作用。注射时，料筒内的熔料在螺杆或柱塞的作用下以高压、高速通过喷嘴注入模具的型腔。当熔料高速流经喷嘴时有压力损失，产生的压力降转变为热能，同时，熔料还受到较大的剪切力，产生的剪切热使熔料温度升高。此外，还有部分压力能转变为速度能，使熔料高速注入模具型腔。在保压时，还需少量的熔料通过喷嘴向模具型腔内补缩。因此，喷嘴的结构形式、喷孔大小和制造精度将直接影响熔料的压力损失、熔体温度的高低、补缩作用的大小、射程的远近以及产生流延与否等。

喷嘴的类型很多，按结构可分为直通式喷嘴、锁闭式喷嘴和特殊用途喷嘴三种。

（1）直通式喷嘴　直通式喷嘴是指熔料从料筒内到喷嘴口的通道始终是敞开的。根据使用要求的不同有以下几种结构。

① 短式直通式喷嘴　其结构见图 2-19。这种喷嘴结构简单，制造容易，压力损失小。但当喷嘴离开模具时，低黏度的物料易从喷嘴口流出，产生流延现象（即预塑时熔料自喷嘴口流出）。另外，因喷嘴长度有限，不能安装加热器，熔料容易冷却。因此，这种喷嘴主要用于加工厚壁制品和热稳定性差的高黏度物料。

② 延长型直通式喷嘴　其结构如图 2-20 所示。它是短式喷嘴的改型，其结构简单，制造容易。由于加长了喷嘴体的长度，可安装加热器，熔料不易冷却，补缩作用大，射程较远，但流延现象仍未克服。主要用于加工厚壁制品和高黏度的物料。

③ 远射程直通式喷嘴　其结构如图 2-21 所示。它除了设有加热器外，还扩大了喷嘴的储料室以防止熔料冷却。这种喷嘴的口径小，射程远，流延现象有所克服。主要用于加工形状复杂的薄壁制品。

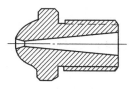
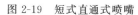

图 2-19 短式直通式喷嘴

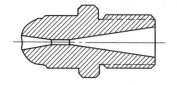

图 2-20 延长型直通式喷嘴

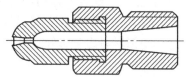

图 2-21 远射程直通式喷嘴

(2) 锁闭式喷嘴 锁闭式喷嘴是指在注射、保压动作完成以后，为克服熔料的流延现象，对喷嘴通道实行暂时关闭的一种喷嘴，主要有以下几种结构。

① 弹簧针阀式喷嘴 图 2-22、图 2-23 为外弹簧针阀式和内弹簧针阀式喷嘴，它们是依靠弹簧力通过挡圈和导杆压合针阀芯实现喷嘴锁闭的，是目前应用较广的一种喷嘴。其工作原理为：在注射前，喷嘴内熔料的压力较低，针阀芯在弹簧张力的作用下将喷嘴口堵死。注射时，螺杆前进，喷嘴内熔料压力增高，作用于针阀芯前端的压力增大，当其作用力大于弹簧的张力时，针阀芯便压缩弹簧而后退，喷嘴口打开，熔料则经过喷嘴而注入模腔。在保压阶段，喷嘴口一直保持打开状态。保压结束，螺杆后退，喷嘴内熔料压力降低，针阀芯在弹簧力作用下前进，又将喷嘴口关闭。

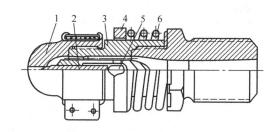

图 2-22 外弹簧针阀式喷嘴

1—喷嘴头；2—针阀芯；3—阀体；4—挡圈；
5—导杆；6—弹簧

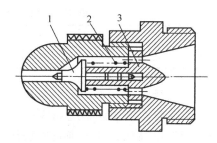

图 2-23 内弹簧针阀式喷嘴

1—针阀芯；2—弹簧；3—阀体

这种形式的喷嘴结构比较复杂，注射压力损失大，补缩作用小，射程较短，对弹簧的要求高。

② 液控锁闭式喷嘴 它是依靠液压控制的小油缸通过杠杆联动机构来控制阀芯启闭的，如图 2-24 所示。这种喷嘴使用方便，锁闭可靠，压力损失小，计量准确，但增加了液压系统的复杂性。

与直通式喷嘴相比，锁闭式喷嘴结构复杂，制造困难，压力损失大，补缩作用小，有时可能会引起熔料的滞流分解。主要用于加工低黏度的物料。

(3) 特殊用途喷嘴 除了上述常用的喷嘴之外，还有适用于特殊场合下使用的喷嘴。其结构形式主要有以下几种。

① 混色喷嘴 如图 2-25 所示的是混色喷嘴，这是为提高混色效果而设计的专用喷嘴。该喷嘴

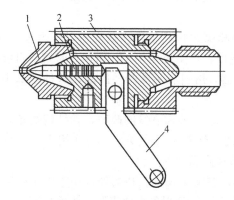

图 2-24 液控锁闭式喷嘴

1—喷嘴头；2—针阀芯；3—加热器；4—操纵杆

的熔料流道较长，而且在流道中还设置了双过滤板，以增加剪切混合作用。主要用于加工热稳定性好的混色物料。

② 双流道喷嘴　图 2-26 所示为双流道喷嘴，可用在夹芯发泡注射成型机上，注射两种材料的复合制品。

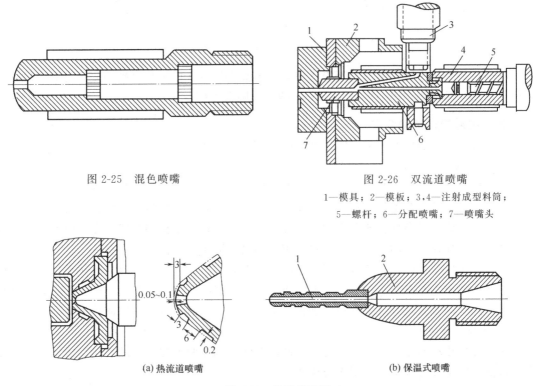

图 2-25　混色喷嘴

图 2-26　双流道喷嘴
1—模具；2—模板；3,4—注射成型料筒；
5—螺杆；6—分配喷嘴；7—喷嘴头

(a) 热流道喷嘴　　　(b) 保温式喷嘴

图 2-27　热流道喷嘴
1—保温头；2—喷嘴体

③ 热流道喷嘴　图 2-27（a）所示为热流道喷嘴，由于喷嘴体短，喷嘴直接与成型模腔接触，压力损失小，主要用来加工热稳定性好、熔融温度范围宽的物料。保温式喷嘴如图 2-27（b）所示，它是热流道喷嘴的另一种形式，保温头伸入热流道模具的主浇套中，形成保温室，利用模具内熔料自身的温度进行保温，防止喷嘴流道内熔料过早冷凝，适用于某些高黏度物料的加工。

喷嘴形式主要由物料性能、制品特点和用途决定。对于黏度高、热稳定性差的物料，适宜用流道阻力小、剪切作用小、较大口径的直通式喷嘴；对于低黏度结晶型物料，宜用带有加热装置的锁闭式喷嘴；对于形状复杂的薄壁制品，要用小口径、远射程的喷嘴；对于厚壁制品，最好采用较大口径、补缩性能好的喷嘴。

喷嘴口径与螺杆直径有关。对于高黏度物料，喷嘴口径约为螺杆直径的 1/10～1/15；对于中、低黏度的物料，则为 1/15～1/20。喷嘴口径一定要比主浇道口直径略小（约小0.5～1mm），且两孔应在同一中心线上，避免产生死角和防止漏料现象，同时也便于将两次注射之间积存在喷孔处的冷料连同主浇道赘物一同拉出。

喷嘴头部一般都是球形，很少有平面的。为使喷嘴头与模具主浇道保持良好的接触，模具主浇道衬套的凹面圆弧直径应比喷嘴头球面圆弧直径稍大。喷嘴头与模具主浇道之间的装配关系见图 2-28。

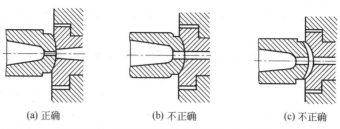

(a) 正确　　　　　　(b) 不正确　　　　　　(c) 不正确

图 2-28　喷嘴头与模具主浇道的配合关系

喷嘴材料常用中碳钢制造，经淬火使其硬度高于模具，以延长喷嘴的使用寿命。喷嘴若需进行加热，其加热功率一般为 100～300W。喷嘴温度应单独控制。

四、注射螺杆传动装置

注射螺杆传动装置是为提供螺杆预塑时所需要的扭矩与速度而设置的。

1. 对传动装置的要求

注射成型机螺杆传动装置的特点为：螺杆的"预塑"是间歇式工作，因此启动频繁并带有负载；螺杆转动时为塑化供料，与制品的成型无直接联系，塑料的塑化状况可以通过背压等进行调节，因而对螺杆转速调整的要求并不十分严格；由于传动装置放在注射座上，工作时随着注射座作往复移动，故传动装置要求结构简单紧凑。

作为注射成型机的传动装置应满足：能适应多种物料的加工和带负载的频繁启动；转速能够方便地调节，并有较大的调节范围；传动装置的各部件应有足够的强度，结构力求简单、紧凑；传动装置具有过载保护功能；启动、停止要及时可靠，并保证计量准确。

2. 螺杆传动的形式

注射螺杆传动的形式一般可分为有级调速和无级调速两大类。为满足注射成型工艺的要求，目前注射螺杆传动主要采用无级调速。

注射螺杆常见的传动形式如图 2-29 所示。在图 2-29（a）中，液压电机通过齿轮油缸来驱动螺杆，由于油缸和螺杆的同轴转动而省去了止推轴承；图 2-29（b）所示为双注射油缸的形式，其螺杆直接与螺杆轴承箱连接，注射油缸设在注射座加料口的两旁，采用液压电机直接驱动，无需齿轮箱，不仅结构简单、紧凑，而且体积小、质量轻，此外对螺杆还有过载保护作用，故常用于中小型注射成型机上；图 2-29（c）所示为高速小扭矩液压电机经减速箱的传动，由于最后一级与螺杆同轴固定，减速箱必须随螺杆作轴向移动，这种结构的注射

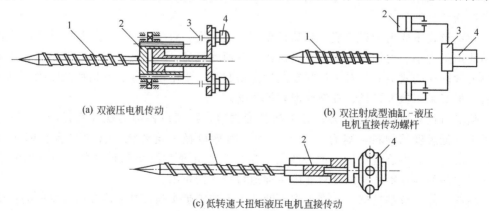

(a) 双液压电机传动　　　　　　　(b) 双注射成型油缸 - 液压
电机直接传动螺杆

(c) 低转速大扭矩液压电机直接传动

图 2-29　注射螺杆常见的传动形式

1—注射成型螺杆；2—注射成型油缸；3—联轴器、轴承箱；4—液压电机

座制作比较简单，但螺杆传动部分是可动的，必须考虑螺杆传动部分的重量支承，故常用在小型注射成型机上。

3. 螺杆的转速

在注射成型过程中，为适应不同物料的塑化要求和平衡成型循环周期中的预塑时间，经常要对螺杆转速进行调整。通常，加工热敏性或高黏度物料，螺杆最高线速度在 $15\sim20\mathrm{m/min}$ 以下；加工一般物料，螺杆线速度在 $30\sim45\mathrm{m/min}$。对于大型注射成型机，螺杆一般采用较低转速，而小型注射成型机则常用较高的转速。

随着注射成型机控制性能的提高，注射螺杆的转速也开始提高，有些注射成型机的螺杆转速已达到 $50\sim60\mathrm{m/min}$。

4. 螺杆的驱动功率

注射螺杆塑化时的功率-转速（P-n）特性线与挤出螺杆类似，基本呈线性关系，可近似看作恒扭矩传动。

目前，注射螺杆的驱动功率是参照挤出螺杆驱动功率并结合实际使用情况而确定，无成熟的计算方法。通常，注射螺杆的驱动功率比同规格的挤出螺杆小些，原因是注射螺杆在预塑时，塑料在料筒内已经过一定时间的加热，另外，两种螺杆的结构参数也有区别。

五、注射座及其传动装置

注射座是用来连接和固定塑化装置、注射油缸和移动油缸等的重要部件，是注射系统的安装基准。注射座与其他零件相比，形状较复杂，加工制造精度要求较高。

1. 注射座

注射座是一个受力较大且结构复杂的零件，其结构形式可分为总装式和组装式两种。总装式结构如图 2-30(a) 所示，螺杆传动装置（减速箱）、油缸、料筒等均安装在上面，而且在注射时要承受作用力，因此，注射座一般用铸钢材料做成。组装式的结构如图 2-30(b) 所示，螺杆传动装置的减速箱作为安装基体，油缸和料筒分别通过支承座与加料座和减速箱体连接，注射成型时的作用力由连接螺栓承受，减速箱箱体不承受此力，故注射座一般采用铸铁材料。

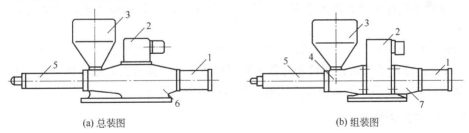

(a) 总装图　　　　　　　　　　　　　　(b) 组装图

图 2-30　注射座的结构

1—注射油缸；2—螺杆传动装置；3—加料斗；4—加料座；5—料筒；6—注射座；7—支承座

2. 注射座的转动

在更换或检修螺杆时，经常需要拆卸螺杆。由于料筒前端装有模板，给装拆带来不便，因此在较多的注射成型机上将注射系统做成可转动结构或从塑化装置后部拆卸螺杆，如图 2-31(a) 所示。

小型注射成型机的注射座靠手动搬转，较大和大型注射成型机则需单独设有传动装置（如液压缸之类）自动搬转，也可用移动油缸兼作注射座转动的动力油缸。注射座回转时，可将滑动销插入滑槽，在注射座退回的过程中，使落下的滑动销沿滑槽运动，从而迫使注射座在轴向后移中同时作转动，如图 2-31 (b) 所示，这样就无需另设动力系统。

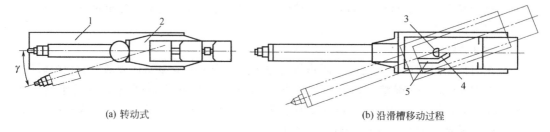

(a) 转动式   (b) 沿滑槽移动过程

图 2-31　注射座的转动装置

1—机架；2—注射系统；3—转动轴；4—滑动销；5—滑槽

第四节　注射成型机的合模系统

合模系统是注射成型机的重要组成部分之一。其主要任务是提供足够的合模力，使其在注射时，保证成型模具可靠锁紧；在规定时间内以一定的速度闭合和打开模具；顶出模内制件。它的结构和性能直接影响到注射成型机的生产能力和制品的质量。

一、对合模系统的要求

为了保证合模系统作用的发挥，注射成型机合模系统应能达到以下要求：

① 合模系统必须有足够大的合模力和系统刚度，保证成型模具在注射过程中不致被熔料压力（模腔压力）胀开，以满足制品精度的要求；

② 应有足够大的模板面积、模板行程和模板间距，以适应不同形状和尺寸的成型模具的安装要求；

③ 应有较高的启、闭模速度，并能实现变速，在闭模时应先快后慢，开模时应先慢后快再慢，既能实现制品的平稳顶出，又能使模板安全运行且生产效率高；

④ 应有制品顶出、调节模板间距和侧面抽芯等附属装置；

⑤ 合模系统还应设有调模装置、安全保护装置等，其结构应力求简单紧凑，易于维护和保养。

合模系统主要由固定模板、活动模板、拉杆、油缸、连杆以及模具调整机构、制品顶出机构等组成。合模系统的种类较多，若按实现锁模力的方式分类，则有机械式、液压式和液压-机械组合式三大类。下面简要介绍这三种合模系统。

二、机械式合模系统

机械式合模系统在早期出现过，它是依靠齿轮传动和机械肘杆机构的作用，实现启闭模具运动的。因该合模系统调整复杂，惯性冲击大，目前已被其他合模装置取代。但是随着机电工业和现代控制技术的发展，又出现了伺服电机驱动的螺旋-曲肘式合模装置。如图2-32所示为Fanuc 公司与 Cincinnati Milacron 公司合作开发的伺服电机驱动的注射成型机传动系统，它具有CNC 控制、CRT 显示、AC 伺服电机驱动、自动化程度高的特点。

三、液压式合模系统

这种合模系统是依靠液体的压力实现模具的启闭和锁紧作用的。

1. 直压式合模装置

如图 2-33 所示，模具的启闭和锁紧都是在一个油缸的作用下完成的，这是最简单的液压合模装置。

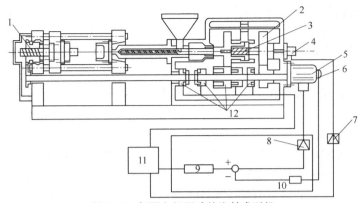

图 2-32 伺服电机驱动的注射成型机

1,3—螺杆；2—传动系统；4—背压制动装置；5—电动机；6—转速器；7—制动力调节器；
8—电动机调速器；9—额定值；10—反馈系统；11—控制装置；12—离合器

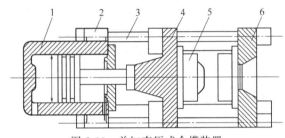

图 2-33 单缸直压式合模装置

1—合模油缸；2—后模板；3—拉杆；4—动模板；5—模具；6—前模板

这种合模装置存在一些问题，并不十分符合注射成型机对合模装置的要求。

在合模初期，模具尚未闭合，合模力仅是推动移动模板及半个模具，所需力量甚小；为了缩短循环周期，这时的移模速度应快才好。但因油缸直径甚大，实现高速有一定困难。在合模后期，从模具闭合到锁紧，为防止碰撞，合模速度应该低些，直至为零，锁紧后的模具才能达到锁模吨位。这种速度高时力量小、速度为零时力量大的要求，是单缸直压式合模装置难以满足的。正是这个原因，促使液压合模装置在单缸直压式的基础上发展成其他形式。

2. 增压式合模装置

如图 2-34 所示，压力油先进入合模油缸，因为油缸直径较小，其推力虽小，但却能增大移模速度。当模具闭合后，压力油换向进入增压油缸。

由于增压活塞两端的直径不一样（即所谓差动活塞），利用增压活塞面积差的作用，提

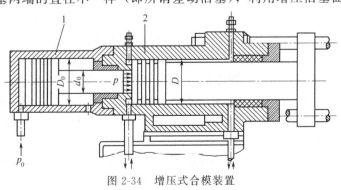

图 2-34 增压式合模装置

1—增压油缸；2—合模油缸

高合模油缸内的液体压力，以此满足锁模力的要求。采用差动活塞的优点是，在不用高压油泵的情况下提高锁模力。

由于油压的增高对液压系统和密封有更高的要求，故增压是有限度的。目前一般增压到20～32MPa，最高可达50MPa。

增压式合模装置一般用在中小型注射成型机上，由于合模油缸直径较大，故合模速度不是很高。

3. 充液式合模装置

为满足注射成型机对合模装置提出的速度和力的要求，除了采用增压式的合模装置外，较多地采用不同直径的油缸，实现快速移模和加大锁模力。这样，既缩短生产周期，提高生产率，保护模具，又降低能量消耗。充液式合模装置是由一个大直径活塞式合模油缸和一个小直径柱塞式快速移模油缸组成，如图2-35所示。合模时，压力油首先从C口进入小直径快速移模油缸内，推动合模油缸活塞快速闭模，与此同时，合模油缸左腔产生真空，将充液油箱内大量的液压油经充液阀填充到合模油缸的左腔内。当模具闭合时，合模油缸左端A口通入压力油，充液阀关闭，由于合模油缸面积大，从而能够保证合模力的要求。充液式合模装置的充液油箱可以装在机身的上部或下部，对于大型注射成型机一般都安装在机身上部，有利于利用油液的重力进行充液。

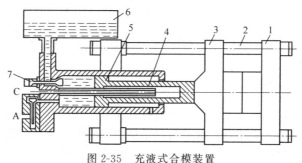

图 2-35　充液式合模装置

1—定模板；2—拉杆；3—动模板；4—移模油缸；5—合模油缸；6—充液油箱；7—液控单向阀（充液阀）

充液式合模装置主要有活塞式和柱塞式两种，活塞式主要用于中小型注射成型机，柱塞式主要用于大中型注射成型机。但这种装置的缸体长，结构笨重，工作时需要油液的流量大，能耗较大。

4. 二次动作稳压式合模装置

上述液压式合模装置，虽然在移模速度和合模力上能满足一定的要求，但对于大吨位的注射成型机就显得结构笨重。但是对于合模力很大的注射成型机，如何减轻注射成型机的重量、简化装置及方便制造则成了亟待解决的问题。目前，在大型注射成型机上多采用二次动作稳压式合模装置。它是利用小直径快速移模油缸来满足移模速度的要求，利用机械定位方法，采用大直径、短行程的锁模（稳压）油缸来满足大合模力的要求。

(1) 液压-闸板式合模装置　图2-36为液压-闸板式合模装置，图2-37为其工作原理，由于该装置采用了两个不同直径的油缸，因而可分别满足移模速度和合模力的要求。合模时，压力油先从C口进入小直径的移模油缸的右端，由于活塞固定在后支承座上不能移动，压力油便推动移模油缸4前移进行合模，当模板运行到一定位置时，压力油进入齿条油缸，齿条按箭头方向移动推动扇形齿轮和齿轮7，带动闸板1右移，同时，通过扇形齿轮和齿轮8～11带动闸板2左移将移模油缸抱合定位，卡在移模油缸上的凹槽内，防止在锁模时移模油缸后退，然后压力油进入稳压油缸，由于该油缸直径大，行程短，可迅速达到合模力的要求。

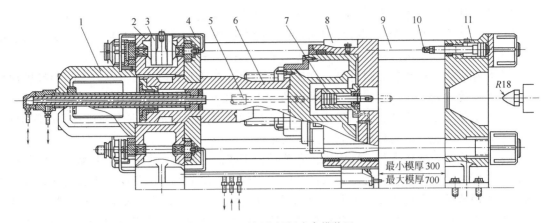

图 2-36　液压-闸板式合模装置

1—后支承座；2—齿条活塞油缸；3—移模油缸支架；4—闸板；5—顶杆；6—移模油缸；
7—顶出油缸；8—稳压油缸；9—拉杆；10—辅助开模装置；11—固定模板

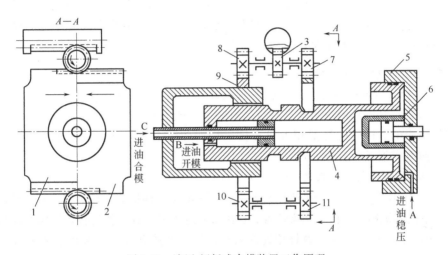

图 2-37　液压-闸板式合模装置工作原理

1—闸板 a；2—闸板 b；3—扇形齿轮；4—移模油缸；5—稳压油缸；6—顶出装置；7～11—齿轮

开模时，稳压油缸先卸压，合模力随之消失，其次齿条油缸的油流换向，闸板松开脱离移模油缸，压力油由 B 口进入移模油缸左腔，使动模板后退，模具打开。

（2）液压-抱合螺母式合模装置　图 2-38 所示为国产 SZ-35000 大型注射成型机采用的合模装置的形式。其结构是由快速移模油缸、螺旋拉杆、抱杆螺母和锁模稳压油缸组成。合

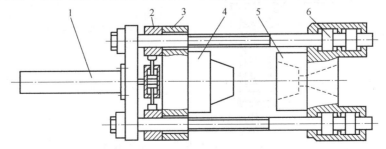

图 2-38　液压-抱合螺母式合模装置

1—移模油缸；2—抱合螺母；3—移动模板；4—阳模；5—阴模；6—锁紧油缸

模时，压力油进入快速移模油缸 1 内，推动移动模板 3 快速移模，当确认两半模具闭合后，抱杆机构的两个对开螺母分别抱住四根拉杆上的螺旋槽，使其定位。然后向位于定模板前端拉杆头上的 4 个油缸组（稳压缸）通入压力油，紧拉四根拉杆，使模具锁紧。

抱合螺母式合模装置制造容易，维修方便，油缸直径不受模板尺寸的限制。但锁模油缸多，液压系统比较复杂，主要用在合模力超过 10000kN 的大型注射成型机上。

二次动作稳压式合模装置的形式很多，它们均采用了相同的原理实现模具的启闭动作。但在油缸布置、定位机构和调模方式上有所不同。

液压合模装置的优点是：固定模板和移动模板间的开距大，能够加工制品的高度范围较大；移动模板可以在行程范围内任意位置停留，因此，调节模板间的距离十分简便；调节油压，就能调节锁模力的大小；锁模力的大小可以直接读出，给操作带来方便；零件能自润滑，磨损小；在液压系统中增设各种调节回路，就能方便地实现注射成型压力、注射成型速度、合模速度以及锁模力等的调节，以更好地适应加工工艺的要求。

液压合模装置的不足之处主要有：液压系统管路甚多，保证没有任何渗漏是困难的，所以锁模力的稳定性差，从而影响制品质量；管路、阀件等的维修工作量大；此外，液压合模装置应有防止超行程和只有模具完全合紧的情况下方能进行注射等方面的安全装置。

尽管液压合模装置有不足，但由于其优点突出，因此被广泛使用。

四、液压-机械式合模装置

液压-机械式合模装置是利用连杆机构或曲肘撑板机构，在油压作用下，使合模系统内产生内应力实现对模具的锁紧，其特点是自锁、节能、速度快。

根据常用的肘杆机构类型和组成合模机构的曲肘个数，可将液压-机械式分为单曲肘、双曲肘、曲肘撑板式和特殊形式。

1. 液压-单曲肘式合模装置

图 2-39 是国产 SZ-900 注射成型机使用的一种液压-单曲肘式合模装置。它主要由模板、移动油缸、单曲肘机构、拉杆、调模装置、顶出装置等组成。其工作过程是当压力油从合模油缸上部进入推动活塞下行，与活塞杆相连的肘杆机构向前伸直推动动模板前移进行闭模。当模

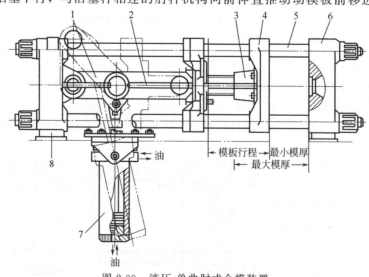

图 2-39　液压-单曲肘式合模装置

1—肘杆；2—顶出杆；3—调距螺母；4—移动模板；5—拉杆；
6—前固定模板；7—合模油缸；8—后固定模板

具靠拢后，继续供压力油使油压升高，迫使肘杆机构伸展为一条直线，从而将模具锁紧。此时，即使卸去油压力，合模力也不会改变或消失。开模时，压力油进入移模油缸下部，使肘杆机构回屈。由于油缸用铰链与机架连接，在开闭模过程中油缸可围绕一个支点摆动。

这种合模装置结构简单，外形尺寸小，制造容易，调模较容易。但由于是单臂，模板受力不均匀；增力倍数较小（一般为 10 多倍），承载能力受结构的限制。主要用于 1000kN 以下的小型注射成型机。

2. 液压-双曲肘式合模装置

为了提高注射成型机合模力和使注射成型机受力均匀，以便能成型较大尺寸的制品，在国内生产的多种型号的注射成型机上普遍采用了双曲肘合模装置。图 2-40 所示为 SZ-450 注射成型机合模装置。合模时，压力油进入移模油缸左腔，活塞向右移动，曲肘绕后模板上的铰链旋转，调距螺母作平面运动。将移动模板向前推移，使曲肘伸直将模具合紧。开模时，压力油进入移模油缸右腔，活塞向左运动，带动曲肘向内卷，调距螺母回缩，移动模板后退将模具打开。这种合模装置结构紧凑，合模力大，增力倍数大（一般为 20~40 倍），机构刚度大，有自锁作用，合模速度分布合理，节省能源。但机构易磨损，构件多，调模较麻烦。这种结构在国内外中小型注射成型机上应用广泛，有些大型注射成型机也用此结构。图 2-40 中中心线上部分为合模锁紧状态，下部分为开模状态。

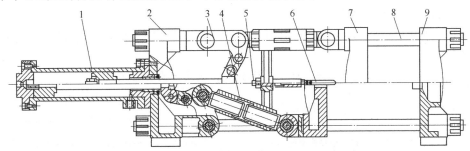

图 2-40　液压-双曲肘式合模装置
1—移模油缸；2—后固定模板；3—曲肘连杆；4—调距装置；5—顶出装置；
6—顶出杆；7—移动模板；8—拉杆；9—前固定模板

3. 液压-双曲肘撑板式合模装置

为了扩大模板行程，在国内外注射成型机上也有采用如图 2-41 所示的双曲肘撑板式合模装置。它利用了肘杆和楔块的增力与自锁作用，将模具锁紧。闭模时，压力油进入合模油缸左腔，合模油缸活塞推动肘杆座，由十字导向板带动肘杆与撑板沿固定模板滑道向前移动，当撑板行至后固定模板的滑道末端，肘杆因受向外垂直分力的作用，便沿楔面向外撑

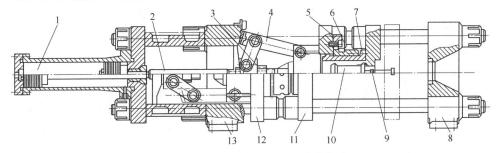

图 2-41　液压-双曲肘撑板式合模装置
1—合模油缸；2—活塞式；3—肘杆座；4—曲肘连杆；5—楔块；6—调节螺母；7—调节螺钉；
8—前固定模板；9—顶出杆；10—顶出油缸；11—右移动模板；12—左移动模板；13—后固定模板

开，迫使撑板撑在肘杆座上，将模具锁紧。开模时，压力油进入移模油缸右腔，活塞左行，肘杆带动撑板下行，锁紧状态消除。

这种结构模板行程大，肘杆构件少，但对楔块的制造精度和材料要求很高，增力倍数小（一般为10多倍），没有增速作用，移模速度不高。

4. 液压-机械式合模装置的特性

从上述几种液压-机械式合模装置介绍中可知，这种形式的合模装置有以下共同特点。

① 有机械增力作用。锁模力的大小与合模油缸作用力无直接关系，锁模力来自于肘杆、模板等产生弹性变形的预应力，因此可以采用较小的合模液压油缸，产生较大的锁模力。增力倍数与肘杆的结构形式和肘杆的长度等有关，增力倍数可达十几至三十几倍。

② 有自锁作用。合模机构进入锁模状态以后，合模液压油缸即使卸压，合模装置仍处于锁紧状态，锁模可靠，也不受油压波动影响。

③ 模板运动速度和合模力是变化的，其变化规律基本符合工艺要求。移模速度从合模开始，速度从零很快升到最高速度以后又逐渐减速到零；锁模力到模具闭合后才升到最大值。开模过程与此相反。

④ 模板间距、锁模力和合模速度必须设置专门调节机构进行调节。

⑤ 肘杆、销轴等零部件的制造和安装调整要求较高。

五、合模装置的比较

液压式与液压-机械式合模装置各具特点，为便于了解两类合模装置的性能特点，对其作一比较，见表2-8。

表 2-8　液压式与液压-机械式合模装置比较

液压式合模装置	液压-机械式合模装具
模板行程大，模具厚度在规定范围内可随意采用，一般无需调整机构	模板行程小，需设置调整模板间距的机构
锁模力易调节，数值可直接观察，但锁模有时不可靠	锁模力调节比较麻烦，数值不能直接观察，锁模可靠
模具容易安装	模具安装空间小，不方便
有自动润滑作用，无需专门润滑系统	需设置润滑系统
模板运动速度比较慢	模板运动速度较快，可自动变速
动力消耗大	动力消耗小
循环周期长	循环周期短

六、调模装置

1. 调模装置的作用与要求

在注射成型机合模系统的技术参数中，有最大模厚和最小模厚，模厚的调整是用调节模板距离的装置来实现的。此外，该装置还可用来调整合模力的大小。

对调模装置的要求是：调整方便，便于操作；轴向位移准确、灵活，保证同步性；受力均匀；对合模系统有防松、预紧作用；安全可靠；调节行程应有限位及过载保护。

在液压式合模系统中，动模板的行程由工作油缸的行程决定，调模装置是利用合模油缸实现模厚调整，由于调模行程是动模板行程的一部分，因此无需再另设调模装置。对液压-机械式合模装置，必须单独设置调模装置。这是因为肘杆机构的工作位置固定不变，即由固定的尺寸链组成，因此动模板行程不能调节。为了适应安装不同厚度模具的要求，扩大注射成型机加工制品的范围，必须单独设置调模装置。

2. 常见的调模方式及装置

目前常见的调模装置有以下几种形式。

（1）螺纹肘杆式调模装置　如图 2-42 所示，此结构是通过调节肘杆的长度，实现模具厚度和合模力的调整。使用时松动两端的锁紧螺母 1，调节调距螺母 2（其内螺纹一端为左旋，另一端为右旋），使肘杆的两端发生轴向位移，改变 L 的长度，达到调整的目的。这种形式结构简单、制造容易、调节方便，但螺纹要承受合模力，多用于小型注射成型机。

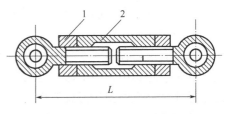

图 2-42　螺纹肘杆式调模装置
1—锁紧螺母；2—调距螺母

（2）动模板间大螺母式调模装置　如图 2-43 所示，它是由左、右两块动模板组成，中间用螺纹形式连接起来。通过调整调节螺母 2，使动模板厚度发生改变，从而达到模具厚度的调节和合模力的调整。这种形式调节方便，但增加了一块动模板，使注射成型机移动部分的重量和长度相应增大。多用于中小型注射成型机。

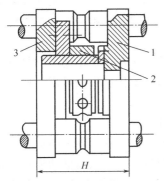

图 2-43　动模板间大螺母式调模装置
1—右动模板；2—调节螺母；3—左动模板

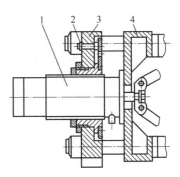

图 2-44　油缸螺母式调模装置
1—合模油缸；2—调节手柄；
3—后模板；4—后固定模板

（3）油缸螺母式调模装置　如图 2-44 所示，合模油缸 1 外径上设有螺纹，并与后固定模板连接。使用时，转动调节手柄 2，合模油缸大螺母转动。合模油缸产生轴向位移，使合模机构沿拉杆向前或向后移动。从而使模具厚度和合模力得到了相应的调整，这种形式调整方便，主要适用于中小型注射成型机。

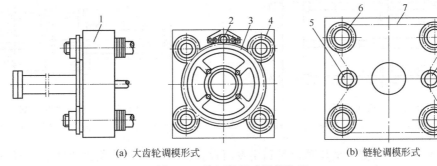

(a) 大齿轮调模形式　　　　　　　　　　　(b) 链轮调模形式

图 2-45　拉杆螺母式调模装置
1—后模板；2—主动齿轮；3—大齿轮；4—后螺母齿轮；5—撑紧轮；6—链轮螺母；7—链条；8—主动链轮

（4）拉杆螺母式调模装置　拉杆螺母式调模装置形式很多，目前使用较多的是如图2-45（a）所示的大齿轮调模形式。调模装置安装在后模板上，通过改变后模板的固定位置来实现模厚调整。当调模时，后模板与合模机构连同动模板一起移动，通过四只带有齿轮的后螺母在主动齿轮 2 驱动下同步移动，推动后模板及整个合模机构沿轴向位置发生位移，调节动模板与前模板间的距离，从而调节整个模具厚度和合模力。这种调模装置结构紧凑，减少了轴向尺寸链长度，提高了系统刚性，安装、调整比较方便。但结构比较复杂，要求同步精度较高，在调整过程中，四个螺母的调节量必须一致，否则模板会发生歪斜。小型注射成型机可用手轮驱动，大中型注射成型机上用普通电动机或液压电机或伺服电机驱动。图 2-45 (b) 为链轮式调模形式，调模时，四只带有链轮的后螺母在链条 7 的驱动下同步转动，推动后模板及整个合模机构沿轴向位置发生位移，完成调模动作，由于链条传动刚性差，多用于中小型注射成型机上，其他与大齿轮式相似。

七、顶出装置

顶出装置是为顶出模内制品而设置的，它是注射成型机不可缺少的组成部分。

1. 顶出装置的作用与要求

顶出装置的作用是准确而可靠地顶出制品。为保证制品能顺利脱模，要求注射成型机的顶出装置具有以下特点：运动平稳可靠，提供足够的顶出距离及顶出力，顶出装置应能准确、及时复位。

对顶出装置的要求是：具有足够的顶出力和可控的顶出次数及顶出速度，具有足够的顶出行程和行程限位调节机构，顶出力应均匀而且便于调节，工作应安全可靠，操作方便。

2. 顶出装置的形式

顶出装置一般有机械顶出、液压顶出、气动顶出三种。

(1) 机械顶出装置　机械顶出是利用固定在后模板或其他非移动件上的顶出杆，在开模时，动模板后退，顶出杆穿过动模板上的孔，与其形成相对运动，从而推动模具中设置的脱模机构而顶出制品，如图 2-46 所示。此种形式的顶出力和顶出速度都取决于合模装置的开模力和移模速度，顶出杆长度可根据模具厚度，通过调整螺栓进行调节，顶出位置随合模装置的特点与制品的大小而定。机械顶出装置的特点是结构简单，使用较广。但由于顶出制品的动作必须在快速开模转为慢速时才能进行，从而影响到注射成型机的循环周期，另外，模具中脱模机构的复位需在模具闭合后才能实现，对加工要求复位后才能安放嵌件的模具不方便。顶出杆通常安放在模板的中心或两侧。

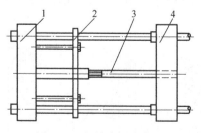

图 2-46　机械式顶出装置

1—后模板；2—撑板；3—顶杆；4—动模板

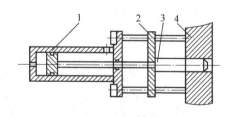

图 2-47　液压式顶出装置

1—顶出油缸；2—顶板；3—顶杆；4—动模板

(2) 液压顶出装置　液压顶出是利用专门设置在动模板上的顶出油缸进行制品的顶出，如图 2-47 所示。由于顶出力、顶出速度、顶出位置、顶出行程和顶出次数都可根据需要进行调节，使用方便，但结构比较复杂。

一般小型注射成型机若无特殊要求，使用机械顶出简便、可靠。大中型注射成型机，一般同时设有机械和液压两种装置，使用时可根据制品的特点和要求进行选择。

(3) 气动顶出装置　气动顶出是利用压缩空气，通过模具上设置的气道和微小的顶出气孔，直接从模具型腔中吹出制品。此装置结构简单，顶出方便，特别适合不留顶出痕迹的盆形、薄壁制品的快速脱模，但需增设气源和气路，使用范围有限，用得较少。

第五节 注射成型机液压与电气控制系统

为了保证注射成型机按工艺过程预订的要求（压力、速度、温度、时间）和动作程序准确有效地工作，现代注射成型机多数是由机、电、液一体的机械化、自动化程度较高的综合系统。液压与电气控制系统的工作质量将直接影响注射制品的质量、尺寸精度、注射成型周期、生产成本和维护检修工作等。本节主要介绍注射成型机的液压与电气控制系统。

一、注射成型机液压控制系统

1. 液压控制系统的特点与组成

（1）液压控制系统的特点 注射成型机的液压控制系统严格地按液压程序进行工作；在每一个注射周期中，系统的压力和流量是按工艺要求进行变化的；注射功率可在超载下使用，而螺杆的塑化功率、启闭模功率都应在接近或等于额定功率条件下使用。

（2）液压控制系统的组成 一个完整的液压系统主要由动力元件、执行元件、控制元件、辅助元件和工作介质五部分组成。动力元件包括油泵，其作用是将机械能转化为液压能；执行元件包括油缸、油马达，其作用是将液压能转化为机械能，推动执行机构对外做功；控制元件有溢流阀、节流阀、换向阀、单向阀等，主要控制系统的压力、流量与流向；辅助元件有油箱、滤油器、蓄能器、管道、管接头和压力表等；工作介质多用液压用油，其作用是传递液压能。

2. 常用液压元件

（1）油泵 油泵是为液压传动提供动力的零件，也称动力元件。它是通过自身的机械运动，实现将机械能转变为液压能的装置。塑料机械中常用的油泵有三种：叶片泵、轴向柱塞泵和齿轮泵。在注射成型机中，液压传动是作为主传动，压力较高，流量也很大，但对执行机构的速度稳定性要求不高，是一种以压力变换为主的中高压系统。因此，注射成型机常用叶片泵和柱塞泵。

（2）油马达 油马达的功能正好与油泵相反，是将液压能转换为机械能输出的装置。油马达也有定量、变量和单、双向之分。常用的油马达有叶片式、柱塞式、齿轮式三种，其结构与油泵相似。

（3）油缸 油缸与油马达一样，也是液压传动中的执行元件。油缸是将液压能转换为驱动负载做直线运动或摆动的装置。按运动形式油缸可分为移动油缸和摆动油缸两类。

（4）液压控制阀 液压控制阀用于控制液压系统中液压油的压力、流量和流向三个参数，从而实现对液压系统执行元件的驱动力、运动速度和移动方向的控制。根据上述三个参数的控制需要，液压控制阀可分为压力控制阀、流量控制阀和方向控制阀三类。

① 压力控制阀 压力控制阀是控制液压系统中液体的压力，以及当压力达到某一定值时，对其他液压元件进行控制。这类阀中主要有溢流阀、减压阀和顺序阀。

② 流量控制阀 流量控制阀主要是通过对液压油流量的控制，达到控制执行元件速度的目的。流量控制阀一般用于中小型液压传动系统中，而大功率液压传动系统常用变量泵或改变供油泵的数量来调节执行元件的运动速度。流量控制阀有节流阀、单向节流阀、调速阀等。

③ 方向控制阀 方向控制阀在液压系统中用于控制工作油的流向和液流的导通与断开，

以实现对注射成型机执行机构的启动、停止、运动方向、动作顺序等的控制。方向控制阀有单向阀、换向阀等。

（5）辅助元件　液压系统的辅助元件包括滤油器、油箱、油冷却器、蓄能器以及压力继电器等。

① 滤油器　在液压系统中安装滤油器的目的是保证油液清洁，防止油液中的污染粒子对液压元件的磨损、堵塞和卡死。一般情况下，在泵吸油口安装的滤油器的过滤精度为100～200目，叶片泵吸油口常用150目，柱塞泵吸油口用200目。

② 油箱　油箱的作用是储油、散热和分离油中所含空气与杂质。注射成型机常用开式油箱，油箱上虽设有盖，但不密封。

③ 油冷却器　油冷却器是装在系统的回油路上，用于冷却油液，使工作油温不超过允许值（55℃），使液压油区保持在30～50℃。按油冷却介质不同可分为风冷和水冷两种，注射成型机的液压油路常用水冷却。

④ 蓄能器　蓄能器是储存和释放液体压力能的装置，可以作为辅助动力源及消除泵的脉动或回路冲击压力的缓冲器用。

3. 液压基本回路

注射成型机的液压系统是由若干个液压基本回路组合而成的。这些基本回路主要是用于控制压力、速度和方向。

（1）压力控制回路　压力控制回路主要由应用元件和执行元件组成，对系统液压压力进行控制与调节。具体有调压回路、卸荷回路、减压与增压回路、背压回路、保压回路等。

（2）速度控制回路　在液压系统中，通常根据负载运动速度的要求，设置液压油流量的调节回路，称为速度控制回路。典型的速度控制回路有两种：定量泵节流调速回路及容积式调速回路。注射成型机中常用容积式调速回路。

（3）方向控制回路　方向控制回路是控制油缸、油马达等执行元件的动作方向及停止在任意位置的回路。

4. 典型液压系统举例

下面以SZ-2500注射成型机为例，介绍注射成型机液压系统。

（1）系统特点

① 能满足合模系统的要求　在注射成型时，熔融物料常以40～130MPa的高压注入模具的型腔。因此，合模系统必须有足够的合模力，以避免导致模具开缝而产生溢边现象，为此合模油缸的油压必须满足合模力的要求。

另外，液压系统还必须满足模具开、闭时的速度要求，在空载行程时要快速运行，以提高注射成型机的生产效率，同时，为防止损坏模具和制品，避免注射成型机受到强烈振动和产生撞击噪声要慢速运行。一般合模系统在开、闭模过程中速度变化过程是先慢后快再慢，快、慢速的比值较大。一般采用双泵并联、多泵分级控制以及节流调速等方法来实现开、闭模速度的调节。

② 能满足注射座整体移动机构的要求　为了适应加工各种物料的需要，注射座整体移动油缸除了在注射时有足够的推力，保证喷嘴与模具主浇口紧密接触外，还应满足三种预塑形式（固定加料、前加料、后加料）的要求，以使注射座整体移动油缸能及时动作。

③ 能满足注射机构的要求　在注射过程中，通常根据物料的品种、制品的几何形状及模具的浇注系统不同，灵活地调整注射压力和注射速度。

注射速度的大小对制品质量有很大的影响。为了得到优质的制品，注射速度可按熔料充模行程、工艺条件、模具结构和制品要求分三段控制，具体如下。

a. 慢-快-慢　有利于充模过程中模腔内气体的排出，细长型芯的定位，减小制品内应力。

b. 慢-快　用于成型厚壁制品，可避免产生气泡和提高制品外形表面的完整。

c. 快-慢　用于成型薄壁制品，可减小制品的内应力，提高制品尺寸和几何形状的精度。

注射完毕后，要能进行保压，防止制品冷却收缩、充料不足、空洞等，保压压力可根据需要进行调节。在用螺杆式注射成型机加工时，螺杆转速及背压应能根据物料的性能，适当进行调整。

④ 能满足顶出机构的要求　为顶出机构提供足够的顶出力和平稳的顶出速率，并能方便地进行调整。

（2）动作过程　SZ-2500注射成型机的液压控制系统如图2-48所示，它是由各种液压控制元件、液压基本回路、专用液压回路等组成。

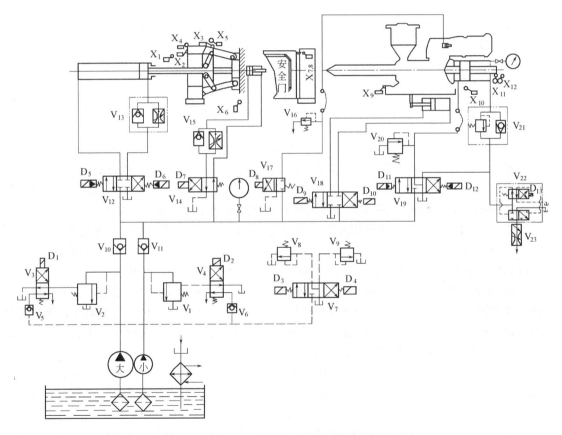

图 2-48　SZ-2500注射成型机液压控制系统原理

① 闭模过程　根据各种塑料制品的要求，注射成型机的合模动作有慢速和快速闭模。

a. 慢速闭模　电磁铁 D_2、D_5 通电，大泵卸荷。小泵压力油经阀 V_{11} →阀 V_{12} →进入移模油缸左腔，推动活塞实现慢速合模，与此同时，移模油缸右腔的油液经阀 V_{13} →阀 V_{12} →油冷却器→油箱，使曲肘伸展，闭模开始。

b. 快速闭模　电磁铁 D_1、D_2、D_5 通电，大、小泵同时向移模油缸供油。大、小泵的压力油经以上通道，实现快速合模，使曲肘达到自锁位置，曲肘伸展，使模具紧密贴合。

② 注射座前移 电磁铁 D_2、D_5、D_9 通电，大泵卸荷。小泵压力油经阀 V_{11}→阀 V_{18}→注射座移动油缸的右腔，推动向左移动，实现注射座整体移动，与此同时，注射座移动油缸左腔的压力油经阀 V_{18}→油冷却器→油箱。

③ 注射成型过程 根据不同塑料制品的精度要求，可将注射速度进行分级控制。

a. 一级注射 电磁铁 D_1、D_2、D_3、D_5、D_9、D_{12} 通电，大、小泵同时向注射座油缸供油。大、小泵压力油经阀 V_{10}、V_{11}→阀 V_{19}→阀 V_{21}→注射座油缸右腔，推动活塞向左移动，实现注射动作，注射压力由阀 V_9 进行调节。

b. 二级注射（快→慢） 快速时，限位开关 X_{11} 被压下时，电磁铁 D_1、D_2、D_3、D_5、D_9、D_{12} 通电。大、小泵压力油经阀 V_{10}、V_{11}→阀 V_{19}→阀 V_{21}→注射座油缸右腔，推动活塞向左移动，实现快速注射。慢速时，在注射过程中，限位开关 X_{11} 升起后，电磁铁 D_1、D_2、D_4、D_5、D_9、D_{12}、D_{13} 通电，大小泵压力油经阀 V_{10}、V_{11}→阀 V_{19}→阀 V_{21}→注射座油缸右腔座，推动活塞向左移动，实现慢速注射，另一部分压力油则经阀 V_{22}→阀 V_{23}→回油箱。快速时，注射压力由阀 V_9 调节；慢速时，注射压力由阀 V_8 调节。

c. 二级注射（慢→快） 在转动主令开关后，注射动作与上述相反。

④ 保压过程 电磁铁 D_2、D_4、D_5、D_9、D_{12} 通电。

小泵压力油经阀 V_{11}→阀 V_{19}→阀 V_{21}→注射座油缸，进行保压，保压压力由阀 V_8 调节。

⑤ 注射座退回 电磁铁 D_2、D_{10} 通电。小泵压力油经阀 V→阀 V_{18}→注射座油缸左腔，推动活塞右移使注射座后退。与此同时，注射座油缸右腔的油液经阀 V_{18}→回油箱。

⑥ 预塑过程 电磁铁 D_2、D_8 通电。小泵压力油经阀 V_{11}→阀 V_{17}→阀 V_{16}→液压离合器小油缸，推动三个活塞使离合器连接，将电机与齿轮箱连接，带动螺杆转动，进行预塑，此时，注射座油缸右腔的油液，在熔料的反压作用下，经阀 V_{21}→阀 V_{19}→油冷却器→回油箱。预塑时的背压由阀 V_{21} 调节，通往液压离合器的油液压力由阀 V_{16} 调节。

⑦ 开模过程 与闭模动作相适应，注射成型机的开模动作也分为快、慢速进行。

a. 快速开模 电磁铁 D_1、D_2、D_6 通电，大小泵压力油经阀 V_{10}、V_{11}→阀 V_{12}→合模油缸右腔，油缸左腔的油液经阀 V_{12}→油冷却器→回油箱，实现快速开模。

b. 慢速开模 快速开模过程中限位开关 X_3 脱开，电磁铁 D_2、D_6 通电，大泵卸荷，实现慢速开模。在慢速开模过程中触动限位开关 X_1 时小油泵卸荷，此时大小泵都处于卸荷状态，使开模停止。在所有开模过程中，开模速度由阀 V_{13} 调节。开模时合模油缸左腔的油液经阀 V_{13}→阀 V_{12}→油冷却器→回油箱。

⑧ 制品顶出 在开模过程中，当触及限位开关 X_2 时，电磁铁 D_7 通电。小泵压力油经阀 V_{14}→阀 V_{15}→顶出油缸左腔，使顶杆伸出顶出制品。油缸右腔的油液，经阀 V_{14}→油冷却器→回油箱。

⑨ 顶杆退回 在开模后，电磁铁 D_7 断电。小泵压力油经阀 V_{14}→顶出油缸右腔，使顶出杆退回原位，同时顶出油缸左腔的油液，经阀 V_{15} 的单向阀→阀 V_{14}→油冷却器→回油箱。

⑩ 螺杆退回 电磁铁 D_2、D_{11} 通电。小泵压力油经阀 V_{11}→阀 V_{19}→阀 V_{20}→注射成型油缸左腔，推动油缸活塞向右移动使螺杆退回，退回时的油压力由阀 V_{20} 调节。

此动作只有将转换开关转向调整位置时才能实现。

5. 常见故障及排除

注射成型机常见的液压故障及排除见表 2-9。

表 2-9 注射成型机常见液压故障、诊断及维修处理

液压故障	诊断	维修处理
噪声过大	1. 油泵的叶片、转子、定子配油盘磨损、轴承损伤产生噪声 2. 滤油器堵塞及油泵吸气产生噪声 3. 溢流阀加工精度差及工作不良产生尖叫等噪声 4. 磁阀吸合噪声 5. 压板(撞块)压触限位开关的撞击声	1. 检修或更换油泵组件 2. 清洗滤油器,检查油泵吸油管漏气部位,并严加密封 3. 检修或更换溢流阀组件,更换适宜的弹簧,并加以密封,以防阀内进气 4. 改用低噪声电磁铁 5. 降低压板运动速度、改善压板形状及尺寸
油温过高	1. 油泵磨损内泄发热及轴承损伤发热 2. 系统压力调节过高 3. 油泵卸荷不及时 4. 油箱散热效果差 5. 油冷却器效果不佳	1. 检修或更换油泵组件 2. 按要求调整溢流阀压力 3. 检查卸荷工作情况 4. 采用风冷,将塑化热散掉,防止油箱吸热 5. 检修油冷却器,清除水垢,采用低温冷却水冷却
无快速合模	1. 油泵磨损内泄或转子装反,输出油量不足 2. 卸荷阀阀芯卡住或电磁铁不吸合,造成大泵仍然卸荷 3. 油泵及其通道泄漏	1. 检修或更换油泵组件,正确安装 2. 检修卸荷阀及电磁铁和电气线路 3. 检查系统泄漏并加修理或更换
合模油缸换向冲击	1. 电液换向阀的液动阀移动太快 2. 油缸内混有空气	1. 调整液动阀的移动速度 2. 排气
合模油压力不足	1. 控制合模油压力的溢流阀的压力调节太低或控压区泄漏 2. 油泵磨损内泄压力达不到 3. 系统有泄漏点	1. 按要求调节合模压力及检修阀 2. 检修或更换油泵组件 3. 检查泄漏点,并加以处理密封
锁模力达不到要求	1. 对液压式合模装置系合模压力不足 2. 对液压机械式合模装置系模具、动模板、合模机构的总长度比前后固定模板总距离长	1. 按要求调节合模压力及检修阀;检修或更换油泵组件;检查泄漏点,并加以处理密封 2. 调整模距
注射压力不足	1. 油泵磨损内泄或转子装反 2. 控制注射压力的溢流阀压力调低了或控压区泄漏 3. 系统有泄油点	1. 检修或更换油泵组件,正确安装 2. 按要求调整注射压力或检修阀 3. 检查泄漏点,并加以处理密封
注射速度不够	1. 油泵磨损内泄或转子装反 2. 系统泄漏	1. 检修或更换油泵组件,正确安装 2. 检查泄漏点,并加以处理密封
注射速度不稳定	1. 系统泄漏 2. 油缸内混有气体	1. 检查,密封处理 2. 排气
无预塑动作	1. 换向阀卡住或电磁铁故障 2. 液压离合器摩擦片损坏	1. 检修电磁阀及电气线路 2. 检修液压离合器,更换摩擦片
预塑时注射油缸后退太快	1. 背压阀调低了 2. 油泵回路系统泄漏	1. 调高背压力(大型机 1~2MPa,中小型机 0.5~1MPa) 2. 检查泄漏,并加以处理密封
无顶出动作	1. 电磁阀阀芯卡住或电磁铁故障 2. 油管破裂	1. 检修电磁阀及电气线路 2. 检查泄漏,更换油管
工作循环程序动作出不来	1. 压板(撞块)位置不对 2. 限位开关松脱或失灵 3. 电气线路故障及电磁铁故障	1. 按要求安装 2. 检查固定,检修或更换限位开关 3. 检修电气线路及电磁铁

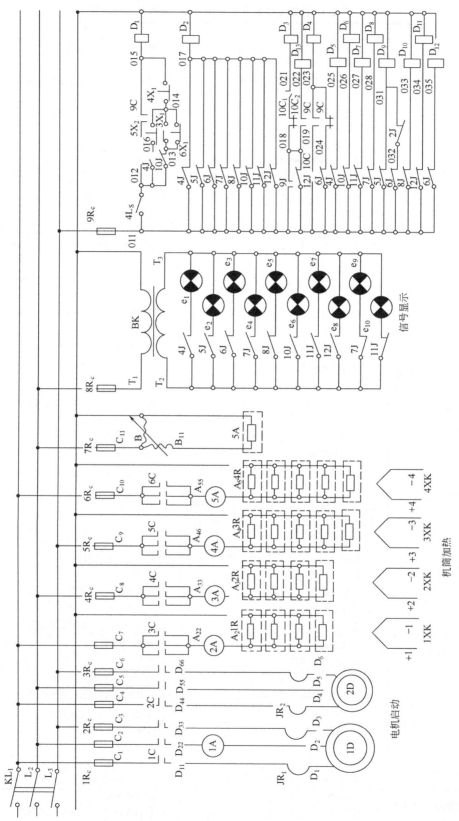

图 2-49　SZ-2500 型注射成

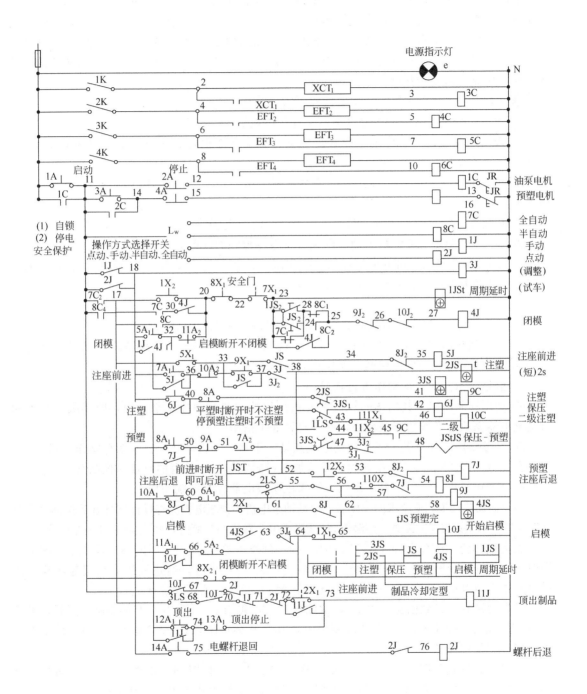

型机电器控制系统原理

二、注射成型机电气控制系统

1. 继电控制系统

继电器是一种根据电气量（电压、电流等）或非电气量（热、时间、转速、压力等）的变化接通或断开控制电路，以完成控制和保护任务的电器。继电器一般由感测机构、中间机构和执行机构三个基本部分组成。感测机构把感测到的电气量或非电气量传递给中间机构，将它与预定值（整定值）进行比较，当达到整定值（过量或欠量）时，中间机构便使执行机构动作，从而接通或断开电路。

继电器的种类和形式很多，主要按以下方式分类。

① 按用途分类　可分为控制继电器、保护继电器。

② 按动作原理分类　分为电磁式继电器、感应式继电器、热继电器、机械式继电器、电动式继电器和电子式继电器等。

③ 按感测的参数分类　可分为电流继电器、电压继电器、时间继电器、速度继电器、压力继电器等。

④ 按动作时间分类　可分为瞬时继电器、延时继电器等。

以 SZ-2500 型注射成型机为例加以说明继电器控制的注射成型机电气系统。

SZ-2500 型注射成型机的电器控制系统如图 2-49 所示，它是由电机启动回路、料筒加热回路、动作控制回路及信号显示回路等组成。

（1）特点

① 油泵和预塑电机启动回路采用有失压保护的按钮控制启动回路。

② 料筒加热回路采用电阻加热、自动控温回路，利用热电偶、调节式测温毫伏计进行自动控温。喷嘴加热器单独用调压器控制其电压大小进行控温。

③ 信号显示回路表示动作进行状况。

④ 动作控制回路中其动作的转换主要由行程控制和时间控制来实现，即用限位开关和时间继电器来执行动作的自动转换，并有自锁保护措施。

⑤ 通过操作选择开关，可实现调整（点动、手动、半自动及全自动四种操作方式）。

⑥ 根据工艺要求，可选择前加料或后加料或固定加料，并由加料选择控制开关。

（2）动作过程　现以半自动操作为例来说明该电器控制系统动作。

当料筒加热到工艺所要求的温度后，启动油泵电机和预塑电机。将操作选择开关拨向"半自动"位置，即 L_w 与 W_2 接通，接触器 8C 线圈带电，触点 $8C_1$ 断开，$8C_2$、$8C_3$ 和 $8C_4$ 闭合。

关上安全门，压合限位开关 7X、8X，使中间继电器 4J 通电（时间继电器 1JS 线圈虽然同时带电，开始计时，但时间未到），使电磁铁 D_2、D_5 带电，通过液压系统慢速闭模。闭模过程中限位开关 4X 脱开，$4X_1$ 复原闭合，使 D_1 带电，实现快速闭模。

模具闭紧后，碰到限位开关 5X，常闭触点 $5X_2$ 断开，D_1 失电，大泵卸荷。同时，常开触点 $5X_1$ 闭合，使中间继电器 5J 线圈带电，其常开触点闭合，D_9 带电（D_2、D_5 仍带电），注射成型座整体前进。

注射座前进碰到限位开关 9X，常开触点 $9X_1$ 压合，使时间继电器 2JS、3JX 带电，开始计时。同时，接触器 9C 和中间继电器 6J 带电，其常开触点闭合，使 D_1、D_2、D_3、D_9、D_{12} 带电（D_5 仍带电），实现高压快速注射，其注射压力由远程调压阀 9 调定。

当注射时间已到（预先由 2JS 调定），触点 $2LS_1$ 断开，9C 失电，D_1 失电，大泵卸荷，D_3 同时失电，而 D_4 带电，小泵保压。保压压力由远程调压阀 8 调定。上述情况是指主令开关 1LS 在"快速"位置。

二级注射成型分为下面两种情况。

① 先快后慢 将 1JS 旋到"快-慢"位置。开始，限位开关 11X 被压住，触点 $11X_2$ 断开，接触器 10C 仍不带电，与上述情况相同，即为高压快速注射。注射一段时间后，放开 11X，触点 $11X_2$ 闭合，10C 带电，其常闭触点打开，常开触点闭合，使 D_3 失电。D_4、D_{13} 带电，变为慢速注射，其注射压力由远程调压阀 8 调定。

② 先慢后快 将 1LS 旋到"慢-快"位置。开始，11X 被压住，$11X_1$ 被接通，10C 带电，其常开触点闭合，D_4、D_{13} 带电，进行慢速注射，其注射压力由远程调压阀 8 调定。待 11X 放开后，$11X_1$ 断开，10C 失电，$10C_2$ 断开，使 D_4、D_{13} 失电，同时 $10C_1$ 闭合，D_3 带电，转为快速注射。注射压力由远程调压阀 9 调定。

保压时间已到（预先调节 3LS 的延时时间比 2JS 延时时间长），触点 $3JS_1$ 断开，使 6J 失电，D_4、D_{12} 失电，保压结束。同时，$3JS_2$ 闭合，使空气或时间继电器 JS 带电，开始计时，并且触点 JS 瞬时打开，5J 失电，使 D_9 失电，JS 调定时间到了，JS 又闭合，使 7J 带电，其常开触点闭合，D_2、D_8 带电，通过液压离合器，将齿轮与预塑电机相连，进行预塑（这是固定加料情况，即 2JS 不接通）。

预塑结束，螺杆退回碰到限位开关 12X，$12X_2$ 被压合，4JS 带电，开始计时。制品冷却定型时间已到（由 4LS 预先调定）。4JS 闭合，10J 带电，其常开触点闭合，D_1、D_2、D_6 带电，进行快速开模。

待放开限位开关 3X 时，$3X_1$ 复原断开，D_1 失电，大泵卸荷，变为慢速开模。

待放开限位开关 6X 时，$6X_1$ 复原闭合，D_1 又带电，又变为快速开模。

待碰到限位开关 4X 时，$4X_1$ 被压开，D_1 又失电，又变为慢速开模。

最后碰到限位开关 1X 时，$1X_1$ 被压开，10J 失电，D_2、D_6 失电，开模停止。

开模停止后，打开安全门，取出制品，完成第一个工作循环，再关上安全门。按上述步骤，进行第二个工作循环。

如需自动顶出制品，就不打开安全门，将主令开关 3JS 预先拨向"通"的位置。开模碰到限位开关 2X，$2X_1$ 被压合使 11J 带电，常开触点 11J 闭合，D_7 带电，由顶出油缸顶出制品。此时，如果是半自动，仍需打开安全门，才能进行第二个工作循环（打开安全门时，1JS 复原闭合，不打开安全门，1JS 带电，$1JS_1$ 断开，故不能闭模），只有在全自动时，不打开安全门，在延时一段时间后又能自动闭模。无论哪种操作方式，只要打开安全门，$8X_2$ 复原闭合，10J 带电，立即开模。各种动作进行时，均有指示灯显示。

2. 自动控制与调节系统

自动控制与调节系统包括 PC 控制的注射成型机电气系统和微机控制的注射成型机的控制系统。其中 PC 控制的注射成型机的电气系统采用了可编程控制器（PC）控制来代替常规的继电器控制。如 SZ-400 型塑料注射成型机为 PC 控制注射成型机的电气控制系统的注射成型机，注射成型机的各个动作由程序集中进行控制，动作更加准确可靠，并可根据生产和工艺的需要，方便地修改程序和各个参数。系统中还设有报警系统和故障显示指示灯，大大方便了设备的使用和维护。系统主要由主电路（电动机驱动和加热）和 PC 控制电路（机器的动作和状态控制）两部分组成，手动操作开关和行程开关分别接到 PC 的输入端，电磁换向阀的信号接到 PC 的输出端上，可实现手动、半自动和全自动操作。

微机控制注射成型机的控制系统主要由 CPU 板、I/O 板、射移及锁模编码板、按键板、D/A 转换板、显示控制板以及电源板等部分组成。其控制原理是整个注射成型成型周期的各个参数（温度、时间、压力及速度等）的设定值由控制面板上的按键输入，经数据处理后传给计算机（CPU），计算机按注射成型周期的顺序将各个参数转换为指令，经 D/A 转换及 I/O 输入板传给各执行元件，实现注射参数的数字化控制。各动作的位移信号经 I/O 板反馈给计算机，用于动作顺序的控制。

3. 温度控制与调节

加热和冷却是塑料注射过程得以顺利进行的必要条件。随着螺杆的转速、注射压力、外加热功率以及注射成型机周围介质的温度的变化，料筒中物料的温度也会相应的发生变化。温度控制与调节系统是保证注射过程顺利进行的必要条件之一，它通过加热和冷却的方式不断调节料筒中物料的温度，以保证塑料始终在其工艺要求的温度范围内注射成型。

（1）注射成型机的加热方法　注射成型机的加热方法通常有三种：载体加热、电阻加热和电感加热。

① 载体加热　利用载体（如蒸汽、油等）作为加热介质的方法，称为载体加热。

② 电阻加热　电阻加热是应用最广泛的加热方式，其装置具有外形尺寸小、质量轻、装设方便等优点。

③ 电感应加热　电感应加热是利用电磁感应在料筒内产生电的涡流而使料筒发热，从而达到加热料筒中塑料的目的。

（2）注射成型机的冷却方法　在注射成型机中常用水冷的方式来对注射模、液压油等部位进行冷却。

（3）注射成型机的温度控制与调节　目前温度的控制方法，一般是按照测量、调节操作、目标控制等顺序编成闭合电路进行控制。即要求准确地测量出控制对象的温度，找出它与规定温度的误差，修改操作量，使被控制对象的温度维持一定。

温度的测量一般是采用热电偶、测温电阻和热敏电阻等来进行测量。

控制温度的方法有：手动控制（调压变压器控制）、位式调节（又称开关控制）、时间比例控制和比例（P）积分（I）微分（D）控制（也称 PID 控制）。手动调压变压器控温是通过改变电压来改变加热功率的一种控温方法。由于它不能适应物料对温度变化的要求，控制精度也很差，故已很少采用。

① 位式调节　目前使用得较为普遍的 XCT-101、XCT-111、XCT-121 型动圈式温度指示调节仪就属于位式调节仪表。位式调节的特点是：当热电偶测得的温度 T 等于 T_0 时（T_0 为设定温度，这时仪表的指示指针与设定温度指针上下对齐），继电器能立即切断加热器的电路，加热停止，但由于控温对象（如料筒）有较大的热惯性，虽然切断了加热电路，但料筒的温度仍会继续上升；当测得的温度低于设定温度 T_0 时，虽然通过控制仪表接通了加热电路进行加热，但由于料筒的热惯性的存在，温度在一个短暂的时间内还会有所下降，然后才能回升。因此料筒温度会在设定温度 T_0 值左右波动。

② 时间比例控制　按时间比例原理设计的 XCT-131 型动圈式温度指示调节仪的特点是：当指示温度接近设定温度（即进入给定的比例带时），仪表便使继电器出现周期性的接通、断开、再接通、再断开的间歇动作。同时，指针越接近定温指针时，则接通的时间越缩短，而断开的时间越增长。受该仪表控制的加热能量与温度的偏差是成比例的。

③ 比例积分微分调节　PID 温度控制系统的原理是：由测温元件（热电偶）测得的温度与设定的温度 T_0 进行比较，将比较后的偏差 ΔT 经过增幅器增幅，然后输进具有 PID 调节规律的自动控制调节器，并经由它来控制可控硅 SCR 的导通角（开放角），以达到控制加热线路中的电流（加热功率）的目的。目前，国产的 XCT-191 或 XCT-192 型动圈式仪表与 ZK 型可控硅电压调整器及可控硅元件等组成的温度控制系统可以实现 PID 调节。

第六节　注射成型机的辅助系统

一、供料系统

由于注射成型机螺杆的塑化能力有限，因此在加工中，一般采用粒料。若是回收料，须先破碎造粒，经筛选后再供注射成型机使用；若是粉料，也须先经造粒后再使用。

中小型注射成型机一般采用人工上料，而大型注射成型机由于机身较高且注射量大，用人工上料的劳动强度大，因此须备有自动上料系统。常见的自动上料系统有以下几种。

1. 弹簧自动上料

它是用钢丝制成螺旋管置于橡胶管中，用电动机驱动钢丝高速旋转产生轴向力和离心力，物料在这些力的作用下被提升，当塑料达到送料口时，由于离心力的作用而进入料斗。

2. 鼓风上料

它是利用风力将塑料吹入输送管道，再经设在料斗上的旋风分离器后进入料斗内。

3. 真空上料

这是使用最多的一种上料装置。工作时，真空泵接通过滤器而使小料斗形成真空，这时物料会通过进料管而进入小料斗中，当小料斗中的物料储存至一定数量时，真空泵即停止进料，这时密封锥体打开，塑料进到大料斗中，当进完料后，由于重锤的作用，使密封锥体向上抬而将小料斗封闭，同时触动微动开关，使真空泵又开始工作，如此循环。

二、干燥系统

对于易吸湿的物料，如 ABS、PC、PA 等，以及制品性能要求较高时，必须于注射前对物料进行干燥处理。

常用的干燥方式有热风干燥、远红外线干燥、真空干燥和沸腾床干燥等。

1. 热风干燥

（1）箱形热风循环式干燥机　箱形热风循环式干燥机是应用较广的一种干燥机。这种干燥设备箱体内装有电热器，由电风扇吹动箱内空气形成热风循环。物料一般平铺在盘里，料层厚度一般不超过 2.5cm。干燥烘箱的温度可在 40～230℃ 内任意调节。干燥热塑性物料，烘箱温度控制在 95～110℃，时间为 1～3h；对于热固性物料，温度在 50～120℃ 或更高（根据物料而定）。这种干燥设备多用于小批量需表面除湿粒料的处理，也可用于物料预热。

（2）料斗式干燥器　料斗式干燥器是热风干燥的另一种形式，其工作原理是将物料装入料斗，鼓风机将加热风管中热空气吹入料斗，经过物料存积区域后从排气口排出。由于流动空气的温度高出物料温度几十度，借温差的作用促使物料除湿。除湿后物料可进入注射成型机或挤出机的料筒中。

2. 远红外线干燥

远红外线干燥是利用物料对一定波长的红外线吸收率高的特点，以特定波长的红外线，作用于被干燥物料，实现连续干燥。据资料介绍，远红外线加热的最高温度可达 130℃。

3. 真空干燥

真空干燥是将待干燥的物料置于减压的环境中进行干燥处理，这种方法有利于附着在物料表面水分的挥发。

4. 沸腾床干燥

对大批量吸湿性物料的干燥，可采用沸腾床干燥。其工作原理是利用热空气气流与物料剧烈地混合接触、循环搅动，使物料颗粒的水蒸气不断扩散实现干燥。

除上述干燥方式外，还有带式、搅拌式、振动式、喷雾式等多种形式，分别用于大批量、粉料甚至液体料的干燥处理。

一般要求干燥后的塑料水分含量在 0.05%～0.2%，对吸湿后在加工温度下易降解的物料，如 PC 等，则要求其含水量应在 0.03% 以下。

常用物料的干燥条件及吸湿率见表 2-10。

表 2-10　常用物料干燥条件及吸湿率

树脂名称	吸湿率(ASTM 方法)/%	干燥温度/℃	干燥时间/h
聚苯乙烯(通用)	0.10～0.30	75～85	2 以上
AS 树脂	0.20～0.30	75～85	2～4
ABS 树脂	0.10～0.30	80～100	2～4
丙烯酸酯树脂	0.20～0.40	80～100	2～6
聚乙烯	0.01 以下	70～80	1 以上
聚丙烯	0.01 以下	70～80	1 以上
改性 PPO(Noryl)	0.14	105～120	2～4
改性 PPO(Noryl SE-100)	0.37	85～95	2～4
聚酰胺	1.5～3.5	80	2～10
聚甲醛	0.12～0.25	80～90	2～4
聚碳酸酯	0.10～0.30	100～120	2～10
硬质聚氯乙烯树脂	0.10～0.40	60～80	1 以上
PBT 树脂	0.30	130～140	4～5
FR-PET	0.10	130～140	4～5

三、模具冷却系统

在注射成型要求较高的塑料制品时，要求注射成型模具的温度控制必须很精确，当常规的循环冷却水冷却达不到要求时，就必须配备专用的注射成型模具冷却设备。

四、机械手的应用

在注射成型机中有时应用机械手来辅助上料、装卸模具、顶出制品等工作，以减轻劳动强度，提高生产率。

五、热流道模具温度控制系统

普通浇注系统模具在注射成型时会产生大量的浇注系统凝料，注塑件的质量要求不高时，这些浇注系统凝料可以经粉碎后再混入新料使用，但添加比例有一定限制，不然会影响产品质量。而对于外观要求高的注塑件，这些浇注系统凝料就难以在生产中再次回收利用，只能用于其他产品或者作为回收料出售给相应的废旧塑料回收公司处理。原料成本在注塑成本中所占的比例最高，如果有大量的浇注系统凝料产生，会大幅度地挤占利润空间，所以现在注塑企业在设计注塑模具时会大量使用热流道系统，这样就可以避免浇注系统凝料的产生。热流道浇注系统模具通常是利用可加热流道、可加热喷嘴或者可加热流道板替换普通浇注系统的一部分或者全部。在注塑成型时，这些热流道系统的温度的设定与控制对于注射成型的顺利进行至关重要。因此在注塑企业，热流道系统的温度控制系统的性能对于保证注塑工艺的顺利执行就显得很重要。热流道温度控制系统通常是一台包括主机、电缆、连接器及接线公母插座的温控箱。选择温控箱时就尽量选择可靠性好、控制精度满足注塑工艺控制要求的产品。在使用过程中也应做好日常维护保养工作，尽可能降低温控箱的故障率。在注塑中温控箱故障导致大量注塑产品报废的案例很多，在使用过程中应密切关注其工作状况，有问题及时处理。

六、注塑件热处理系统

由于塑料材料的特点，注塑制品在脱模后往往会存在一定程度的翘曲变形甚至开裂等质量问题，这主要是在注塑过程中分子链的链段欲运动以调整其能量至最低状态受阻或者注塑过程中分子链调整构象以进入晶格受阻造成的，此外，注塑件的结构设计不合理、壁厚不均匀、模具的冷却系统设计不合理及产品的加工与装配应力也会导致类似的产品质量问题。在设计注塑工艺时，通过降低注射速度、提高模具温度、降低冷却速度可以改善这类产品质量问题，但由于这些手段都会延长周期，导致生产效率的降低，所以在注塑车间或者装配车间都会有注塑件的热处理系统，这些热处理系统主要的功能是对注塑件加热并控温，以满足其热处理工艺需求。这类热处理系统主要分为两类：一类是用于注塑现场，设计成流水线的形式，生产出的制品在经过热处理流水线的时候被加热至设计温度并保持要求的热处理时间；另一类热处理设备类似于烘箱，主要用于大批量注塑件同时进行热处理的场合。

第七节　注射成型机的安装、调试

一、注射成型机的安装

1. 对安装场地的要求

① 注射成型机安装地面必须平整，地基应有足够的承载能力，应能承受注射成型机质量，同时要求能抗振动，尤其对大型注射成型机更应注意地面质量，保证在生产时设备不下沉、不偏斜，不允许产生共振现象。

② 注射成型机在安装时，要注意注射成型机四周环境，操作方便，采光、通风要好。同时还要考虑到设备的维修、模具的拆卸和原料及成品的堆放空间。

③ 车间高度要能允许有模具吊装的空间。

④ 注射成型机生产用水、气及线路等管路，应在铺设车间地面时，同时埋入地基内。

2. 注射成型机的安装

① 对中小型注射成型机的安装，一般不用地脚螺栓固定，而是采用调整垫安装。在安装时，先将各调整垫调整到相同高度，用水平尺校正（应以注射成型座导轨和合模系统拉杆为基准）水平。

② 对大型注射成型机通常要考虑地脚螺栓的安装位置、距离及浇灌深度。在安装时，按说明书要求，掘基地坑，浇灌混凝土，留出地脚螺栓孔。对整体式设备就位，粗略找正放好紧固螺栓，浇灌地脚孔。浇灌混凝土固化后在地脚螺栓两侧加垫铁，校正设备水平。对分体式一般首先安装合模系统（大型注射成型机的注射成型系统与合模系统可能是分体式的），首先把螺栓插入地脚孔中，把垫板和楔子放置好后，再拿走辊杠。在安装注射成型系统之前，把地脚螺栓穿入地脚孔中，再灌入混凝土。当混凝土固化后，再校平找正，拧紧地脚螺母。调平找正之后，要使机身结合面完全接触，设法防止垫板与楔子滑出来。

③ 机身稳固后，装设合模系统与注射成型系统之间的各种管件。液压管路按液压管路图施工，电路及温度控制接线按电气线路施工。

④ 安装注射成型机料斗、储料桶（自动上料料仓）等装置。

二、注射成型机的调试

注射成型机在正式开机操作之前，必须经严格地调试，以确保生产的正常进行及人身设备的安全。

1. 整机性能调试

① 接通操纵柜上的主开关，首先将操作方式选择开关置为点动或手动上。按启动键并立刻停机，检查油泵的运转方向是否正确。若发现方向不对，应立即停机断电调换两相接引电机的电源线，然后再点动运转，观察油泵旋转方向是否正确。

② 注射成型机启动应在液压系统无压的情况下进行。当启动之后再调节各泵的溢流系统的压力到安全压力。在使用过程中对调整好的各压力控制阀不要轻易去动。

③ 在开泵之前一定要确保油箱中已灌装液压油，否则易损坏油泵。

④ 检查注油器的液面及润滑部位，要供给足量的润滑油。特别是对液压-机械式注射成型机在曲肘铰链部位，缺润滑油将可能导致卡死的危险。

⑤ 油泵开始工作后，应打开油冷却器冷却水阀门，对回油进行冷却，以防止油温过高。待油泵短时间空车运转后，关闭安全门，先采用手动闭模，并打开压力表，观察压力是否上升。

⑥ 空车时，手动操作注射成型机空运转动作几次，检查安全门的作用是否正常，指示灯是亮或熄灭，各控制阀、电磁阀动作是否正确，调速阀、节流阀的控制是否灵敏。

⑦ 将转换开关转至调整位置，检查各动作反应是否灵敏。

⑧ 调节时间继电器和限位开关，并检查其动作是否灵敏、正常。

⑨ 进行半自动和全自动操作试车，空车运转几次，检查运转是否正常。

⑩ 检查注射成型制品计数装置及总停机装置（按钮）是否正常、可靠。

2. 注射成型系统调试

注射结晶型物料时，喷嘴不宜长时间与温度低的模具接触。因此，注射座一般应能在每一成型循环周期中往复移动一次（也称为注射座整体移动）。对于非结晶型物料，在注射成型机刚开始工作时，模温较低，往往也要求注射系统注射后后移。

为了使注射成型机的注射系统能保持良好的工作状态，在正式投入生产应用之前，有必要做如下的检查调试。

① 调节注射座移动行程，使喷嘴能顶住模具浇口套。要注意应在低压下调节并在模具闭合后进行调整，以保证模具的安全。

② 检查使用的喷嘴是否适用于所加工的物料，若不符合应更换类型并能顺利装配到料筒前端。喷嘴安装前还应注意其内流道是否通畅。

③ 通过限位开关或位移传感器调节螺杆的计量行程和防流延行程，并注意限位开关或传感器是否灵敏和可靠。

④ 调整注射压力、保压压力，从注射压力切换到保压压力主要靠时间继电器来调节。

⑤ 调节背压压力、喷嘴控制液压缸压力及注射座油缸压力，这些均通过液压系统相应阀件的调节手柄来进行调试。

⑥ 检查注射座移动导轨是否整洁和涂有润滑油。

⑦ 预塑螺杆空运转数秒，有无异常刮磨声响，料斗口开合门是否正常。

3. 合模系统调试

合模系统调试的主要目的是为了确保工作时人身及设备的安全，能有足够的合模力以保证模具在物料熔体的压力作用下不产生开缝现象并能顺利开闭模具及顶出制品。故正式生产前有必要对合模装置作以下调试。

① 检查安全门功能。根据安全保护要求，合模装置只能在注射成型机两侧安全门都关闭后才能进行工作。而在合模装置开闭模工作期间，若打开操作一侧的安全门，闭模运动应会立即被制止，而若进一步打开另一安全门时，油泵通常会停止工作。

② 调整好所有行程开关的位置，使动模板运行顺畅。

③ 模具安装。在安装模具之前，必须清理模具的安装表面及注射成型机动、定模板的安装面；检查模具的中心是否与动模板的中心相符；顶出杆是否伸进模具动模板内过甚；在定模板一侧要仔细检查模具的中心凸缘是否完全可靠地已进入注射成型机前模板的同心圆内；在低压下将模具锁闭，用螺丝拧紧固定模具的夹板。对于大型模具的安装，需要在吊车或起重架辅助下来进行。

④ 模具安装完毕之后，调节行程滑块，限制动模板的开模行程。

⑤ 调整顶出机构，使之能够将制品从型腔中顶出到预定的距离。

⑥ 调整模具闭合保险装置。有些现代注射成型机可以调整得非常准确，如在模具分型面上贴上 0.3mm 厚的油纸（检查完后撕下）时，是不会接通锁模升压微型开关的。然后，调整好模具闭合时的限位开关。

⑦ 调整合模力。合模力要根据注射压力和制品投影面积而定，要认真核查，防止出现不必要的高压。在保证制品质量前提下，应将合模力调到所需要的最小值，这样一可明显节省电能，二有利于延长设备及模具的使用寿命。

⑧ 调节开闭模运动的速度及压力。在一般的情况下，高压用于快速运动；慢速闭模和开模用低压。调节时，首先把速度调整到预选值，然后再调整压力。

4. 注射成型机参数调整

为了得到一个满意的注射制品，主要与以下几个方面的因素有关。

① 制品形状的合理设计和塑料品种的恰当选择。

② 合理的模具结构与正确的浇道设计。

③ 注射成型机的结构（螺杆式还是柱塞式，合模系统的结构等）。

④ 成型条件（注射成型压力、注射成型速率、成型温度、保压时间及冷却时间等）。

由于物料的种类繁多，制品各不相同，精度要求也相差很大，因此在生产中必须结合实际情况，随时进行精心调整。

在注射成型机上需要进行调整的参数主要有以下几项。

（1）注射压力　随着被加工物料的黏度、制品结构的复杂程度、壁厚、浇道设计的情况及熔料流程等的不同，所需的注射压力也不同。对于高黏度物料，高精度、薄壁、流程长的制品，注射压力要高，相反则可较低。

在注射过程中，模腔内熔料的压力是变化的。开始，当螺杆将熔料注入模腔，随着熔料的不断充满而压力迅速上升；当模腔完全充满后，因制品冷却收缩，压力有所下降，为了保证制品的密实程度，需对制品进行补缩，螺杆对熔料仍需保持一定的压力。因此，充模和保压过程中对压力的要求是不一样的，如为降低制品内应力和便于脱模，一般用较低的压力进行保压。目前在注射成型机上已较普遍使用分级压力控制，这对采用液压传动的注射成型机实现起来是很方便的，SZ-2500 型注射成型机就是二级压力控制的例子之一。

通常，一般性的塑料制品，注射压力在 40～130MPa 范围内调整。注射压力的调整方法有两种，一是更换不同直径的螺杆；二是调节液压油压力，通过液压油路中的压力回路和远程调压阀或溢流阀进行。

（2）合模力　不同的成型面积和模腔压力，要求的合模力也不同。若知道制品的投影面积和选定的模腔压力，就可计算出所需的合模力。

合模力的调整方法，对液压式合模系统，只要调整合模时液压油的压力，就可达到合模力的调整。对液压-机械式合模系统，要通过模板间距离的调整，改变机构的弹性变形量，实现合模力的调整。

（3）注射速率　注射速率的高低，主要取决于熔料的流动性、成型温度范围、制品的壁厚和熔料的流程等。当生产薄壁、长流程、熔体黏度高或有急剧过渡断面的制品、发泡制品及成型温度范围较窄的塑料制品时，应使用较高的注射速率；对于厚壁或带有嵌件的制品，使用较低的注射速率。

由于制品相对于注射方向的各横截面积总是不一样的，若用一种注射速率很难得到质量较好的制品。因此，在注射过程中要求使用分级注射速率。对于注射速率的调整，在使用液压传动的注射成型机上，只要在注射成型回路中增设调速回路，并与大、小泵的溢流阀配合使用，便能达到多级调速的目的。若用电磁比例流量阀就更方便了，因为它至少有 20%～100%的调节范围。

（4）合模速度　合模系统在闭模过程中，模板运行速度要有慢-快-慢的变化过程。有时为了适应不同制品的成型要求，对速度变换的位置和大小也要能进行调整。对速度变换位置的调整，可通过行程开关与液压系统的配合来实现；对合模速度大小的调整，需要在闭模油路中增设调速回路，可利用单向节流阀、调速阀或比例流量阀等调速元件就可实现。

注射成型机参数的调整是很重要的，对于一台先进的注射成型机，如不能认真进行调整和操作，是很难成型出合格制品的。

第八节　注射成型机操作与安全生产

一、注射成型机的操作规程

1. 开车前的准备工作

为了制得合格的产品，开车前必须做好下列检查。

① 检查电源电压是否与电器设备额定的电压相符，否则应调整，使两者相同。

② 检查各按钮、电器线路、操作手柄、手轮等有无损坏或失灵现象，各开关手柄应在"断开"的位置。

③ 检查安全门在导轨上滑动是否灵活，开关能否触动限位开关，是否灵敏可靠。

④ 检查各冷却水管接头是否可靠，试通水，杜绝渗漏现象。

⑤ 打开润滑开关，或将润滑油注入各润滑点，油箱油位应在油标中线以上。

⑥ 检查料斗有无异物，各电热圈松动与否，热电偶与料筒接触是否良好，并及时处理，对料筒进行预热，达到塑料塑化温度后，恒温半小时，使各点温度均匀一致，冬季应适当延长预热时间。

⑦ 检查喷嘴是否堵塞，并调整喷嘴、模具的位置。

⑧ 检查设备运转情况是否正常，有无异声、振动或漏油等。

⑨ 检查各紧固件松动与否，模具用螺栓固定好后进行试模，注射成型压力应逐渐升高。

2. 开车及注意事项

注射成型机设备运转应按下列顺序依次进行。

① 接通电源，启动电动机，油泵开始工作后，应打开油冷却器冷却水阀门，对回油进行冷却，以防止油温过高。

② 油泵进行短时间空车运转，待正常后关闭安全门，先采用手动闭模，并打开压力表，观察压力是否上升。

③ 空车时，手动操作机器空运转动作几次，检查安全门的动作是否正常，指示灯是否及时亮、熄，各控制阀、电磁阀动作是否正确，调速阀、节流阀的控制是否灵敏。

④ 将转换开关转至调整位置，检查各动作反应是否灵敏。

⑤ 调节时间继电器和限位开关，并检查其动作是否灵敏、正常。

⑥ 进行半自动操作试车，空车运转几次。

⑦ 进行自动操作试车，检查运转是否正常。

⑧ 检查注射制品计数装置及报警装置是否正常、可靠。

3. 停车及注意事项

① 首先停止加料，关闭料斗闸板，注空料筒中的余料，注射成型座退回，关闭冷却水。

② 用压力空气冲干模具冷却水道，对模具成型部分进行清洁，喷防锈剂，手动合模。

③ 关油泵电机，切断所有的电源开关。

④ 做好机台的清洁和周围的环境卫生工作。

4. 注射成型机安全操作条例

对注射成型机操作者的职责、注射成型机安全操作条例及设备安全检查规定如下。

(1) 注射成型机操作者的职责　注射成型机购进后，除认真检查设备为安全提供的条件是否完善外，作为操作者，还须掌握维护注射成型机安全工作，并将已有的防止可预告的人为失误的积累工作继续下去。对于操作者而言，实现安全生产的职责如下。

① 认真阅读注射成型机使用说明书，按照设备安全使用要求维护和操作注射成型机。

② 严格执行注射成型机的日常维护，保证注射成型机在整个寿命期间的可靠性能和处于良好的工作条件。

③ 操作人员有必要接受设备使用的培训，这往往是防止因意外或未知情况发生时，避免事故的根本保证。

④ 不允许不熟悉设备使用及日常维护保养的人员单独开机，以防患于未然，减少事故发生的可能性，并保持注射成型机完好，随时处于工作状态。

⑤ 能根据注射成型机噪声的出现或消失、速度的变化或最终产品质量的变化，估计和判断注射成型机出现故障或事故发生的可能性，使之能在发生前得到防范。注射成型机上一些故障是明显的，如模具不能正常启闭等。还有一些事故（如杂质造成阀件损坏）则可能是不明显的，甚至是没有先兆的。因此，警惕潜在事故应成为每个操作者的一项职责。

⑥ 尽量采用具有安全保障的生产方式来操作注射成型机，对安全措施不力的生产方式应能指出隐患所在并提出改进意见。例如，对于在具有极大动力作用启闭的模具内，实行人工取件和人工安装嵌件，这伴随可预知的人为失误而导致严重伤害的可能性。

有时是不能排除这一事故隐患的生产方式，则操作者应探求别的替代方法来创造安全，如采用机械手等附加装置来取出工作和安装嵌件，使用自动的取件及嵌件装载器，使人员避免危险区域内的生产操作，可有效地防范严重伤害的发生。操作者应具有自我安全保护的强烈意识，把人身安全和设备安全放在实现优质高产的首位。

(2) 注射成型机安全使用规程　避免事故发生的一个有效的措施就是建立并强化操作者严格遵守注射成型机安全操作规程，其操作条例如下。

① 未经过操作和安全培训的人员不得操作注射成型机。

② 注射成型机开动前，应肯定所有的安全装置都完好有效。

③ 如果任一安全装置发生缺损、损坏或不能动作时，应立即停机并通知管理人员，未处置前不得开机。

④ 任何事故隐患和已发生的事故，不管事故有多小，都应作记载并报告管理人员。

⑤ 任何断开的插座、接线箱、裸线、漏油或漏水，都应及时报告和排除。

⑥ 操作者必须不让油和水流到注射成型机周围的地面上。

⑦ 经常保持工作台和作业区的清洁。

⑧ 应使用设备所提供的安全装置，不要擅自改装或用其他方法使设备安全装置失去作用。

⑨ 车间生产场地内，严禁喧嚷或恶作剧。

⑩ 千万不能堵塞防火或其他应急设备的通道。

⑪ 只使用处于完好的模具及设备。

⑫ 整个工作时间内都应穿安全鞋、戴安全眼镜。

⑬ 随时观察并保持正确的液压油温和油位。

⑭ 注射成型前应查看注射成型喷嘴头是否与模具主浇道匹配和贴紧。

⑮ 在对空注射时，所有人员应远离并避免正对注射成型方向。

⑯ 注射成型机运转时切勿爬到机器上。

⑰ 无论何时离开注射成型机，应确保注射成型机已关闭。

⑱ 如果必须停机，应注尽料筒中的熔料。

⑲ 停机前应取出模腔中的塑件和流道中的残料，不可将物料残留在型腔或浇道中。

⑳ 在注射成型机上工作时，一定要遵循正确的安全防护程序，尽量避免人工取件和手工安装嵌件。

㉑ 领会所有的危险标志和注射成型机故障警告符号，熟悉总停机按钮的位置。

㉒ 生产场地应严禁吸烟并杜绝明火。

二、生产中的安全与保护措施

注射成型机是在高压高速下工作的，自动化水平最高，为了保证注射成型机安全可靠地运转，保护电器、模具和人身安全，在注射成型机上设置了一些安全保护措施。

1. 人身安全与保护措施

在注射成型机的操作过程中，保证操作人员的人身安全是十分重要的。造成人身不安全的主要因素有：安装模具、取出制品及放置嵌件时的压伤；加热料筒的灼伤；对空注射时被熔料烫伤；合模机构运动中的挤伤等。为了保证操作人员的安全，设置了安全门。安全门的保护措施有机械、液压、电器三种形式，电液双重保护安全门如图 2-50 所示，除了电器保护外，在合模的换向回路中增加一个二位二通凸轮换向阀。当安全门打开压下凸轮时，控制油路与回油路接通，合模用的电液换向阀仍处于中间停止位置。这样即使电器保护失灵，若安全门未关上，合模机构也不能实现合模动作。

另外，在合模系统的曲肘运动部分，还设有防护罩，在靠近操作人员的显著部位设有红色紧急停机按钮，以备紧急事故发生时能迅速停机。

2. 模具安全与保护措施

模具是注射制品的主要部件，其结构形状和制造工艺都很复杂，精度高，价格也相当昂贵。随着自动化和精密注射成型机的发展，模具的安全保护也得到了很大的重视。

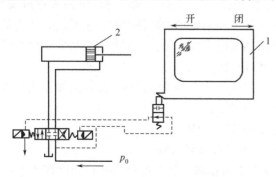

图 2-50　电液双重保护措施原理
1—安全门；2—移模油缸

现代注射成型机通常都可进行全自动生产，模具在开、闭过程中，不仅速度要有变化，而且当模内留有制品或残留物以及嵌件的安放位置不正确时，模具是不允许在闭合中升压锁紧的，以免损伤模具。目前对模具的安全保护措施是采用低压试合模，即采用将合模压力分为二级控制，在移模时为低压，其推力仅能推动动模板运动。当模具完全贴合后，才能升压锁紧达到所需的合模力。如图 2-51 所示为低压试合模原理。当快速闭模时压合行程开关 L_A 后，电磁铁 D_3 断电，即系统压力由压力控制阀 V_2 控制，进入低速低压试合模阶段，时间继电器开始计时，若无异物时，模具将完全合上，行程开关 L_B 被压合使 D_3 通电，系统压力由 V_1 控制，由低压升

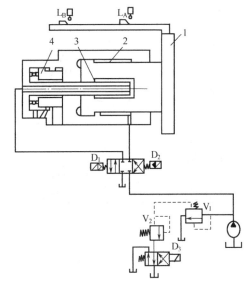

图 2-51　低压试合模原理
1—动模板；2—合模油缸；3—移模油缸；4—充液阀

为高压，对模具实行锁紧。若模内存有异物，模具不能完全贴合，L_B 不能压合，系统一直处于低压状态。当时间继电器计时到设定时间时，便自动接通 D_1，模具将自行打开，同时鸣笛报警。

3. 设备安全与保护措施

注射成型机在成型过程中往往会出现一些非正常的情况，而造成故障，甚至损坏注射成型机，因此必须设置一些相应的防护措施。如液压式合模系统的超行程保护，螺杆式注射系统对螺杆过载保护，液压系统和润滑系统故障指示和报警，注射成型机动作程序的联锁和保护等。

在生产过程中，注射成型机常发生的事故主要是电器或液压方面的，或者由电器与液压故障导致的其他事故。因此现代注射成型机一般在控制屏上加有电器和液压故障指示和报警装置。

4. 液压、电气部分安全与保护措施

液压、电气部分是给注射成型机进行控制和提供动力的。注射成型机在工作时，它们发生故障就会使操作失灵或产生误动作。因此，在注射成型机上设有故障指示和报警装置。如过载继电器，联锁式电路，电路中的过流继电器、过热继电器，液压油温上、下限报警装置，液压安全阀等。

三、注射成型机的维护与保养

1. 注射成型机的日常维护与保养

（1）润滑系统的维护与保养　在操作前，应按照注射成型机润滑部位的分布图对规定的润滑点补加润滑油，图 2-52 为注射成型机常见润滑点形式。如果注射成型机有集中润滑系统，应每天检查油位，并在油耗用到规定下限前及时给予补充。注射成型机在首次运转前，应从黄油嘴加入黄油，以后每三个月补加一次。

每天应检查油箱油位是否在油标尺中线，如果不到，应及时补充油量使其达到中线，如图 2-53 所示。要注意保持工作油的清洁，严禁水、铁屑、棉纱等杂物混入工作油液，以免造成阀件阻塞或油质劣化。

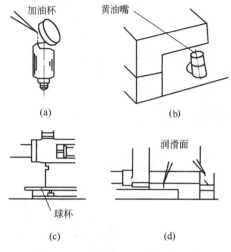

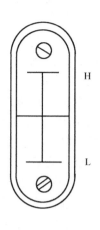

图 2-52　注射成型机润滑点形式　　　　图 2-53　油箱油位标尺

（2）加热装置的维护与保养　接班后，首先应检查加热器装置是否工作正常，热电偶接触是否良好。

热电偶的连接与安装形式因注射成型机型号的不同而异，常见的检查内容如表 2-11 所示。

表 2-11　热电偶日常维护检查项目

序号	项　目	图　形	处　理　方　法
1	折断		检查时发现热电偶齐根折断时应立即更换
2	弯曲		检查时发现热电偶产生不必要的弯曲时，如不影响其测量和操作，尚可使用；如影响其操作则需校直
3	未插到位		当温度测量不准确时可拧开热电偶检查是否插到位，先将热电偶测温探头插到底，然后再将其定位拧紧
4	未拧到位		检查中发现热电偶高出安装面应即时将其安装到位并拧紧
5	导线折断		检查时发现热电偶连接导线折断应立即更换

（3）安全装置的维护与保养 每班应检查各电器开关，尤其是安全门及其限位开关是否工作正常。接班前，应用手动操作方式，在安全门打开时执行合模动作，模具应不闭合。此外还应检查限位开关是否固定好，位置是否正确，安全门能否平稳地开、关。若无异常方可将操作方式换为半自动或全自动操作，以确保人身安全。

通常，每日每班应至少检查一次紧急停机按钮，按下此按钮，油泵电机必须立即停止，注射成型机所有动作将中止。

2. 注射成型机机械部分的维护与保养

（1）塑化部件维护与保养 塑化装置是注射成型机的关键装置之一。塑化装置保养得当，不仅有利于塑化质量，而且与注射成型机的使用寿命有关。下面对塑化装置的拆卸与维修保养加以说明。

① 喷嘴的拆卸与维修保养 注射成型机塑化装置一般设有整体转动机构。在装拆喷嘴、螺杆和料筒时，首先应将注射座定位螺杆拧松，使其与原来位置偏转一定角度，使注射座料筒轴线避开合模装置的轴线，以利于螺杆、料筒的拆装和维修。

a. 喷嘴的拆卸 如果料筒内有剩料，应先加热到塑化温度，采用热稳定性高的聚烯烃树脂或料筒专用清洗料，充分地进行高速的清洗，尽量将剩余熔料排出，才可进入拆卸工作，由于喷嘴部位的残余料总是不可能全部排出，故应加热喷嘴或料筒头部，再进行喷嘴的拆卸。

喷嘴升温后，用专用锤敲击使之松动，螺栓不宜全部松脱，在松至2/3时轻轻敲击，待内部气体放出后，再将喷嘴卸下。

喷嘴内部的清理应在高温下趁热进行，以便从喷嘴孔取出流道中残余熔料。做法是自喷嘴向内部注入脱模剂，即从喷嘴螺纹一侧向物料和内壁壁面间滴渗脱模剂，从而使物料与内壁脱离，由此从喷嘴中取出物料。

b. 喷嘴的保养维修 喷嘴与模具定位套接触部分在生产中若出现单侧接触或接触不良时，前端球形面会出现变形，形成熔体逃逸的沟槽，产生喷嘴处溢料，并且口径部分也会出现变形，故出现溢料应及时检查修理。

应定时检查喷嘴的螺纹部分完好情况和料筒一侧的密封面情况，若发现磨损或腐蚀严重，应及时更换。

c. 检查喷嘴内部通道情况 由对空注射可以观察射出熔料条的表面质量，而从喷嘴内卸出的残余熔料更能准确地再现喷嘴内的流道状况。由此可分析熔料在喷嘴内的残留量及温度分布的情况。

② 螺杆和料筒的拆卸与维护保养 目前，一般螺杆头部均带有止逆环。因螺杆种类的不同，螺杆头应能与所配用的螺杆与喷嘴数据相匹配。

a. 螺杆和料筒的拆卸 用清洗料将料筒内的物料替换结束后，趁热拧下喷嘴和料筒的连接头，然后着手拆卸螺杆。

拆卸螺杆顺序是先将螺杆尾部与驱动轴相分离。卸下对开法兰，拨动螺杆前移，然后在驱动轴前面垫加木片，将螺杆向前顶。当螺杆头完全暴露在料筒之外后，趁热松开螺杆头连接螺栓，要注意通常此处螺纹旋向为左旋。在发生咬紧时，不可硬扳，应施加对称力矩使之转动，或采用专用扳手敲击使之松动后卸除。

当螺杆头拆下后，应趁热用铜刷迅速清除残留的物料，如果残余料冷却前来不及清理干净，不可用火烧烤零件，以免破裂损坏，而应采用烘箱使其加热到物料软化后，取出清理。

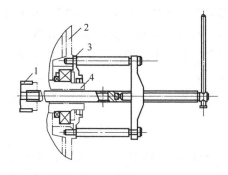

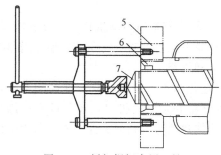

图 2-54　拆卸螺杆专用工具
1—螺杆尾部；2—箱体；3—端盖；4—主轴；
5—法兰；6—料筒；7—螺杆

螺杆头卸下后，还应卸下止逆环及密封环。要仔细检查止逆环和密封环有无划伤，必要时应重新研磨或更换，以保证密封良好。

在重新组装螺杆头元件时，螺纹连接部分均需涂耐热脂（红丹或二硫化钼）。

b. 螺杆的清洗和维护　螺杆头卸除后，顶出螺杆或采用专用拆卸螺杆工具拔出螺杆，如图2-54所示。然后用铜丝刷清除附着的物料，可配合使用脱模剂或矿物油，使清理更为快捷和彻底。擦去残留熔料后，观察螺棱表面的磨损情况。对于小伤痕可用细砂布或油石等打磨光滑，大的伤痕则应查明原因，防止再出现，必要时可拍照保存资料。

螺杆温度降至常温后，用非易燃溶剂擦去螺杆上的油迹。然后用千分尺测量外径，分析磨损情况，如果局部磨损严重，可采用堆焊补救。

螺杆的维护内容、料筒内孔清洁及刮伤检查方法如表 2-12 所示。

表 2-12　螺杆维护内容、料筒内孔清洁及刮伤检查方法

项　　目	维护和检查内容	注意事项及检查方法
螺杆	止逆环与密封环是否损坏	不能剥离螺杆上已冷凝的物料，否则易损伤螺纹表面
	螺棱表面磨损状况	螺杆敲打只能用木槌或铜棒，螺槽及止逆环等元件清理只能用铜丝刷
	螺槽表面质量（若为镀铬应检查剥落情况）	清洗螺杆使用溶剂应采用必要防护措施，应避免溶剂与皮肤接触
		安装螺杆头之前，螺纹部分涂的红丹或二硫化钼不可太多，否则，在生产中会导致制品带上污迹
机筒	清理料筒并测伤	料筒升温后卸下喷嘴、料筒头部连接体，取出螺杆。用铜网刷蘸脱模剂刷洗料筒内壁，再用布条绑在长木棒上擦净料筒内孔，用光照法检查内壁清洁及损伤
	测定料筒内径	除检查料筒内壁是否清洁和有无刮伤外，还应检查磨损情况。其方法是将料筒降至室温，采用料筒测定仪表，从料筒前端到料斗口周围进行多点测量，距离可取为内径的3～5倍。当磨损严重时，可考虑料筒重膛并相应增大螺杆的尺寸

（2）传动装置的维护与保养　注射成型机止推轴承箱中的轴承和润滑部分应定时注油和清洗，出现了微小伤痕也应迅速处理。

传动装置的保养需注意以下几点。

① 滑动面、导轨应保持清洁，滑动面需经常注油。

② 定期检查液压电机的排出量。

③ 加强液压用油和润滑油的管理，严禁混用。

④ 检查注射活塞与止推轴承箱连接部分及止推轴承箱各个部位的紧固情况。

⑤ 检查液压通路的各个配管、接头连接紧固情况及螺杆连接部分的紧固情况。

（3）合模装置的维护与保养 合模装置工作时处于反复受力、高速运动的状态，故合理的调节使用及定时经常的维护和保养，对延长注射成型机寿命是十分必要的。

① 对具有相对运动零部件的润滑保养 动模板处于高速运动状态，因此对导杆、拉杆要保证润滑。对于肘杆式合模机构，肘杆之间连接处在运动中应始终处于良好润滑状态，以防止出现咬死或损伤。

在加工停顿或加工结束后，不要长时间使模具处于闭合锁紧状态，以免造成肘杆连接处断油而导致模具难以再打开。

② 动、定模板安装面的保养 注射成型机动模板和定模板均具有较高的加工精度及表面光洁要求。对其进行保养是保证注射成型机良好工作性能的重要环节。未装模具时，应给模板安装面涂一层薄油，防止表面氧化锈蚀。对所安装的模具，必须仔细检查安装面是否光洁，不可使用表面粗糙且硬质的模具来安装，以提高锁模性能和防止损伤模板。

此外，还应注意安装模具时，应严格检查所用连接紧固模具与注射成型机动、定模板上的螺钉是否相适应，杜绝使用已滑牙或尺寸不适的螺钉，避免拉伤或损坏模板上的安装螺孔。

3. 温控系统的维护与保养

注射成型机的加热控制部分是设备控制部分的一个重要方面。因此，为使其能可靠地工作并延长加热元件的使用寿命，其保养和维修是必须充分重视的。

（1）料筒加热装置和保养 塑化装置的加热常采用带状加热器。虽然注射成型机出厂或调整时已装紧，但在使用过程中，因加热膨胀，可能会松动，影响加热效果，因此需经常检查。

检查加热器的电流值，可采用操作方便的外测式夹头电流表（或称潜行电流表）。

关闭电源后，检查加热器外观及配线，紧固螺丝及接线柱。然后通电检查热电偶前端感热部分接触是否良好。

（2）喷嘴加热器的检查 喷嘴加热器部分比较狭小，配线多，常有物料和气体从喷嘴外漏，环境比较苛刻，所以必须认真检查。

主要检查配线引出部分有无物料黏挂，引线有无被夹住现象。其次应检查加热器的安装是否正确，表面有无颜色变化的斑点，如果有则说明存在接触不良，应及时检修或更换。

（3）喷嘴延长部分的温度控制 喷嘴部分的温度对制品质量的影响很大。在使用延长喷嘴时，由于热电偶的位置变化，使温度范围也发生变化，对此可采用环形热电偶加以解决。

（4）加热器检修注意事项 加热器和热电偶是配套使用的，所以更换时需选用相同的规格。加热料筒表面要用砂布打磨干净，使加热器的接触良好。加热器外罩螺栓部分应涂以耐热油脂，但涂层不能厚，否则易滴落。在升温后，应将加热器外罩螺栓再紧一次。

4. 液压系统的维护与保养

注射成型机液压系统是为注射成型机提供动力和实现各循环动作的顺序和速度而设置的，也是注射成型机易产生故障的部分，因此必须正确地加以维护，以保证动作的准确及延长系统工作寿命。

(1) 液压油的维护与保养 注射成型机液压系统的工作介质通常用 L-HL32 或 L-HL46 全损耗系统油或液压系统油。夏季一般采用黏度稍高的油液,冬季则可用黏度稍低的油液。液压系统维护的一个最重要的方面,就是保持油液的清洁,从而延长油液及液压元器件的使用寿命。实践表明,液压油若能被细心保养,则液压系统就很少发生故障。而液压系统一旦出现故障,必然需停机检修,其耗费是较大的。据估计,液压系统有 70% 以上的故障源于液压油状况不佳所致。因为油被沾污将会导致阀件工作不正常而影响成型及产品质量。

液压油污染的途径主要有以下几种。

① 液压油本身解降变质造成污垢。

② 其他外来杂物生成的污垢(如塑料、水、填料及金属微粒等)。

液压油的保养就在于:杜绝污染源,油液必须保持清洁,油量符合要求,同时注意油液在工作过程中的温度变化及控制。

尽管做了认真的保养,污染物或多或少总是会侵入液压系统,保养维护可以使污染物降低到较小的程度。因此,液压油维护的另一项工作就是要按要求定期清洁过滤油液或更换全部液压油。油液除了采用过滤器过滤外,还可将抽出的油放入沉淀槽内静置 24h,使其再生,即通过静置将水及污泥从沉淀槽底部放出,留下的油通过过滤器再回流至沉淀槽,反复澄清直至静止时无沉淀物为止。如果油质劣化但并不严重时,还可考虑是否可加入某种添加剂来恢复油质。

(2) 密封件的维护与保养 密封件的良好维护对保持液压系统的工作平稳性有直接的影响。密封件除了在工作中的正常磨损外,还由于密封面的伤痕而加速磨损失效,当液压系统压力不稳或波动大时,应检查密封件是否失效或密封面是否有损伤。若确实如此,则应堆焊或铜焊伤痕处并重新光整该面。如果密封件始终工作不正常,则应考虑检查密封处结构是否存在问题,如液压缸内径欠圆,或密封件起着轴承作用。

不洁的液压油也是导致密封损坏的一个原因,因为液压油中的脏物会黏在活动的活塞上而引起密封件损伤。一旦密封失效,则油液内泄漏显著增加。故在发现液压系统压力不稳时应立即停机检查原因,并有针对性地进行修复。

因为设备修理费用往往大于密封件的成本,故应慎重选择并正确使用和保养密封元件。综上所述,导致密封件损坏失效的主要因素可概括如下。

① 原密封件部位结构不正确。

② 密封处金属面不够光洁。

③ 液压工作介质受污染。

④ 不合理的润滑。

(3) 油泵的维护与保养 油泵是液压系统中的动力机构,它将电机输入的机械能转变为液体的压力能。通过它向液压系统输送具有一定压力和流量的液压油,从而满足执行机构(液压缸或液压电机)驱动负载时所需的能量要求。

油泵的维护主要是保持液压油的清洁。油泵由于依靠工作油液的润滑,其正常的磨耗可经小修或更换轴承和活动部件得到解决。下面是针对油泵常见问题的保养措施。

① 油泵不出油 一般仅需打开泵压力一侧上的出油接头就可查明,其原因可能是由下列之一或同时几个情况出现所致。

a. 油箱中油量不足。

b. 进油管路或滤油器堵塞。

c. 空气进入吸油管路中，可从不正常的噪声查出。

d. 泵轴旋转方向错误，可能因修理时疏忽使三相电机的接线错位。

e. 油泵轴转速太低，可能因三相电机接成单相或连接松弛所致。

f. 机械故障。这通常会伴随泵的噪声出现，一般的机械故障为轴承磨损、轴破裂、转子损坏、活塞或叶片断裂等。

② 油泵输出非全压及全流量 在一定时间间隔内收集泵的自由流量可以判明这个问题。在油泵输出口上放置一只节流阀和压力表，于规定压力下测定油泵排量，将此数据与泵的额定值相比较，如果数值接近，则问题是出在系统的后续部分，其原因可能是下列情况之一或同时几种情况出现所致。

a. 油泵的内安全阀调定值（如果有的话）太低或动作不正常。

b. 使用的液压油黏度偏低而发生过多的内泄漏，或是温度太高而降低了液压油的黏度。

c. 油泵内部件破裂、磨损及密封失效。

③ 油泵有异常噪声 这个问题可能由下列情况之一所致。

a. 系统有漏气。

b. 泵中油量不足所引起的空化作用，应检查油进入滤油器的系统。

c. 轴密封件损坏导致的漏气。

d. 油泵旋向与电机旋向不符。

e. 油泵中安全阀震动，需拆开检查紧固情况。

④ 油过热 液压油在循环中可能由以下原因引起过热。

a. 换热器不清洁、冷却水不够或进入水温过高。

b. 油的黏度太高。

c. 油箱中油位太低，油在冷却器内滞留时间不足也会降低系统的散热性。

d. 系统中内泄漏太高，当泵的工作压力超过系统设计条件时，可导致阀件动作不正常或活塞环磨损造成系统较大的泄漏，当高压高黏度油通过系统内小孔或间隙产生内泄漏流动时，油温上升剧烈。

5. 电器系统的维护与保养

现代注射成型机的各种动作主要由液压系统来执行，油压是由电机带动大小油泵而产生的，油压的控制则是由各种电器元件，如转换开关、行程开关、接触器、中间继电器、时间继电器、电磁阀等来控制。此外，还有不同功率的加热器、电子温度控制仪等对温度进行控制，注射成型机电气系统的维护保养内容主要有以下几点。

① 长期不开机时，应定时接通电器线路，以免电气元器件受潮。

② 定期检查电源电压是否与电气设备电压相符，电网电压波动在±10％之内。

③ 每次开机前，应检查各操作开关、行程开关、按钮等有无失灵现象。

④ 经常注意检查安全门在导轨上滑动是否能触及行程限位开关。

⑤ 油泵检修后，应按下列顺序进行油泵电机的试运行：合上控制柜上所有电器开关，按下油泵电机的启动按钮，试运转时应需电机点动，不需全速转动，验证电机与油泵的转向是否一致。

⑥ 应经常检查电气控制柜和操作箱上紧急停机按钮的作用。在开机过程中按下按钮，看能否立即停止运转。

⑦ 每次停机后，应将操作选择开关转到手动位置，否则重新开机时，注射成型机很快

启动,将会造成意外事故。

第九节 专用注射成型机简介

在注射成型机设计过程中,经常会碰到如何处理一般与特殊间的关系问题。随着生产的发展,这个问题就表现得较为突出。如制品性能、形状、材料和花色等不同,普通注射成型机就很难满足所有塑料制品的生产要求。因此注射成型机发展的一个重要标志,就是在发展通用型注射成型机的同时,发展专门用途的注射成型机,使其各自发挥更大的效能。

一、热固性塑料注射成型机

热固性塑料具有耐热性、耐化学性、突出的电性能、抗热变形和物理性能,具有较高的硬度。在成型过程中,既有物理变化,也有化学变化。

长期以来热固性塑料常用压制成型法,这种成型法劳动强度大,生产效率低,产品质量不稳定,远不能满足生产发展的要求。而采用注射成型法生产,可实现生产自动化,没有预热和预压工序,成型周期短,因而热固性塑料注射成型机发展很快,应用也较为广泛。

1. 热固性塑料注射成型机工作原理

热固性塑料的注射成型,就是将粉状树脂在料筒中首先进行预热塑化,使之发生物理变化和缓慢的化学变化而呈稠胶状。然后用螺杆在预定的注射压力下,将此料注入高温模腔内,保证完成化学反应,经过一定时间的固化定型,即可开模取出制品。

2. 热固性塑料注射成型机结构特点

热固性塑料注射成型机与热塑性塑料注射成型机在结构上大致相同,不同的方面主要有以下几点。

（1）注射成型系统 注射成型系统主要由螺杆、料筒等组成,见图 2-55 所示。

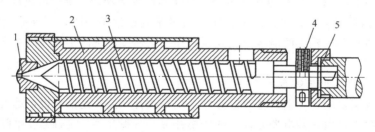

图 2-55 热固性注射成型机塑化部件

1—喷嘴；2—夹套式料筒；3—螺杆；4—旋转接头；5—连接套

① 螺杆 热固性注射成型机螺杆长径比和压缩比较小（$L/D=14\sim18$，$\varepsilon=0.8\sim1.2$），全长渐变的锥头螺杆结构,是为了避免物料在料筒内停留时间过长而固化；螺杆传动采用液压电机,可进行无级调速和防止螺杆过载而扭断；螺杆头采用锥形头,而不设止逆环；喷嘴形式为直通式。在保压阶段,由于模具温度高,喷嘴必须撤离模具,以避免物料固化。

② 料筒加热与冷却 要使料筒内的物料保持在某一恒定的可塑温度范围,防止物料在料筒内发生大量的化学变化,使熔料呈现出最好的流动特性,接近于固化的临界状态,不仅温度控制要严格,而且冷却也很重要。一般采用恒温控制的水加热系统,使水温控制在工艺所需的温度范围内。

（2）合模系统 热固性塑料注射成型机的合模系统有液压式和液压-机械式两种,应用较多的是液压式。它采用增压式结构，是由闭模油缸和增压油缸组成，增压倍数为4，定模板是可动的。为了适应放气动作和避免定模板与喷嘴接触时间过长引起喷嘴口处物料固化，放气时，动模板稍有后退，定模板在弹簧力的作用下紧跟动模板后退，以保证模具不会张开，而气体却能从模具分型面处排出。

（3）控制系统 控制系统除了与普通注射成型机的要求相同外，在注射成型结束后有一个排气动作，模具卸压，使物料在固化过程中的气体从模具分型面处排出。由于此动作过程的时间相当短，一般是不易观察到的。

目前，热固性塑料注射成型机正向着提高质量、增加品种、改进配方、高速、自动化方向发展。表 2-13 列出了某种热固性塑料注射成型机部分性能参数。

表 2-13 热固性塑料注射成型机部分性能参数

项　目	数　值	项　目	数　值
螺杆直径/mm	32	拉杆间距($H_0 \times V_0$)/(mm×mm)	300×280
注射成型量/cm³	125	最小模厚/mm	90
注射成型压力/MPa	186	合模速度/(m/s)	0.5(高),0.057(低)
注射成型速率/(cm³/s)	60	开模速度/(m/s)	0.43(高),0.048(低)
塑化能力/(g/s)	6.9	外形尺寸($L \times W \times H$)/(mm×mm×mm)	$3.1 \times 1.1 \times 1.9$
螺杆转速/(r/min)	45	机器质量/t	3
合模力/kN	441		

二、精密注射成型机

随着塑料加工采用工程塑料生产精度高的塑料零件（如塑料齿轮、仪表零件等）用在精密仪表、家用电器、汽车、钟表等行业，为满足降低成本的需要，发展了精密注射成型机，主要用于成型对尺寸精度、外观质量要求较高的制品。

1. 工作原理

精密注射成型机的工作原理与普通注射成型机相同。通过螺杆的转动、料筒的加热完成对物料的熔融塑化，并以相当高的注射压力将熔料注入密闭的型腔中，经固化定型后顶出制品。

2. 结构特点

（1）注射成型装置 注射成型装置具有相当高的注射压力和注射速度，注射压力一般在216～243MPa，甚至高达400MPa。使用高压高速成型，塑料的收缩率几乎为零（有利于控制制品的精度，提高制品的机械性能、抗冲击性能等），保证熔料快速充模，增加熔料的流动长度，但制品易产生内应力。因此在结构上为确保上述要求，多选择塑化效率、质量、均化程度好的螺杆。螺杆的转速可无级调速，螺杆头部设有止逆机构，为防止高压下熔料回泄，应精确计量。

（2）合模装置 精密注射成型机一般采用全液压式合模装置，易于安放模具，保证在高的注射压力作用下不会产生溢料。动模板、定模板、四根拉杆需耐高压、耐冲击，并具有较高的精度和刚性。并且安装低压模具保护装置，保护高精度模具。

（3）液压部分 在精密注射成型机上通常是由一个电机带动两个油泵，分别控制注射和合模油路，目的在于减少油路间的干扰，油流的速度与压力稳定，提高液压系统的刚性，保证产品质量。其液压系统普遍使用了带有比例压力阀、比例流量阀、伺服变量泵的比例系统，节省能源，提高控制精度与灵敏度。选用高质量的滤油器，保证油的清洁程度。

（4）控制部分 采用计算机系统或微机处理器闭环控制系统，保证工艺参数稳定的再现性，实现对工艺参数多级反馈控制与调节。

设置油温控制器，对料筒、喷嘴的温度采用 PID 控制，使温控精度保持在±0.5℃。

三、多色注射成型机

为了生产多种色彩或多种塑料的复合制品，如录像机磁带盒、电器按钮、塑料花、汽车尾灯、棋子、键码、水杯等，因而发展了多色注射成型机。

现以双色注射成型机为例，介绍多色注射成型机的工作原理、结构特点等。

图 2-56 所示为双色（混色）注射成型机的注射成型装置。它具有一个公用的合模系统和一个公用的喷嘴，两个料筒和一副模具。注射成型时，依靠液压系统和电气控制系统来控制两个柱塞，使两种颜色的熔料依先后次序分别通过喷嘴注入模腔，即可得到不同的混色制品。通过调整液压油的进油量，就可调整注射速率，得到不同的花色，具有自然过渡色彩的双色制品。

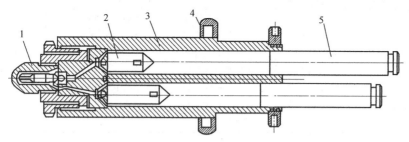

图 2-56　双色（混色）注射成型装置
1—喷嘴；2—分流梭；3—料筒；4—冷却水套；5—柱塞

图 2-57 所示为双色（清色）注射成型机的注射成型装置，它具有两个独立的塑化部件、一个公用的合模系统、两副模具，其中两副模具的型芯相同、型腔不同（B 的型腔大于 A），型芯固定在与动模板相连的回转板上，回转板由单独的驱动机构，可绕中心轴线旋转 180°。

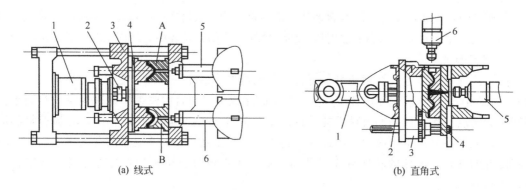

(a) 线式　　　　　　　　　　　　　(b) 直角式

图 2-57　双色（清色）注射成型装置
1—合模装置；2—回转盘驱动装置；3—动模板；4—回转盘；5—注射成型装置（Ⅰ）；6—注射成型装置（Ⅱ）

注射时，首先型芯与 A 型腔合模，在注射成型装置（Ⅰ）的作用下先行充模保压、冷却定型。打开模具，半成品留在型芯上，料把自动脱落。然后回转板带动型芯及半成品转至 B 型腔位置，与型腔 B 合模，在注射成型装置（Ⅱ）的作用下，完成第二种颜色熔料的注射成型、保压、冷却定型、开模取出制品。这样就能得到具有明显分色的双色制品。

四、发泡注射成型机

发泡注射成型是将含有发泡剂的物料注入模具型腔内，得到结构泡沫制品。结构发泡从发泡原理分有化学发泡法和物理发泡法；从发泡制品结构组成分有单组分和多组分；从发泡成型方法分有低压法、中压法、高压法和夹芯结构发泡法。不过目前常用的是化学发泡低压成型法。

1. 低发泡注射成型机

含有发泡剂的物料在低发泡注射成型机中塑化、计量，并以一定的速度和压力将含有发泡剂的熔料注入模腔的过程与通用注射成型机基本相同。一次注射成型量的多少，应根据制品的密度确定出熔料体积与模腔容积的比例，一般只占模腔容积的 75%～85%，为欠料注射成型。由于模腔压力低（约为 2～7MPa），发泡剂立即发泡，熔料体积增大充满模腔。由于模腔温度低，与模腔表面接触的熔料黏度迅速增大，从而抑制了气泡在模腔表面的形成和增长，加之芯部气体压力的作用，形成了一层致密度高的表层。此时芯部并未完全冷却可充分发泡，获得结构泡沫制品。当制品表面冷却到能承受发泡芯部处的压力时，即可开模取出制品，再将取出的制品浸水冷却，使制品在模内冷却时间缩短。

为使制品各处密度均匀，要求注射成型系统具有高的注射速率。因此，在低发泡注射成型机上采用了带有储能器的高速注射成型系统。如图 2-58 所示。注射成型前储油缸 3 上部的氮气压力为 20MPa。注射成型时由于氮气的膨胀压力把液压油从储油缸内压入注射油缸 2，使注射油缸 2 在很短时间内充入大量的液压油，使注射速率有相当大的提高。注射成型结束后，氮气压力下降，在保压期间，油泵 4 将液压油压入储油缸内，使氮气压力恢复原位，循环工作。

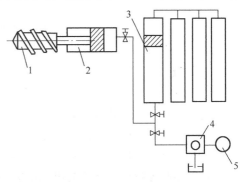

图 2-58 用储油缸进行高速注射成型原理
1—螺杆；2—注射油缸；3—储油缸；
4—油泵；5—电机

含有发泡剂的物料在塑化时，总有少量的发泡剂分解，产生的气体将会使螺杆头部的熔料从喷嘴口流出，为防止熔料流延，低发泡注射成型机选用锁闭式喷嘴，并通过控制背压抑制发泡剂分解，螺杆头采用止逆型的，使计量和发泡倍率稳定。

2. 结构发泡注射成型机

夹芯注射成型是将不同配方的物料，通过两个注射成型系统按一定程序注入同一模腔中，使表层和芯层形成不同材料的复合制品。典型的制品有车壳、车厢盖、反复使用的外套、各种建筑物件等。根据使用要求及经济原则，夹芯注射成型是最经济的。最典型的夹芯注射成型方法有两种：相继注射成型法和同心流道注射成型法。

（1）相继注射成型法 相继注射成型法工艺过程见图 2-59 所示。注射成型机带有两个注射成型装置，一个锁闭式分配喷嘴。工艺过程如下。

第一阶段 ［图 2-59（a）］：分配喷嘴关闭，两个注射成型系统进行预塑计量，模具闭合，准备注射成型。

第二阶段 ［图 2-59（b）］：分配喷嘴接通注射成型系统 1，并注入表层料 A。

第三阶段 ［图 2-59（c）、（d）］：分配喷嘴关闭注射成型系统 1 并接通注射成型系统 2，注入含有发泡剂的芯层熔料 B，并控制好温度、注射成型速率，将表层料 A 推向模腔的边缘，形成均匀较薄的表层。

第四阶段 ［图 2-59（e）］：模具在保压压力下，再注入一定数量的表层料 A，挤净浇口

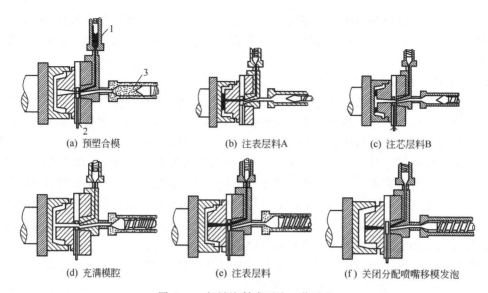

(a) 预塑合模　　　　　(b) 注表层料A　　　　　(c) 注芯层料B

(d) 充满模腔　　　　　(e) 注表层料　　　　　(f) 关闭分配喷嘴移模发泡

图 2-59　相继注射成型法工艺过程

1—表层料 A 的注射料筒；2—分配喷嘴；3—芯层料 B 的注射料筒

处的芯层料 B。

第五阶段［图 2-59（f）］：模腔完全充满后，关闭分配喷嘴，保压一段时间后进行移模发泡，使芯层料 B 成为泡沫结构。

（2）同心流道注射成型法　采用此法的注射成型机具有一个同心流道喷嘴，这种喷嘴在注射成型时，可连续地从一种物料转换为另一种物料，克服了相继注射成型过程中因注射成型速度较慢和两种物料在交替时出现瞬间停滞的现象，造成制品表面缺陷。

五、注射吹塑成型机

1. 成型机构

注射吹塑成型机主要由注射成型系统、液压系统、电气控制系统和其他机械部分组成。图 2-60 所示的注射-吹塑成型机由相距 120°的三个工位组成，回转系统可自由运转，包括注射成型型坯、吹塑成型和脱模工位。

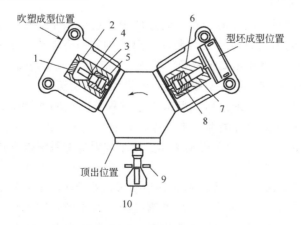

图 2-60　注射-吹塑成型机构

1—吹塑模底塞；2—吹胀的容器；3—吹塑模；4—吹塑空气通路；5—吹塑模颈环；
6—定型模；7—型坯；8—型坯颈环；9—顶出板；10—制品

2.工作原理

在注射成型位置时，注射成型系统将熔料注入模具内，型坯在芯棒上注射成型，打开模具，回转装置转位，将型坯送至吹塑模具内。吹塑模在芯棒外闭合后，通过芯棒导入空气，型坯即离开芯棒而向吹塑模壁膨胀。然后打开吹塑模具，把带有成型制件的芯棒转至脱模工位脱模。脱模后的芯棒被转回注射成型型坯成型位置，为下一个制品成型作准备。

六、注射拉伸吹塑成型机

1.成型过程

注射拉伸吹塑成型是指通过注射成型加工成有底型坯后，将型坯处理至所用塑料的理想拉伸温度，经拉伸棒或拉伸夹具的机械力作用进行纵向拉伸。同时或稍后经压缩空气吹胀，进行横向拉伸。最后脱模取出制件。其工艺过程如图 2-61 所示。

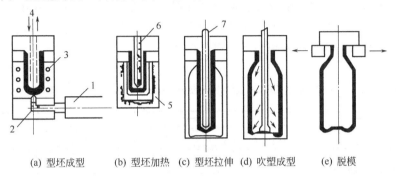

(a) 型坯成型 (b) 型坯加热 (c) 型坯拉伸 (d) 吹塑成型 (e) 脱模

图 2-61 注射-拉伸-吹塑成型工艺过程

1—注射成型机；2—热流道；3—冷却水孔；4—冷却水；5—加热体；6—模芯加热；7—延伸棒

2.成型机构

根据注射成型-拉伸-吹塑工艺，其成型机可设计成直线排列或圆周排列。从机器整体结构看，与一般的注射成型机相似，主要由注射系统、合模系统、液压和电气控制系统等组成。但是，由于注-拉-吹工序多，工艺条件控制严格，因此成型机结构复杂。如图 2-62 所示为四工位圆周排列的注射-拉伸-吹塑成型机。其特点是上部基底内有一块旋转板，旋转板下安装的螺纹部分模具设计成每个工位按 90°旋转。有底型坯的注射成型是以旋转板作水平基准面，在下部锁模板上安装芯棒，在上部锁模板上安装模腔。旋转板旋转 90°（图中未画出），加热芯棒和加热体分别上下动作，对型坯进行加热，螺纹部分用各自的模具保持。旋转板再转 90°，利用安装在上部基板上的拉伸装置，拉伸有底型坯后进行吹塑成型。旋转板再转 90°，制品脱模。

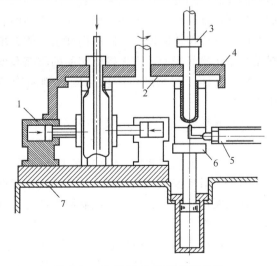

图 2-62 注射-拉伸-吹塑成型机构

1—吹塑锁模油缸；2—旋转板；3—上锁模板；4—上部基板；5—注射成型系统；6—下锁模板；7—下部基板

七、气辅注射成型机

气体辅助注射成型，简称气辅注射成型（GAM），是一种新的注射成型工艺，20 世纪 80 年代末期应用于实际生产。GAM 结合了结构发泡成型和注射成型的优点,既降低模具型腔内熔体的压力,又避免了结构发泡成型产生的粗糙表面,预测用于生产汽车工业上的大、中型配件具有很广阔的市场。

1. 成型机构

GAM 由气体压力生成装置、气体控制单元、注气装置及气体回收装置等组成。

(1) 气体压力生成装置   提供氮气,并保证充气时所需的气体压力及保压时所需的气体压力。

(2) 气体控制单元   该单元包括气体压力控制阀及电子控制系统。

(3) 注气装置   注气装置有两类:一类是主流道式喷嘴,即熔料与气体共用一个喷嘴,在熔料注射成型结束后,喷嘴切换到气体通路上,进行注气;另一类是安装在模具上的气体专用喷嘴或气针。

(4) 气体回收装置   该装置用于回收气体注射成型通路中的氮气。必须注意的是,对于制品气道中的氮气,一般不能回收,因为其中会混入其他气体,如空气、挥发的添加剂、物料分解产生的气体等,以免影响以后成型制品的质量。

2. 工作原理

GAM 过程如图 2-63 所示。GAM 过程一般分为五个阶段。

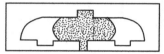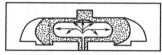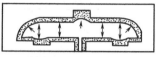

(a) 注入模内一定体积的熔体塑料　　(b) 模塑全过程中,在互相贯通的通　　(c) 气体在熔体内膨胀,使模腔
　　　　　　　　　　　　　　　　　道内保持低而不变的气体压力　　　　内各处承受相同的压力

图 2-63   GAM 的注射成型过程

(1) 注射成型阶段   注射成型机将定量的熔融物料注入模腔内,静止几秒钟。熔料的注入量一般为充填量的 50%～80%,不能太少,否则气体易把熔料吹破。

(2) 充气阶段   熔料注入模腔后,将一定量的惰性气体(通常是氮气)注入模内,进入熔料中间。由于靠近模具表面部分的熔料温度低、表面张力高,而制品较厚部分的中心处的熔料温度高、黏度低,气体易在制品较厚的部位(如加强筋等)形成空腔,而被气体所取代的熔料则被推向模具的末端,形成所要成型的制品。

(3) 气体保压阶段   当制品内部被气体充填后,气体压力就成为保压压力,该压力使物料始终紧贴模具表面,大大降低制品的收缩和变形;同时,冷却也开始进行。

(4) 气体回收及降压阶段   随着制品冷却的完成,回收气体,模腔内气体降至大气压力。

(5) 脱模阶段   制品从模腔中顶出。

3. GAM 的特点

与常规注射成型相比,GAM 的特点如下。

(1) 注射成型压力和合模力较低   气体辅助注射成型可大大降低对注射成型机的合模力和模具的刚性要求,有利于降低制品内应力,减少制品的收缩及翘曲变形;同时还改善了模具溢料和磨损。

(2) 提高了制品表面质量   由于气辅注射成型模腔压力低,在制品厚壁处形成中空通道,减少了制品壁厚不均匀;在冷却阶段保压压力不变,从而消除了在制品厚壁处引起的表面凹凸不平的现象。

(3) 取消了模具流道   气辅注射成型因模腔内部有气体通道,只需设一个浇口,不需再设流道。这样可减少回料，改善熔料的温度，消除因多浇口引起的熔接痕。

（4）可以加工不同壁厚的制品 在注射成型机生产制品的壁厚，要求均匀一致，而气辅注射成型可生产不同壁厚的制品。只要在制品壁厚发生变化的过渡处设计气体通道，便可得到外观与质量均优的制品。

（5）气体通道设在制品边缘，可以提高制品的刚性和强度 由于气体通道的存在，可减轻制品的重量和缩短成型周期；还可以在较小的注射成型机上生产较大的或形状复杂的制品。

除了以上的优点外，不足之处主要有：制品的设计要求更合理，以免气孔的存在而影响外观质量，对于外观要求严格的制品，需进行后处理；在注入气体和不注入气体部分的制品表面会产生不同光泽；不能对一模多腔的模具进行缺料注射成型；对壁厚精度要求高的制品，需严格控制模具温度和模具设计；由于增加了供气装置，增加了设备的投资。

4. 适用原料及加工应用

绝大多数用于普通注射的热塑性塑料（如 PE、PP、PS、ABS、PA、PC、POM、PBT 等）都适用于 GAM。一般情况下，熔体黏度低的，所需的气体压力低，易控制；对于玻璃纤维增强材料，在采用 GAM 时，要考虑到材料对设备的磨损；对于阻燃材料，则要考虑到产生的腐蚀性气体对气体回收的影响等。

板形及柜形制品，如塑料家具、电器壳体等，采用 GAM，可在保证制品强度的情况下，减小制品质量，防止收缩变形，提高制品表面质量；大型结构部件，如汽车仪表盘、底座等，在保证刚性、强度及表面质量前提下，减少制品翘曲变形，并可降低对注射成型机的注射成型量和合模力的要求；棒形、管形制品，如手柄、把手、方向盘、操纵杆、球拍等，可在保证强度的前提下，减少制品重量，缩短成型周期。

第十节 注射成型机进展

注射成型机在新机型的开发及节能技术方面均有较大进展。

一、新型注射成型机

新型注射成型机品种有电动式注射成型机、预柱塞式注射成型机、微型注射成型机、注射压缩成型机、无拉杆注射成型机和各种专用注射成型机等。

1. 电动式注射成型机

电动式注射成型机具有节能、低噪、高重复精度、维修方便、可靠性高等优点，符合近年来国际注射成型机发展的趋势。与液压式注射成型机相比，电动式注射成型机有以下优点。

（1）节能 电动式注射成型机的电力消耗仅为液压式的 1/3 左右。

（2）无污染 由于不使用操作油，电动式注射成型机不需要冷却操作油的设备，节省了资源，无漏油、漏水现象，可以保持工作场地的清洁。

（3）易于控制 电动式注射成型机的可控性好，所以稳定性高，即控制精度高。

（4）成型周期短 各动作相对独立，可以利用伺服电机进行最佳化的开闭模控制，缩短了成型周期。

（5）噪声低 由于没有油压惯性的影响，噪声低。

缺点是：价格相对较高；要求环境清洁，以保证控制电路、电机等的正常运转。

2. 预柱塞式注射成型机

是指以使熔融树脂的 PVT 特性稳定为目的，在结构上将塑化部分和注射柱塞部分分开的注射成型机。

其特点是：塑化计量机构和注射机构是分开的，树脂的均匀熔融性能比往复式螺杆型优越；往复式螺杆的逆流防止阀的动作是不能控制的，这是造成误差的主要原因，而预柱塞式注射成型机有可控制防止逆流的动作的优点；注射柱塞直径可以任意设计，小的直径可以对应超小制品的精密成型。

3. 微型成型机

微型成型是加工外形尺寸在 1mm 以下、质量在 0.0005g（0.5mg）以下、具有必需精密度的微型结构零部件的方法。微型成型采用模具表面瞬时加热和型腔内脱气技术进行成型，模具表面加热采用介电加热，微型结构件的材料可以是塑料、金属和陶瓷等，产品主要用于如医疗用的微型机械零部件和钟表齿轮等。

4. 注射压缩成型机

注射压缩成型是在将熔融树脂充模的过程中进行压缩，以降低在注射成型中容易产生的分子取向，达到减少制品变形的成型方法。具体的过程是：首先将模具打开一定量，大小即为压缩行程量，再将熔融树脂注入模具型腔，在注射工序的时间内开始进一步合模，最终通过锁模力将尚未固化的型腔中的树脂压缩，制得制品。

其特点是：可以实现小的锁模力、低注射压力的薄壁成型；成型制品内部的内应力减小，应变也小；成型制品的花纹清晰度提高；由于塑料熔体在模具内的流动阻力小，可进行带有表皮制品的整体成型。

5. 无拉杆注射成型机

这是一种无动定模板间拉杆的注射成型机。由于其可以有效利用模板面积、便于更换模具和安装模具辅助部件，也便于配置机械手等，因此获得较快增长。

6. 专用成型机

近年来，光盘专用成型机、塑料卡专用成型机、特殊接插件专用成型机、磁性塑料专用成型机、镁合金专用成型机、金属粉末专用成型机等特殊制品和材料的专用成型机及其技术的开发取得了较大的进展。

二、注射成型机节能技术

最近几年，有关注射成型机的节能技术也取得了较大进展。在注射成型制品的成本构成中，电费占的比例较大，据统计，注射成型机油泵电机耗电占整个设备耗电量的比例常高达 $50\%\sim65\%$，如果采用全电动技术，由于不需要电能和液压能之间的转换，机器运转直接由电能驱动，且无任何溢流损失，因此全电动注射成型机在节能效果上具有先天的优势，据报道，全电动注射成型机节能可达 70%。但目前在机械液压式注射成型机的节能方面也取得了重大进展，如采用压力、流量直接闭环控制的高响应比例变量泵作为动力源来改节流调速为容积调速，实现注射成型机液压系统由阀控向泵控，达到节能的目的。另外，通过变频器对定量泵电机进行转速调节，实现注射成型机液压系统工作流量的实时控制，使定量泵输出的流量刚好满足注射成型工艺要求的流量，从而基本达到无溢流损耗的目的，以实现节能。

复习思考题

1. 注射成型机由哪几部分组成？各自的作用是什么？
2. 试叙述注射成型循环过程。

3. 注射成型机的基本参数有哪些？对成型制品分别有何影响？

4. 注射成型机产品型号表示方法有哪几种？试指出下列表示方法中各符号的意义：XS-ZY-500、SZ-800。

5. 试对柱塞式注射成型装置和螺杆式注射成型装置进行比较。

6. 注射成型螺杆头的结构有哪些？带有止逆结构的螺杆头是如何工作的？

7. 喷嘴的功能有哪些？常用喷嘴的类型有哪些？其特点是什么？分别用于何种场合？

8. 注射成型时喷嘴处漏料，可能是由哪些原因造成的？

9. 你认为选择哪种传动装置驱动螺杆转动工作特性更好？为什么？

10. 背压对物料的塑化有什么影响？

11. 合模装置一般由哪几部分组成？

12. 液压式合模装置与液压-机械式合模装置的合模原理有何不同？

13. 液压-机械式合模装置如何调试合模力？

14. 顶出装置有哪几种形式？其特点是什么？

15. 调模装置的作用是什么？常见的调模装置有哪几种形式？其特点是什么？

16. 试分析注射成型机的技术性能、注射成型工艺条件、模具结构三者之间的关系。

17. 注射成型机上哪些部位安装有冷却系统？为什么？

18. 注射成型机的液压传动控制系统由哪几部分组成？其特点是什么？

19. 注射成型机对工作人员的安全是怎样保证的？

20. 注射成型机的操作方式有几种？各在何种条件下使用？

21. 注射成型机安全防护内容有哪些？措施是什么？

22. 注射成型机动作反应慢应如何解决？

23. 注射成型机试车及操作时应注意哪些问题？

24. 注射成型机开机时应注意的问题有哪些？

25. 选择使用注射成型机的依据是什么？

26. 热固性塑料注射成型机和热塑性塑料注射成型机的主要区别有哪些？原因何在？

27. 注射成型机有哪几种加料方式？其特点是什么？

28. 试分析各专门用途注射成型机的结构特点。

第三章　注射成型模具

【学习目标】

本章主要介绍了热塑性塑料注射模的结构、原理及设计要求。

通过本章内容学习，要求：

1. 熟悉注射模的基本机构、组成；

2. 了解注射模和注射成型机之间的相互关系，根据模具的要求，能合理地选择注射成型机；

3. 熟悉模具各部分的结构、原理及基本设计要求；

4. 具有设计注射模的初步能力；

5. 了解热流道模具、热固性塑料注射成型模具、多组分注射成型模具、气辅注射成型模具的特点；

6. 了解注射模的维护保养事项；

7. 掌握注射模安装及调试步骤。

塑料注射成型模具主要用于成型热塑性塑料制品，也可用于成型热固性塑料制品。本章只对成型热塑性塑料制品的注射模作一般性的介绍。

第一节　注射模的基本结构

注射模的分类方法很多，按其所用注射成型机的类型，可分为卧式注射成型机用注射模、立式注射成型机用注射模和角式注射成型机用注射模；按模具的型腔数目，可分为单型腔和多型腔注射模；按分型面的数量，可分为单分型面和双分型面或多分型面注射模；按浇注系统的形式，可分为普通浇注系统和热流道浇注系统注射模。

一、单分型面注射模

单分型面注射模也可称为二板式注射模，是注射模中最基本的一种结构形式，如图3-1所示。

单分型面注射模的工作原理：开模时，动模后退，模具从分型面分开，塑件包紧在型芯7上随动模部分一起向左移动而脱离凹模2，同时，浇注系统凝料在拉料杆15的作用下，和塑料制件一起向左移动。移动一定距离后，当注射成型机的顶杆顶到推板13时，脱模机构开始动作，推杆18推动塑件从型芯7上脱下来，浇注系统凝料同时被拉料杆15推出。然后人工将塑料制件及浇注系统凝料从分型面取出。闭模时，在导柱8和导套9的导向定位作用下，动定模闭合。在闭合过程中，定模板推动复位杆19使脱模机构复位。

二、双分型面注射模

双分型面注射模有两个分型面，如图3-2所示。A—A分型面是定模边的一个分型面，设该分型面是为了取出浇注系统凝料；B—B分型面为动、定模之间的分型面，从该分型面取出塑件。与单分型面模具相比较，双分型面注射模在定模部分增加了一块可移动的中间板，所以也叫三板式注射模。此类模具常用于针点浇口进料的单腔或多腔模具。

模具的工作原理：开模时，动模部分后退，在弹簧2的作用下，定模板（凹模）13也

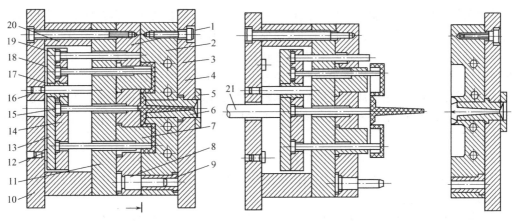

图 3-1 单分型面注射模

1—动模板；2—凹模；3—冷却水孔；4—定模座板；5—定位圈；6—主流道衬套；7—型芯；8—导柱；
9—导套；10—动模座板；11—支承板；12—限位钉；13—推板；14—推杆固定板；15—拉料杆；
16—推板导柱；17—推板导套；18—推杆；19—复位杆；20—垫块；21—注射成型机顶杆

同时向左移动，模具从 $A-A$ 分型面分开。当 $A-A$ 分型面分开一定距离后，定距拉板 1 通过固定在定模板 13 上的限位销 3 将定模板拉住，使其停止运动；动模继续后退，此时 $B-B$ 分型面分开；因塑料制件包紧在型芯 16 上，将浇口自行拉断；动模部分继续后退，注射成型机的推杆接触推板 9 时，脱模机构开始工作，由推杆 11 推动推件板 5 将塑件从型芯 16 上脱下；从 $A-A$ 分型面将浇注系统凝料手工取出。

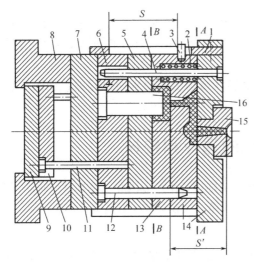

图 3-2 双分型面注射模

1—定距拉板；2—弹簧；3—限位销；4—导柱；5—推件板；6—型芯固定板；7—支承板；8—支架；9—推板；10—推杆固定板；11—推杆；12—导柱；13—定模板；14—定模座板；15—主流道衬套；16—型芯

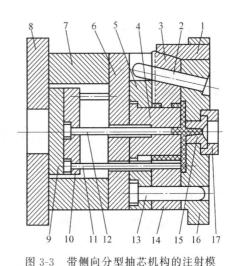

图 3-3 带侧向分型抽芯机构的注射模

1—楔紧块；2—斜导柱；3—滑块；4—型芯；5—型芯固定板；6—支承板；7—垫块；8—动模座板；9—推板；10—推杆固定板；11—推杆；12—拉料杆；13—导柱；14—动模板；15—主流道衬套；16—定模座板；17—定位圈

三、带侧向分型抽芯机构的注射模

当塑件有侧孔或侧凹时，模具应设有侧向分型抽芯机构。图 3-3 所示为采用斜导柱侧向抽芯机构的模具。其工作原理如下：开模时，动模部分左移。滑块 3 可在型芯固定板 5 上开设的导滑槽中滑动。动模左移时，在导滑槽的作用下，侧型芯滑块 3 在斜导柱 2 的作用下沿着斜导柱轴线方向移动，相对动模向模具外侧移动，进行抽芯动作。当斜导柱和滑块脱开的时候，滑块被定位，相对动模不再移动。动模继续左移，由推杆 11、拉料杆 12 将塑件连同浇注系统凝料一起从动模边顶出。合模时，在斜导柱的作用下使滑块复位，为防止成型时滑块在料的压力作用下移位，由楔紧块对其锁紧。脱模机构由复位杆复位。

注射模的结构是由注射成型机的形式和塑件的复杂程度等因素决定的。无论其复杂程度如何，注射模均由动、定模两大部分构成。根据模具上各部件所起的作用，可将注射模分为以下几个部分。

(1) 成型零件　构成模具型腔的零件，通常由型芯、凹模、镶件等组成。

(2) 浇注系统　将熔融塑料由注射成型机喷嘴引向型腔的流道，一般由主流道、分流道、浇口、冷料穴组成。

(3) 导向机构　通常由导柱和导套组成，用于引导动、定模正确闭合，保证动、定模合模后的相对准确位置。有时可在动、定模两边分别设置互相吻合的内外锥（斜）面，用来承受侧向力和实现动、定模的精确定位。

(4) 侧向分型抽芯机构　塑件上如有侧孔或侧凹，需要在塑件被推出前，先抽出侧向型芯。使侧向型芯抽出和复位的机构称为侧向抽芯机构。

(5) 脱模机构　将塑件和浇注系统凝料从模具中脱出的机构。一般情况下，由推杆、复位杆、推杆固定板、推板等组成。

(6) 温度调节系统　为满足注射成型工艺对模具温度的要求，模具设有温度调节系统。模具需冷却时，常在模内开设冷却水道通冷水冷却，需辅助加热时则通热水或热油、或在模内或模具周围设置电加热元件加热。

(7) 排气系统　在充模过程中，为排出模腔中的气体，常在分型面上开设排气槽。小型塑件排气量不大，可直接利用分型面上的间隙排气。许多模具的推杆或其他活动零件之间的间隙也可起排气作用。

(8) 其他结构零件　其他结构零件是为了满足模具结构上的要求而设置的，如固定板、动模座板、定模座板、支承板、连接螺钉等。

第二节　注射成型机的选择和校核

每副模具都只能安装在与其相适应的注射成型机上方能进行生产。因此，模具设计时应了解模具和注射成型机之间的关系，了解注射成型机的技术规范，使模具和注射成型机相互匹配。

一、注射成型机的基本参数

设计模具时，首先应了解的注射成型机的参数有：最大注射量、最大注射压力、最大锁模力或最大成型面积、模具最大厚度和最小厚度、最大开模行程、注射成型机模板上安装模具的螺钉孔的位置和尺寸、顶出机构的形式、位置及顶出行程等。

二、注射成型机基本参数的校核

1. 最大注射量的校核

$$V_实 \leqslant V_{实max} \tag{3-1}$$

式中　$V_实$——实际注射量，即充满模具所需塑料的量；

　　　$V_{实max}$——最大实际注射量，即注射成型机能往模具中注入的最大的塑料的量，一般可取理论注射量的 75% 左右。

2. 注射压力的校核

塑件成型所需要的注射压力是由塑料品种、注射成型机类型、喷嘴形式、塑件的结构形状及尺寸、浇注系统的压力损失以及其他工艺条件等因素决定的。对黏度大的塑料，壁薄、流程长的塑件，注射压力需大些。柱塞式注射成型机的压力损失较螺杆式大，注射压力也需大些。注射成型机的额定注射压力要大于成型时所需要的注射压力，即

$$p_{额} \geqslant p_{注} \tag{3-2}$$

式中 $p_{额}$——注射成型机的额定注射压力；

$p_{注}$——成型所需的注射压力。

3. 锁模力的校核

高压塑料熔体产生的使模具分型面胀开的力，这个力的大小等于塑件和浇注系统在分型面上的投影面积之和乘以型腔内的最大平均压力，它应小于注射成型机的锁模力，从而保证分型面的锁紧，即

$$F_{胀} = pA \leqslant F_{锁} \tag{3-3}$$

式中 $F_{胀}$——塑料熔体产生的使模具分型面胀开的力；

$F_{锁}$——注射成型机的额定锁模力；

p——熔融塑料在型腔内的最大平均压力，约为注射压力的 $1/3 \sim 2/3$，通常可取 $20 \sim 40\text{MPa}$；

A——塑件和浇注系统在分型面上的投影面积之和。

4. 注射成型机安装模具部分的尺寸校核

设计模具时，注射成型机安装模具部分应校核的主要项目包括喷嘴尺寸、定位孔尺寸、拉杆间距、最大及最小模厚、模板上安装螺钉孔的位置及尺寸等。

注射成型机喷嘴头的球面半径同与其相接触的模具主流道进口处的球面凹坑的球面半径必须吻合，使前者稍小于后者。主流道进口处的孔径应稍大于喷嘴的孔径。

为了使模具在注射成型机上能准确的安装定位，注射成型机固定模板上设有定位孔，模具定模座板上设计有凸出的定位圈，定位孔与定位圈之间间隙配合，定位圈高度应略小于定位孔深度。

各种规格的注射成型机，可安装模具的最大厚度和最小厚度均有限制。模具的实际厚度应在最大模厚与最小模厚之间。模具的外形尺寸也不能太大，以保证能顺利地安装和固定在注射成型机模板上。

动模与定模的模脚尺寸应与注射成型机移动模板和固定模板上的螺钉孔的大小及位置相适应，以便紧固在相应的模板上。模具常用的安装固定方法有用螺钉直接固定和用螺钉、压板固定两种。当用螺钉直接固定时，模脚上的孔或槽的位置和尺寸应与注射成型机模板上的螺钉孔相吻合；而用螺钉、压板固定时，只要模脚附近有螺钉孔即可，因而具有更大的灵活性。

5. 开模行程的校核

为了顺利取出塑件和浇注系统凝料，模具需要有足够的开模距离，而注射成型机的开模行程是有限制的。

$$S_{\max} \geqslant S \tag{3-4}$$

式中 $S_{\max}$——注射成型机的最大开模行程；

S——模具所需的开模距离。

6. 顶出装置的校核

模具设计时需根据注射成型机顶出装置的形式、顶杆的直径、位置和顶出距离，校核其

与模具的脱模机构是否相适应。

第三节　成型零件设计

成型零件是直接与塑料接触、成型塑件的零件，也就是构成模具型腔的零件。成型塑件外表面的零件为凹模，成型塑件内表面的零件为型芯。由于成型零件直接与高温高压的塑料接触，因此要求其具有足够的强度、刚度、硬度、耐磨性、较高的精度、较低的表面粗糙度值。成型产生腐蚀性气体的塑料如聚氯乙烯时，还应有一定的耐腐蚀性。

一、型腔分型面的设计

为了将塑件从闭合的模腔中取出，为了取出浇注系统凝料，或为了满足模具的动作要求，必须将模具的某些面分开，这些可分开的面可统称为分型面。分开型腔取出塑件的面叫型腔分型面。

1. 塑件在型腔中方位的选择

塑件在型腔中的方位选择是否合理，将直接影响模具总体结构的复杂程度。一般应尽量避免与开合模方向垂直或倾斜的侧向分型和抽芯，使模具结构尽可能简单。为此，在选择塑件在型腔中的方位时，要尽量避免与开合模方向垂直或倾斜的方向有侧孔侧凹。在确定塑件在型腔中的方位时，还需考虑对塑件精度和质量的影响、浇口的设置、生产批量、成型设备、所需的机械化自动化程度等。

2. 分型面形状的选择

分型面形状的选择主要应根据塑件的结构形状特点而定，力求使模具结构简单、加工制造方便、成型操作容易。

3. 分型面位置的选择

在选择分型面位置时，应注意以下几点。

① 塑件在型腔中的方位确定之后，分型面必须设在塑件断面轮廓最大的地方，才能保证塑件顺利地从模腔中脱出。

② 不要设在塑件要求光亮平滑的表面或带圆弧的转角处，以免溢料飞边、拼合痕迹影响塑件外观。

③ 开模时，尽量使塑件留在动模边。

④ 保证塑件的精度要求。同轴度要求较高的部分，应尽可能设在同一侧。此外，还需注意分型面上产生的飞边对塑件尺寸精度的影响。

⑤ 长型芯做主型芯，短型芯做侧型芯。当采用机动式侧向抽芯机构时，在一定的开模行程和模具厚度范围，不易得到大的抽拔距，长型芯不宜设在侧向。

⑥ 投影面积大的作主分型面，小的作侧分型面。侧向分型面一般都靠模具本身结构锁紧，产生的锁紧力相对较小，而主分型面由注射成型机锁模力锁紧，锁紧力较大。故应将塑件投影面积大的方向设在开合模方向。

⑦ 采用机动式侧向分型抽芯机构时，应尽量采用动模边侧向分型抽芯。采用动模边侧向分型抽芯，可使模具结构简单，可得到较大的抽拔距。在选择分型面位置时，应优先考虑将塑件的侧孔侧凹设在动模一边。

⑧ 尽量使分型面位于料流末端，以利排气。利用分型面上的间隙或在分型面上开设排气槽排气，结构较为简单，因此，应尽量使料流末端处于分型面上。当然料流末端的位置完全取决于浇口的位置。

　　此外，分型面的位置选择应使模具加工尽可能方便，保证成型零件的强度，避免成型零件出现薄壁及锐角。

　　有时对于某一塑件，在选择分型面位置时，不可能全部符合上述要求，这时，应根据实际情况，以满足塑件的主要要求为宜。

二、成型零件的结构设计

　　成型零件通常包括凹模、型芯。径向尺寸较大的型芯可称为凸模，径向尺寸较小的型芯可称为成型杆。成型塑件外螺纹的凹模可称为螺纹型环，成型塑件内螺纹的型芯可称为螺纹型芯。

　　1. 凹模的结构设计

　　凹模是成型塑件外表面的部件，按其结构形式可分为整体式、整体组合式和组合式三类。

　　(1) 整体式凹模　整体式凹模是在整块模板上加工而成的。其特点是强度、刚度好，适用于形状简单、加工制造方便的场合。所谓形状简单、加工制造方便是相对而言的，新的加工设备不断出现，加工方法不断更新，有些过去认为复杂的形状，而现在却觉得比较简单了。

　　(2) 整体组合式凹模　凹模本身是整体式结构，但凹模和模板之间采用组合的方式，这种结构叫整体组合式，如图3-4所示。

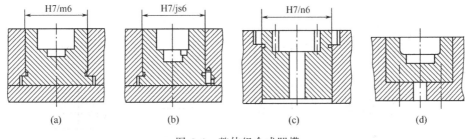

图 3-4　整体组合式凹模

　　(3) 组合式凹模　为了便于凹模的加工、维修、热处理，或为了节省优质钢材，常采用组合式结构，如图3-5所示。组合式有各种各样的组合结构形式，设计时主要应考虑以下要求。

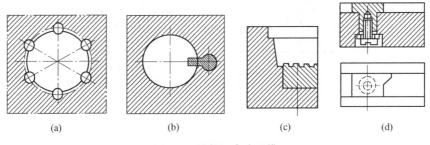

图 3-5　局部组合式凹模

　　① 便于加工、装配和维修。尽量把复杂的内形加工变为外形加工，配合面配合长度不宜过长，易损件应单独成块，便于更换。

　　② 保证组合结构的强度、刚度，避免出现薄壁和锐角。

　　③ 尽量防止产生横向飞边。

　　④ 尽量避免在塑件上留下镶嵌缝痕迹，影响塑件外观。

⑤ 各组合件之间定位可靠、固定牢固。

2. 型芯的结构设计

型芯是成型塑件内表面的部件，按其结构形式同样可分为整体式、整体组合式和组合式三类。

（1）整体式型芯　整体式型芯是在整块模板上加工而成的，其结构坚固，但不便于加工，切削加工量大，材料浪费多，不便于热处理，仅适用于形状简单、高度较小的型芯。

（2）整体组合式型芯　型芯本身是整体式结构，型芯和模板之间采用组合的方式，叫整体组合式型芯，如图 3-6、图 3-7 所示。这是最常用的形式。

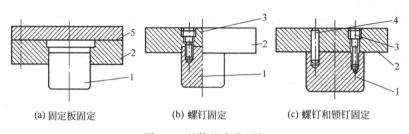

(a) 固定板固定　　　　(b) 螺钉固定　　　　(c) 螺钉和锁钉固定

图 3-6　整体组合式型芯

1—型芯；2—型芯固定板；3—螺钉；4—销钉；5—垫板

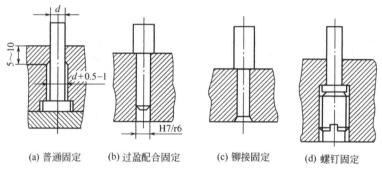

(a) 普通固定　　(b) 过盈配合固定　　(c) 铆接固定　　(d) 螺钉固定

图 3-7　小型芯的固定方法

（3）组合式型芯　对于形状复杂的型芯，为便于加工，可采用组合式结构，如图 3-8 所示。

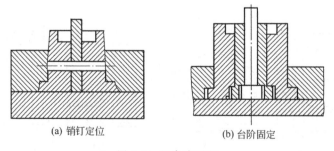

(a) 销钉定位　　　　　　(b) 台阶固定

图 3-8　组合式型芯

三、成型零件工作尺寸的计算

成型零件的工作尺寸是指直接成型塑件部分的尺寸。如凹模的径向尺寸和深度尺寸、型芯的径向尺寸和高度尺寸、中心距尺寸等。成型零件的非成型部分的尺寸为结构尺寸。

1. 影响塑件尺寸精度的因素

（1）成型零件工作尺寸的制造误差　成型零件工作尺寸的制造精度直接影响着塑件的尺

寸精度，为满足塑件的尺寸精度要求，成型零件工作尺寸的制造公差 Δ_Z 占塑件公差 Δ 的比例不能太大，一般可取：

$$\Delta_Z = \left(\frac{1}{3} \sim \frac{1}{10}\right)\Delta \qquad (3\text{-}5)$$

塑件尺寸精度高的，系数可取大些，反之取小些。从加工角度考虑，Δ_Z 通常应在IT6～IT10 之间，形状简单的，公差等级可取小些，形状复杂的，公差等级可取大些。

（2）成型零件工作尺寸的磨损　由于在脱模过程中塑件和成型零件表面的摩擦，塑料熔体在充模过程中对成型零件表面的冲刷，模具在使用及不使用过程中发生锈蚀，以及由于上述原因使成型零件表面发毛而需不断地打磨抛光导致零件实体尺寸变小。磨损的大小主要和塑料品种、塑件的生产批量、模具材料的耐磨性有关。随着模具使用时间的延长，由于磨损的影响而使成型零件的工作尺寸不断变化，从而影响塑件的尺寸精度。允许的最大磨损量称为磨损公差 Δ_C，一般可取：

$$\Delta_C \leqslant \frac{1}{6}\Delta \qquad (3\text{-}6)$$

塑件生产批量小、塑料硬度低、成型零件耐磨性好时，系数取小些，反之取大些。

（3）塑料的收缩率波动　在模具设计中，塑料的收缩率常采用计算收缩率，可用式（3-7）表示：

$$S = \frac{a-b}{b} \times 100\% \qquad (3\text{-}7)$$

式中　S——塑料的计算收缩率；

　　　a——模具型腔在室温下的尺寸；

　　　b——塑件在室温下的尺寸。

塑料的收缩率并不是一个常数，而是在一定的范围内波动。影响塑件尺寸精度的并不是收缩率的大小，而是收缩率波动范围的大小。收缩率波动引起的塑件尺寸的最大误差 Δ_S 为：

$$\Delta_S = b(S_{max} - S_{min}) \qquad (3\text{-}8)$$

式中　S_{max}——塑料的最大收缩率；

　　　S_{min}——塑料的最小收缩率。

从式（3-8）可看出，收缩率波动对塑件尺寸精度的影响随塑件尺寸的增大而增大。

对塑件尺寸精度的影响，除了上述因素以外，还有模具成型零件相互间的定位误差、成型零件在工作温度下相对于室温的温升热膨胀、成型零件在塑料压力作用下的变形以及飞边厚薄的不确定性等。

塑件的不同的尺寸，其尺寸精度所受上述各因素的影响程度是不同的，因此在计算成型零件工作尺寸时，对不同的尺寸要区别对待。

2. 成型零件工作尺寸的计算

成型零件工作尺寸的计算，主要考虑成型零件工作尺寸的制造公差和磨损公差，以及塑料的收缩率波动对塑件尺寸精度的影响。对于另有其他因素影响的尺寸，可视其影响程度对收缩率波动范围适当调整，将其他影响因素包含在收缩率波动范围。

在计算凹模、型芯的尺寸时，塑件的尺寸公差和成型零件的尺寸公差均单向分布。中心距尺寸公差对称分布。如果塑件公差不符合上述要求，则需进行换算调整。

成型零件的工作尺寸可分为单一工作尺寸和关联工作尺寸。塑件的尺寸仅由单个工作尺寸确定，此工作尺寸即为单一工作尺寸。如对应塑件外形尺寸的凹模径向尺寸，对应塑件内孔尺寸的型芯径向尺寸都为单一工作尺寸。塑件的尺寸同时由两个工作尺寸确定，此两工作尺寸即为关联工作尺寸。如塑件径向壁厚尺寸，则同时取决于型芯和凹模的径向尺寸，此时，型芯、凹模的径向尺寸则互为关联工作尺寸。

（1）凹模单一径向尺寸的计算

$$\Delta_Z + \Delta_C + d_S(S_{max} - S_{min}) \leqslant \Delta \tag{3-9}$$

为了满足塑件的精度要求，必须使上式成立，此式为校核式。

$$D_m = d_S(1 + S_{min}) - \Delta_Z - \Delta_C \tag{3-10}$$

$$D_m = d_S(1 + S_{max}) - \Delta \tag{3-11}$$

$$D_m - d_S(1 + S_{av}) - \frac{1}{2}(\Delta + \Delta_Z + \Delta_C) \tag{3-12}$$

式中　d_S——塑件径向尺寸的基本尺寸，为最大极限尺寸；

　　　D_m——凹模径向尺寸的基本尺寸，为最小极限尺寸；

　　　S_{av}——塑料的平均收缩率。

$$S_{av} = \frac{1}{2}(S_{max} + S_{min}) \tag{3-13}$$

按式（3-10）计算出的 D_m 值最大，按式（3-11）计算出的 D_m 值最小，按式（3-12）计算出的 D_m 值是前两者的平均。

（2）芯单一径向尺寸的计算

$$\Delta_Z + \Delta_C + D_S(S_{max} - S_{min}) \leqslant \Delta \tag{3-14}$$

$$d_m = D_S(1 + S_{min}) + \Delta \tag{3-15}$$

$$d_m = D_S(1 + S_{max}) + \Delta_Z + \Delta_C \tag{3-16}$$

$$d_m = D_S(1 + S_{av}) + \frac{1}{2}(\Delta + \Delta_Z + \Delta_C) \tag{3-17}$$

式中　D_S——塑件径向尺寸的基本尺寸，为最小极限尺寸；

　　　d_m——型芯径向尺寸的基本尺寸，为最大极限尺寸。

式（3-14）为校核式。按式（3-15）计算出的 d_m 值最大，按式（3-16）计算出的 d_m 值最小，按式（3-17）计算出的 d_m 值是前两者的平均。

（3）凹模单一深度尺寸的计算　由于磨损对凹模深度尺寸的影响极小，故忽略不计，如果考虑飞边对塑件高度尺寸的影响，则可根据实际飞边的厚薄将 S_{max}、S_{min} 适当调整。

$$\Delta_Z + h_S(S_{max} - S_{min}) \leqslant \Delta \tag{3-18}$$

$$H_m = h_S(1 + S_{min}) - \Delta_Z \tag{3-19}$$

$$H_m = h_S(1 + S_{max}) - \Delta \tag{3-20}$$

$$H_m = h_S(1 + S_{av}) - \frac{1}{2}(\Delta + \Delta_Z) \tag{3-21}$$

式中　h_S——塑件高度尺寸的基本尺寸，为最大极限尺寸；

　　　H_m——凹模深度尺寸的基本尺寸，为最小极限尺寸。

式（3-18）为校核式。按式（3-19）计算出的 H_m 值最大，按式（3-20）计算出的 H_m 值最小，按式（3-21）计算出的 H_m 值是前两者的平均。

（4）型芯单一高度尺寸的计算

$$\Delta_Z + H_S(S_{max} - S_{min}) \leqslant \Delta \tag{3-22}$$

$$h_m = H_S(1 + S_{min}) + \Delta \tag{3-23}$$

$$h_m = H_S(1 + S_{max}) + \Delta_Z \tag{3-24}$$

$$h_\mathrm{m}=H_\mathrm{S}(1+S_\mathrm{av})+\frac{1}{2}(\Delta_\mathrm{Z}+\Delta) \tag{3-25}$$

式中 H_S——塑件深度尺寸的基本尺寸，为最小极限尺寸；

h_m——型芯高度尺寸的基本尺寸，为最大极限尺寸。

式（3-22）为校核式。按式（3-23）计算出的 h_m 值最大，按式（3-24）计算出的 h_m 值最小，按式（3-25）计算出的 h_m 值是前两者的平均。

（5）凹模关联径向尺寸的计算

$$t(S_\mathrm{max}-S_\mathrm{min})+\frac{1}{2}(\Delta_{\mathrm{Z}_1}+\Delta_{\mathrm{Z}_2}+\Delta_{\mathrm{C}_1}+\Delta_{\mathrm{C}_2})\leqslant\Delta_\mathrm{t} \tag{3-26}$$

$$D_\mathrm{m}=d_\mathrm{m}+2t(1+S_\mathrm{min})+\Delta_\mathrm{t}-(\Delta_{\mathrm{Z}_1}+\Delta_{\mathrm{Z}_2}+\Delta_{\mathrm{C}_1}+\Delta_{\mathrm{C}_2}) \tag{3-27}$$

$$D_\mathrm{m}=d_\mathrm{m}+2t(1+S_\mathrm{max})-\Delta_\mathrm{t} \tag{3-28}$$

$$D_\mathrm{m}=d_\mathrm{m}+2t(1+S_\mathrm{av})-\frac{1}{2}(\Delta_{\mathrm{Z}_1}+\Delta_{\mathrm{Z}_2}+\Delta_{\mathrm{C}_1}+\Delta_{\mathrm{C}_2}) \tag{3-29}$$

式中 t——塑件壁厚尺寸的基本尺寸，为平均尺寸；

Δ_{Z_1}、Δ_{C_1}——型芯径向尺寸的制造公差和磨损公差；

Δ_{Z_2}、Δ_{C_2}——凹模径向尺寸的制造公差和磨损公差；

Δ_t——塑件的壁厚公差；

D_m——凹模径向尺寸的基本尺寸，为最小极限尺寸；

d_m——型芯径向尺寸的基本尺寸，为最大极限尺寸。

式（3-26）为校核式。按式（3-27）计算出的 D_m 值最大，按式（3-28）计算出的 D_m 值最小，按式（3-29）计算出的 D_m 值是前两者的平均。

加工模具时，一般采用配制法加工，即先加工型芯，后根据型芯的实际尺寸配作凹模，此时，可将型芯的实际尺寸替换以上几式中的 d_m，Δ_{Z_1} 当作零。

（6）型芯关联径向尺寸的计算

$$t(S_\mathrm{max}-S_\mathrm{min})+\frac{1}{2}(\Delta_{\mathrm{Z}_1}+\Delta_{\mathrm{Z}_2}+\Delta_{\mathrm{C}_1}+\Delta_{\mathrm{C}_2})\leqslant\Delta_\mathrm{t} \tag{3-30}$$

$$d_\mathrm{m}=D_\mathrm{m}-2t(1+S_\mathrm{max})+\Delta_\mathrm{t} \tag{3-31}$$

$$d_\mathrm{m}=D_\mathrm{m}-2t(1+S_\mathrm{min})-\Delta_\mathrm{t}+(\Delta_{\mathrm{Z}_1}+\Delta_{\mathrm{Z}_2}+\Delta_{\mathrm{C}_1}+\Delta_{\mathrm{C}_2}) \tag{3-32}$$

$$d_\mathrm{m}=D_\mathrm{m}-2t(1+S_\mathrm{av})+\frac{1}{2}(\Delta_{\mathrm{Z}_1}+\Delta_{\mathrm{Z}_2}+\Delta_{\mathrm{C}_1}+\Delta_{\mathrm{C}_2}) \tag{3-33}$$

式（3-30）为校核式。按式（3-31）计算出的 d_m 值最大，按式（3-32）计算出的 d_m 值最小，按式（3-33）计算出的 d_m 值是前两者的平均。

若采用配制法加工，即先加工凹模，后根据凹模的实际尺寸再加工型芯，此时，可用凹模的实际尺寸替换以上几式中的 D_m，Δ_{Z_2} 当作零。

（7）凹模关联深度尺寸的计算

$$\Delta_{\mathrm{Z}_1}+\Delta_{\mathrm{Z}_2}+t(S_\mathrm{max}-S_\mathrm{min})\leqslant\Delta_\mathrm{t} \tag{3-34}$$

$$H_\mathrm{m}=h_\mathrm{m}+t(1+S_\mathrm{min})+\frac{\Delta_\mathrm{t}}{2}-\Delta_{\mathrm{Z}_1}-\Delta_{\mathrm{Z}_2} \tag{3-35}$$

$$H_\mathrm{m}=h_\mathrm{m}+t(1+S_\mathrm{max})-\frac{\Delta_\mathrm{t}}{2} \tag{3-36}$$

$$H_\mathrm{m}=h_\mathrm{m}+t(1+S_\mathrm{av})-\frac{1}{2}(\Delta_{\mathrm{Z}_1}+\Delta_{\mathrm{Z}_2}) \tag{3-37}$$

式中 t——塑件壁厚尺寸的基本尺寸，为平均尺寸；

Δ_{Z_1}——型芯高度尺寸的制造公差；

Δ_{Z_2}——凹模深度尺寸的制造公差；

Δ_t——塑件的壁厚公差；

H_m——凹模深度尺寸的基本尺寸，为最小极限尺寸；

h_m——型芯高度尺寸的基本尺寸，为最大极限尺寸。

式（3-34）为校核式。按式（3-35）计算出的 H_m 值最大，按式（3-36）计算出的 H_m 值最小，按式（3-37）计算出的 H_m 值是前两者的平均。

如采用配制法加工，即先加工型芯，后加工凹模，则可用型芯高度尺寸的实际尺寸替换上几式中的 h_m，Δ_{Z_1} 当作零。

（8）型芯关联高度尺寸的计算

$$\Delta_{Z_1} + \Delta_{Z_2} + t(S_{max} - S_{min}) \leqslant \Delta_t \tag{3-38}$$

$$h_m = H_m - t(1 + S_{max}) + \frac{\Delta_t}{2} \tag{3-39}$$

$$h_m = H_m - t(1 + S_{min}) - \frac{\Delta_t}{2} + \Delta_{Z_1} + \Delta_{Z_2} \tag{3-40}$$

$$h_m = H_m - t(1 + S_{av}) + \frac{1}{2}(\Delta_{Z_1} + \Delta_{Z_2}) \tag{3-41}$$

式（3-38）为校核式。按式（3-39）计算出的 h_m 值最大，按式（3-40）计算出的 h_m 值最小，按式（3-41）计算出的 h_m 值是前两者的平均。

若采用配制法加工，即先加工凹模，后加工型芯，则可用凹模深度的实际尺寸替换以上几式中的 H_m，Δ_{Z_2} 当作零。

上述凹模的径向尺寸和深度尺寸、型芯的径向尺寸和高度尺寸，不论作为单一工作尺寸，还是作为关联工作尺寸，都分别有三个计算公式，一个求出的是最大值，一个求出的是最小值，另一个求出的是平均值。为了多留一些修模或磨损余量，型芯的径向尺寸最好用最大值公式计算，凹模的径向尺寸最好用最小值公式计算。型芯的高度尺寸和凹模的深度尺寸，应考虑型芯、凹模的结构、形状，确定修模方向，若修短（浅）容易，可用最大值公式计算，反之用最小值公式计算。为节省塑料原料，降低塑件成本，应尽量使塑件的实际壁厚接近最小极限尺寸。为此，型芯关联径向尺寸、关联高度尺寸，应按最大值公式计算，凹模关联径向尺寸、关联深度尺寸，应按最小值公式计算。若脱模斜度包括在塑件的公差范围内，型芯、凹模的径向尺寸可分别用最大值、最小值公式求出的值作为大、小端尺寸。若塑件批量不大，或精度要求不高，不考虑多留修模余量时，或仅知道塑料的平均收缩率，则可选用平均值公式计算。

（9）型芯之间、成型孔之间的中心距尺寸计算　模具上两型芯的中心距对应着塑件上孔的中心距，模具上两成型孔的中心距对应着塑件上两凸起部分的中心距。

模板上固定两型芯的孔的中心距尺寸为 $L_m \pm \Delta_Z/2$。若型芯和固定孔之间采用带有间隙的配合，其中一个型芯和固定孔之间的最大间隙为 Δ_{j_1}，另一型芯和固定孔之间的最大间隙为 Δ_{j_2}，若令 $\Delta_j = \Delta_{j_1} + \Delta_{j_2}$，则两型芯之间的中心距为 $L_m \pm (\Delta_Z + \Delta_j)/2$。型芯和固定孔之间采用无间隙配合时，$\Delta_j = 0$。

$$\Delta_Z + \Delta_j + L_S(S_{max} - S_{min}) \leqslant \Delta \tag{3-42}$$

$$L_m = L_S(1 + S_{av}) \tag{3-43}$$

式中　L_S——塑件中心距尺寸的基本尺寸，为平均尺寸；

　　　L_m——模具中心距尺寸的基本尺寸，为平均尺寸。

式（3-42）为校核式，式（3-43）为计算式。因中心距尺寸修大、修小均不方便，故只需按平均值公式计算。如为两成型孔的中心距，仍按上式计算，只需将校核式中的 Δ_j 当作零即可。

第四节　浇注系统设计

普通浇注系统一般由主流道、分流道、浇口和冷料穴等部分组成，如图 3-9 所示。

一、主流道的设计

① 为便于将凝料从主流道中拉出，主流道通常设计成圆锥形，其锥角 $\alpha=3°\sim6°$，表面粗糙度一般为 $R_a0.8$。

② 为防止主流道与喷嘴处溢料及便于将主流道凝料拉出，主流道与喷嘴应紧密对接，主流道进口处应制成球面凹坑，其球面半径应比喷嘴头的球面半径大 $1\sim2$ mm，凹入深度 $3\sim5$mm，进口处直径应比喷嘴孔径大 $0.5\sim1$mm。

③ 为减小物料的流动阻力，主流道末端与分流道连接处用圆角过渡，其圆角半径 $r=1\sim3$mm。

④ 因主流道与塑料熔体反复接触，进口处与喷嘴反复碰撞，因此，常将主流道设计成可拆卸的主流道衬套，

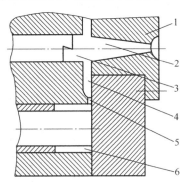

图 3-9　卧式注射成型机用模具的浇注系统
1—主流道衬套；2—主流道；3—冷料穴；4—分流道；5—浇口；6—型腔

用较好的钢材制造并进行热处理，一般选用 T8、T10 制造，热处理硬度为 HRC52～56。主流道衬套与模板之间的配合可采用 H7/k6。小型模具可将主流道衬套与定位圈设计成一体。定位圈和注射成型机模板上的定位孔呈较松动的间隙配合，定位圈高度应略小于定位孔深度。主流道衬套和定位圈的结构如图 3-10 所示。

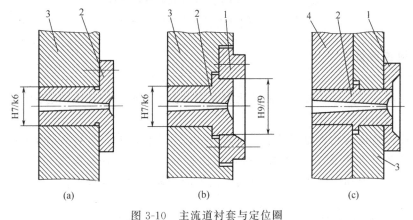

(a)　(b)　(c)

图 3-10　主流道衬套与定位圈
1—定位圈；2—主流道衬套；3—定模座板；4—定模板

二、冷料穴的设计

主流道末端一般设有冷料穴。冷料穴中常设有拉料机构，以便开模时将主流道凝料拉出。

① 带 Z 形头拉料杆的冷料穴，如图 3-11 (a) 所示。

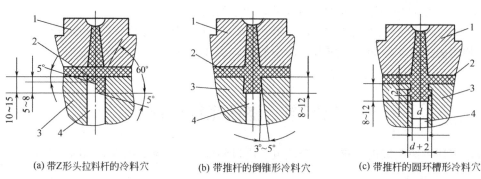

(a) 带Z形头拉料杆的冷料穴   (b) 带推杆的倒锥形冷料穴   (c) 带推杆的圆环槽形冷料穴

图 3-11　冷料穴的结构

1—定模板；2—冷料穴；3—动模板；4—拉料杆（推杆）

② 带推杆的倒锥形或圆环槽形冷料穴，如图 3-11 (b)、(c) 所示。

③ 带球形头（或菌形头）拉料杆的冷料穴，如图 3-12 所示。

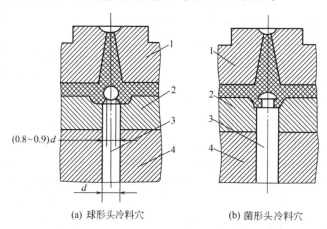

(a) 球形头冷料穴　　　　(b) 菌形头冷料穴

图 3-12　带球形头或菌形头拉料杆的冷料穴

1—定模板；2—推件板；3—拉料杆；4—型芯固定板

三、分流道设计

1. 断面形状

选择分流道的断面形状时，应使其比表面积（流道表面积与其体积之比）尽量小，以减小热量损失和压力损失。

圆形断面分流道的比表面积最小，但需开设在分型面两侧，且对应两半部须吻合，加工不便；梯形及 U 形断面分流道加工容易，比表面积较小，热量损失和流动阻力均不大，为常用形式；半圆形和矩形断面分流道则因比表面积较大而较少采用。

2. 表面粗糙度

分流道表面粗糙度值不能过大，以免增大料流阻力，常取 $R_a0.8$。

3. 浇口的连接形式

分流道与浇口通常采用斜面和圆弧连接，这样有利于塑料流动和填充，减小流动阻力。

4. 布置形式

在多型腔模具中，分流道的布置有平衡式和非平衡式两类。平衡式布置是指从主流道开始，到各型腔的流道的形状、尺寸都对应相同。采用非平衡式布置，塑料进入各型腔有先有后，各型腔充满的时间也不相同，各型腔成型出的塑件差异较大。但对于型腔数量较多的模具，采用非平衡式布置，可使型腔排列较为紧凑，模板尺寸减小，流道总长度缩短。采用非平衡式布置时，为了达到同时充满各型腔的目的，可将浇口设计成不同的尺寸。

四、浇口的设计

浇口是浇注系统中最关键的部分，浇口的形状、尺寸和位置对塑件质量影响很大，浇口在多数情况下，系整个流道中断面尺寸最小的部分（除直接浇口外）。断面形状常见为矩形或圆形，浇口台阶长 1～1.5mm 左右。虽然浇口长度比分流道短得多，但因其断面积较小，浇口处的阻力与其他部分流道的阻力相比，仍然是主要的，故在加工浇口时，更应注意尺寸的准确性。

减小浇口长度可有效地降低流动阻力，因此在任何场合缩短浇口长度尺寸都是恰当的，浇口长度一般以不超过 2mm 为宜。

1. 常用浇口的形式

(1) 直接浇口 直接浇口又叫中心浇口、主流道型浇口。由于其尺寸大，固化时间长，延长了补料时间。

(2) 点浇口 如图 3-13 所示，点浇口是一种尺寸很小的浇口。适用于黏度低及黏度对剪切速率敏感的塑料，其直径为 0.3～2mm（常见为 0.5～1.8mm），视塑料性质和制件质量大小而定。浇口长度为 0.5～2mm（常见为 0.8～1.2mm）。

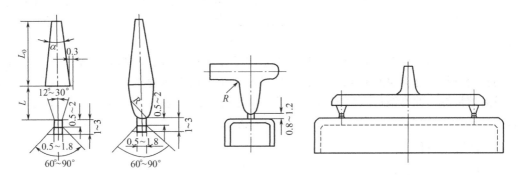

图 3-13 点浇口

(3) 潜伏浇口 如图 3-14 所示，潜伏浇口是点浇口的一种变异形式，具有点浇口的优点。此外，其进料口一般设在制品侧面较隐蔽处，不影响制件的外观。浇口潜入分型面的下面，沿斜向进入型腔。顶出时，浇口被自动切断。

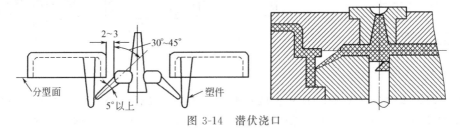

图 3-14 潜伏浇口

(4) 侧浇口 如图 3-15 所示，侧浇口一般开设在分型面上，从制件边缘进料，可以一点进料，也可多点同时进料。其断面一般为矩形或近似矩形。浇口的深度决定着整个浇口的封闭时间即补料时间，浇口深度确定后，再根据塑料的流动性、流速要求及制品的质量确定浇口的宽度。矩形浇口在工艺上可以做到更为合理，被广泛应用。

（5）扇形浇口　如图 3-16 所示，扇形浇口是边缘浇口的一种变异形式，常用来成型宽度（横向尺寸）较大的薄片状制品。浇口沿进料方向逐渐变宽，深度逐渐减小，塑料通过长约 1mm 的浇口台阶进入型腔。塑料通过扇形浇口，在横向得到更均匀的分配，可降低制品的内应力和带入空气的可能性。

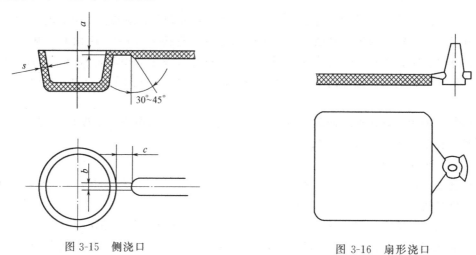

图 3-15　侧浇口　　　　　　　　　　　　　图 3-16　扇形浇口

（6）平缝浇口　如图 3-17 所示，成型大面积的扁平制件（如片状物），可采用平缝浇口。平缝式浇口深度为 0.25～0.65mm，宽度为浇口侧型腔宽的 1/4 至此边的全宽，浇口台阶长约 0.65mm。

（7）盘形浇口　如图 3-18 所示，盘形浇口主要用于中间带孔的圆筒形制件，沿塑件内侧四周扩展进料。这类浇口可均匀进料，物料在整个圆周上流速大致相等，空气易顺序排出，没有熔接缝。此类浇口仍可被当作矩形浇口看待，其典型尺寸为深 0.25～1.6mm，台阶长约 1mm。

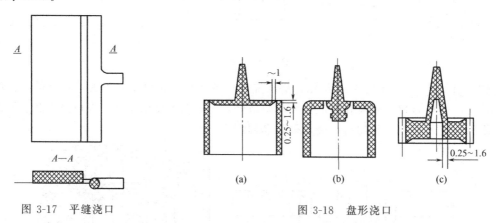

图 3-17　平缝浇口　　　　　　　　　　图 3-18　盘形浇口

（8）圆环形浇口　如图 3-19 所示。圆环形浇口也是沿塑件的整个圆周而扩展进料的浇口，成型塑件内孔的型芯可采用一端固定、一端导向支撑的方式固定，四周进料均匀，没有熔接缝。

2. 浇口开设位置的选择

浇口开设位置对塑件质量影响很大，确定浇口位置时，应对物料的流动情况、填充

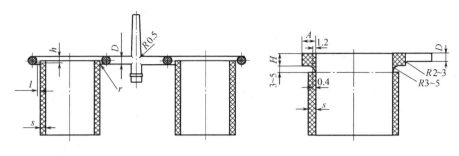

图 3-19　圆环形浇口

顺序和冷却、补料等因素进行全面考虑。在选择浇口开设位置时，应注意以下几方面问题。

① 避免熔体破裂现象在制件上产生缺陷。浇口的截面如果较小，且正对宽度和厚度较大的型腔，则高速熔体流经浇口时，由于受到较高的剪切应力作用，会产生喷射和蠕动等熔体破裂现象，在制件上形成波纹状痕迹；或在高剪切速率下喷出的高度定向的细丝和断裂物，很快冷却变硬，与后来的塑料不能很好地熔合，造成塑件的缺陷或表面疵点；喷射还会使型腔内的空气难以顺序排出，形成焦斑和气泡。

② 有利于流动、排气和补料。当塑件各处壁厚相差较大时，在避免喷射的前提下，为减小流动阻力，保证压力有效地传递到塑件厚壁部位以避免缩孔、缩痕，应把浇口开设在塑件壁厚最大处，以有利于填充、补料。如果塑件上有加强筋，有时可利用加强筋作为流动通道以改善流动条件。

同时，浇口位置应有利于排气，通常浇口位置应远离排气部位，否则进入型腔的塑料熔体会过早地封闭排气系统，致使型腔内气体不能顺利排出，影响制件质量。

③ 考虑定向方位对塑件性能的影响。

④ 减少熔接痕、增加熔接牢度。

⑤ 校核流动距离比。在确定浇口位置时，对于大型塑件必须考虑流动比问题。因为当塑件壁厚较小而流动距离过长时，会因料温降低、流动阻力过大而造成填充不足，这时须采用增大塑件壁厚或增加浇口数量及改变浇口位置等措施减小流动距离比。流动距离比是流动通道的最大流动长度和其厚度之比。浇注系统和型腔截面尺寸各处不同时，流动比可按式(3-44) 计算：

$$流动比 = \sum_{i=1}^{n} \frac{L_i}{t_i} \qquad (3-44)$$

式中　L_i——各段流道的长度；

　　　t_i——各段流道的厚度。

成型同一塑件，浇口的形式、尺寸、数量、位置等不同时，其流动比也不相同。

⑥ 防止料流将型芯或嵌件挤歪变形。在选择浇口开设位置时，应避免使细长型芯或嵌件受料的侧压力作用而变形或移位。

⑦ 不影响制件外观。在选择浇口开设位置时，应注意浇口痕迹对制件外观的影响。浇口应尽量开设在制件外观要求不高的部位。如开设在塑件的边缘、底部和内侧等部位。

五、排气系统设计

排气是注射模设计中不可忽视的问题。注射成型中，若模具排气不良，型腔内气体受压将产生很大的压力，阻止塑料熔体正常快速充模，同时气体压缩产生高温，可能使塑料烧焦。在充模速率大、温度高、物料黏度低、注射压力大和塑件壁厚较厚的情况下，气体在一定的压缩程度下会渗入塑件内部，造成气孔、组织疏松等缺陷。特别是快速注射成型工艺的发展，对注射模的排气要求就更严格。

1. 排气方式

如图 3-20 所示，图 (a) 为利用分型面上的间隙排气，图 (b)、(c)、(d)、(e) 为利用活动零件间的间隙排气，图 (f) 是在分型面上开设排气槽排气。

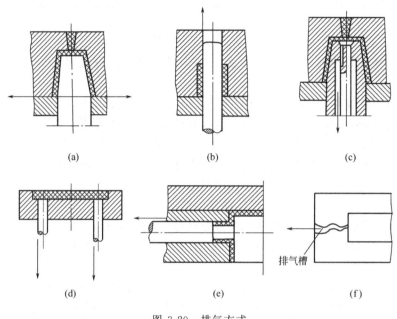

图 3-20　排气方式

2. 排气槽的设计

排气槽尺寸一般为宽 1.5～6mm，深 0.02～0.05mm，以塑料不从排气槽溢出为宜，即应小于塑料的溢料间隙。

第五节　合模导向机构设计

导向机构是塑料模具中的一个重要组成部分，它设在相对运动的各类机构中，在工作过程中起到定位、导向的作用。

合模导向机构可分为导柱导向机构和锥面定位机构。导柱导向机构定位精度不高，不能承受大的侧压力；锥面定位机构定位精度高，能承受大的侧压力，但导向作用不大。

对导柱导向机构的设计具体如下。

1. 导柱的结构及对导柱的要求

图 3-21 所示为带头导柱，图 3-22 所示为有肩导柱。

对导柱的要求如下。

（1）长度　导柱的有效长度一般应高出凸模端面 6～8mm，以保证凸模进入凹模之前导柱先进入导向孔以避免凸凹模碰撞而损坏模具。

（2）形状　导柱的前端部应做成锥形或半球形的先导部分，锥角为 20°～30°，以引导导柱顺利地进入导向孔。

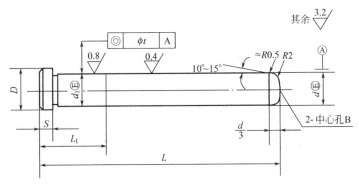

图 3-21　带头导柱

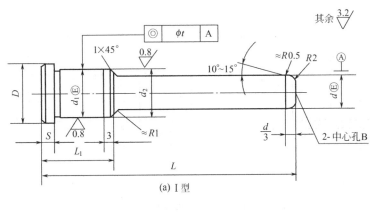

(a) Ⅰ型

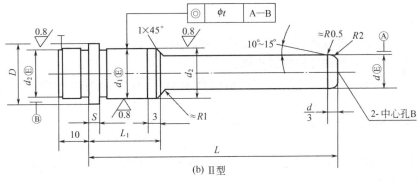

(b) Ⅱ型

图 3-22　有肩导柱

（3）材料　导柱应具有坚硬耐磨的表面，坚韧而不易折断的内芯。可采用 T8A 淬火，硬度 HRC52～56，或 20 钢渗碳淬火，渗碳层深 0.5～0.8mm，硬度 HRC56～60。

（4）配合　导柱和模板固定孔之间的配合为 H7/k6，导柱和导向孔之间的配合为 H7/f7。

（5）表面粗糙度　固定配合部分的表面粗糙度为 $R_a0.8$，滑动配合部分的表面粗糙度为 $R_a0.4$。非配合处的表面粗糙度为 $R_a3.2$。

2. 导向孔的结构及对导套的要求

导向孔的结构有不带导套和带导套两种形式。不带导套的结构简单，但导向孔磨损后修复麻烦，只能适用于小批量生产的简单模具。带导套的结构可适用于精度要求高、生产批量大的模具。导向孔磨损后修复更换方便。导套按结构又可分为直导套（见图 3-23）和带头导套（见图 3-24）。

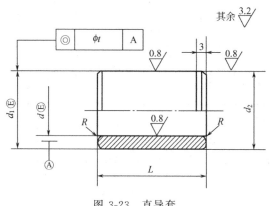

图 3-23　直导套

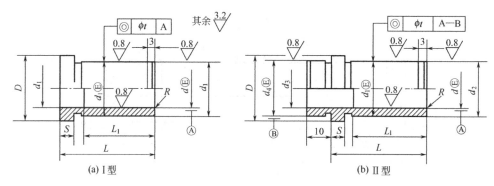

(a) I 型　　　　　　　　　　(b) II 型

图 3-24　带头导套

对导套的要求如下。

（1）形状　为了使导柱进入导向孔比较顺利，在导套内孔的前端需倒一圆角 R。

（2）材料　导套材料和导柱材料相同。

（3）配合　直导套和模板固定孔之间的配合为 H7/n6，带头导套和模板固定孔之间的配合为 H7/k6。

（4）表面粗糙度　固定配合和滑动配合部分的表面粗糙度为 $R_a0.8$，其余非配合面为 $R_a3.2$。

对于在模板上直接加工出的导向孔，对其要求可参照对导套内孔的要求设计。

3. 导柱的布置

为防止在装配时将动定模的方位搞错，导柱的布置可采用等径不对称布置或不等径对称布置，也可采用等径对称布置，并在模板外侧作上记号的方法。

在布置导柱时，应尽量使导柱相互之间的距离大些，以提高定位精度。导柱与模板边缘之间应留一定的距离，以保证导柱和导套固定孔周围的强度。导柱可设在定模边，也可设在动模边。当定模边设有分型面时，定模边应设有导柱。当采用推件板脱模时，有推件板的一边应设有导柱。

第六节　脱模机构设计

一、概述

在注射成型的每一周期中，必须将塑件从模具型腔中脱出，这种把塑件从型腔中脱出的机构称为脱模机构，也可称为顶出机构或推出机构。

1. 对脱模机构的要求

（1）保证塑件不变形损坏　要正确分析塑件与模腔各部件之间附着力的大小，以便选择适当的脱模方式和顶出部位，使脱模力分布合理。由于塑件在模腔中冷却收缩时包紧型芯，因此脱模力作用点应尽可能设在塑件对型芯包紧力大的地方，同时脱模力应作用在塑件强度、刚度高的部位，如凸缘、加强筋等处，作用面积也应尽量大一些，以免损坏制品。

（2）塑件外观良好　不同的脱模机构、不同的顶出位置，对塑件外观的影响是不同的。为满足塑件的外观要求，设计脱模机构时，应根据塑件的外观要求，选择合适的脱模机构形式及顶出位置。

（3）结构可靠　脱模机构应工作可靠，具有足够的强度、刚度、运动灵活，加工、更换方便。

2. 脱模机构分类

脱模机构的分类方法很多，可以按动力来源分类，也可以按模具的结构形式分类。

（1）按动力来源分类

① 手动脱模机构　开模后，用人工操纵脱模机构动作，脱出塑件，或直接由人工将塑件从模具中脱出。

② 机动脱模机构　利用注射成型机的开模力（开模动作）驱动脱模机构脱出制品。

③ 液压脱模机构　利用注射成型机上设有的液压顶出油缸，驱动脱模机构脱出制品。

④ 气压脱模机构　利用压缩空气将塑件脱出。

（2）按模具结构形式分类　可分为一次脱模机构、双脱膜机构、顺序脱膜机构、二次脱膜机构、浇注系统凝料脱膜机构和带螺纹塑件的脱模机构。

二、一次脱模机构

一次脱模机构是指脱模机构一次动作，完成塑件脱模的机构。它是脱模机构的基本结构形式，有推杆脱模机构、推管脱模机构、推件板脱模机构、气压脱模机构、多元件综合脱模机构等。

1. 推杆脱模机构

推杆脱模机构结构简单、制造和更换方便、滑动阻力小、脱模位置灵活，是脱模机构中最常用的一种结构形式。但因推杆与塑件的接触面积小，脱模过程中，易使塑件变形或开裂，因此推杆脱模机构不适合于脱模阻力大的塑件。同时还应注意在塑件上留下的推杆痕迹对塑件外观的影响。

（1）推杆脱模机构的结构　推杆脱模机构的结构如图 3-25 所示，主要由推杆、推板、推杆固定板、推板导柱、推板导套和复位杆等零件组成。

开模时，靠注射成型机的机械推杆或脱模油缸使脱模机构运动，推动塑件脱落。合模时，靠复位杆使脱模机构复位。

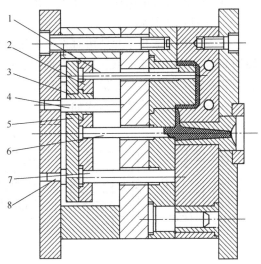

图 3-25　推杆脱模结构

1—推杆；2—推杆固定板；3—推板导套；4—推板导柱；
5—推板；6—拉料杆；7—复位杆；8—限位钉

（2）推杆脱模机构设计注意事项

① 推杆的位置 由于推杆与塑件接触面积小，易使塑件变形、开裂，并在塑件上留下推杆痕迹，故推出位置应设在塑件强度较好的部位，外观质量要求不高的表面，推杆应设在脱模阻力大或靠近脱模阻力大的部位，但应注意推杆孔周围的强度，同时应注意避开冷却水道和侧抽芯机构，以免发生干涉。

② 推杆的长度 推杆的长度由模具结构和推出距离而定。推杆端面与型腔表面平齐或略高。

③ 推杆的配合 推杆与推杆孔之间一般采用 H7/f6 的配合，配合长度取（1.8～2.0)d，在配合长度以外可扩孔 0.5～1mm。

④ 推杆的数量 在保证塑件质量与脱模顺利的前提下，推杆数量不宜过多，以简化模具和减小其对塑件表面质量的影响。

2. 推管脱模机构

推管脱模机构用于塑件直径较小、深度较大的圆筒形部分的脱模，其脱模的运动方式与推杆脱模机构相同，推管脱模机构的结构如图 3-26 所示。

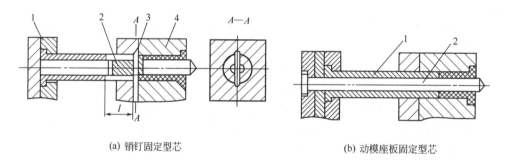

(a) 销钉固定型芯　　　　　　　　　　　　(b) 动模座板固定型芯

图 3-26　推管脱模机构
1—推管；2—型芯；3—销钉；4—动模板

推管脱模机构的推出面呈圆环形，推出力均匀，无推出痕。

3. 推件板脱模机构

对一些深腔薄壁和不允许留有推杆痕迹的塑件，可采用推件板脱模机构。推件板脱模机构结构简单、推动塑件平稳、推出力均匀、推出面积大，也是一种最常用的脱模机构形式。但当型芯周边形状复杂时，推件板的型孔加工困难。

推件板脱模机构的结构形式如图 3-27 所示，图 3-27(a)、（b）用连接推杆将推板和推件

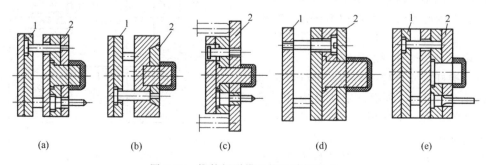

(a)　　　　(b)　　　　(c)　　　　(d)　　　　(e)

图 3-27　推件板脱模机构的结构形式
1—推板；2—推件板

板固定连接在一起，目的是在脱模过程中防止推件板由于向前运动的惯性而从导柱或型芯上滑落。图 3-27（c）是直接利用注射成型机的两侧推杆顶推件板的结构，推件板由定距螺钉限位。图 3-27（d）、（e）为推件板无限位的结构形式，顶出时，须严格控制推件板的行程。为防止推件板在顶出过程中和型芯摩擦，对推件板一般应设有导柱导向，如图 3-27（a）、（c）、（e）所示。

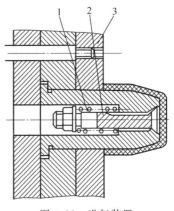

当推件板顶出不带通孔的深腔、小脱模斜度的壳类塑件时，为防止顶出时塑件内部形成真空，应考虑采用进气装置。图 3-28 为利用大气压力使中间进气阀进气的结构。

图 3-28　进气装置
1—弹簧；2—阀杆；3—推件板

4. 脱模机构的辅助零件

为保证塑件顺利脱模，保证脱模机构动作的灵活性，以及脱模机构的可靠复位，需与下列辅助零件配合使用。

（1）导向零件　脱模机构在模具中作往复运动，为了使其动作灵活，防止推板在顶出过程中歪斜，造成推杆或复位杆变形、折断，减小推杆和推杆孔之间的摩擦，在脱模机构中一般应设导向机构，如图 3-29 所示。

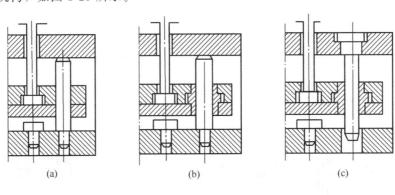

(a)　　　　　　　(b)　　　　　　　(c)

图 3-29　脱模导向机构

（2）复位零件　脱模机构在完成塑件脱模后，必须使其回到初始位置，除推件板脱模机构外，其他脱模机构均需设复位零件使其复位。常见的复位形式有：复位杆复位（见图 3-30）、推杆兼复位杆复位（见图 3-31）和弹簧复位（见图 3-32）。利用复位杆复位时，复位动作在合模的后阶段进行；利用弹簧复位时，复位动作在合模的前阶段进行。采用弹簧复位，复位时间较早，在复位过程中，弹簧弹力逐渐减小，故其复位的可靠性要差些。

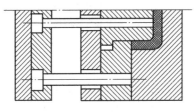

图 3-30　复位杆复位

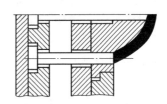

图 3-31　推杆兼复位杆复位

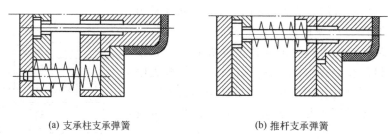

(a) 支承柱支承弹簧　　　　　　　　(b) 推杆支承弹簧

图 3-32　弹簧复位

三、顺序分型机构

根据模具的动作要求，使模具的几个分型面按一定的顺序要求分开的机构称为顺序分型机构或顺序脱模机构，又称定距分型拉紧机构。

1. 弹簧顺序分型机构

弹簧顺序分型机构如图 3-33 所示，合模时弹簧被压缩，开模时借助弹簧的弹力使分型面Ⅰ首先分型，分型距离由限位螺钉 5 控制，在分型时完成侧抽芯。当限位螺钉拉住凹模 7 时，继续开模，分型面Ⅱ分型，塑件脱出凹模，留在型芯 3 上，后由推件板 4 将塑件从型芯上脱下。

2. 拉钩顺序分型机构

拉钩顺序分型机构如图 3-34 所示，开模时，由于拉钩 3 的作用，分型面Ⅱ不能分开，使分型面Ⅰ首先分型。分型到一定距离后，拉钩 3 在压块 1 的作用下产生摆动，和挡块 2 脱开，定模板在定距拉板 4 的作用下停止运动，继续开模，分型面Ⅱ分型。

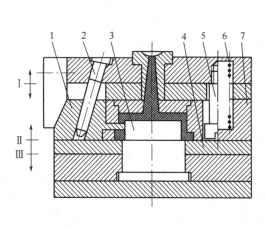

图 3-33　弹簧顺序分型机构

1—滑块；2—斜导柱；3—型芯；4—推件板；

5—限位螺钉；6—弹簧；7—凹模

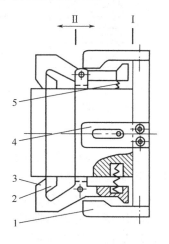

图 3-34　拉钩顺序分型机构

1—压块；2—挡块；3—拉钩；

4—定距拉板；5—弹簧

3. 锁扣式顺序分型机构

锁扣式顺序分型机构如图 3-35 所示，开模时，拉杆 1 在弹簧 3 及滚柱 4 的夹持下被锁紧，确保模具进行第一次分型。随后在限位零件（图中未画出）的作用下，拉杆 1 强行脱离滚柱 4，模具进行第二次分型。

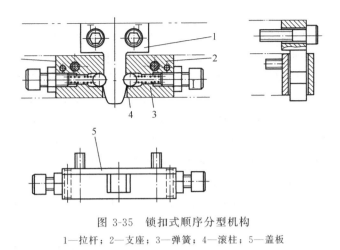

图 3-35 锁扣式顺序分型机构
1—拉杆；2—支座；3—弹簧；4—滚柱；5—盖板

第七节 侧向分型抽芯机构

一、概述

当塑件具有与开模方向不同的内外侧凹或侧孔时，除极少数可采用强制脱模外，都需先进行侧向分型或抽芯，方能脱出塑件。完成侧分型面分开和闭合的机构叫侧向分型机构，完成侧型芯抽出和复位的机构叫侧向抽芯机构。侧向分型机构、侧向抽芯机构本质上并无任何差别，均为侧向运动机构，故把二者统称为侧向分型抽芯机构。

侧向分型抽芯的方式按其动力来源可分为以下三类。

1. 手动侧向分型抽芯

手动侧向分型抽芯又可分为模内手动和模外手动两种形式。前者是在塑件脱出模具之前，由人工通过一定的传动机构实现侧向分型抽芯，然后再将塑件从模具中脱出。后者是将滑块或侧型芯作成活动镶件的形式，和塑件一起从模具中脱出，然后将其从塑件上卸下，在下次成型前再将其装入模内。手动侧向分型抽芯机构具有结构简单、制造方便的优点，但是操作麻烦，劳动强度大，生产率低，只有在试制和小批量生产时才是比较经济的。

2. 机动侧向分型抽芯

机动侧向分型抽芯是利用注射成型机的开合模运动或顶出运动，通过一定的传动机构来实现侧向分型抽芯动作的。机动侧向分型抽芯机构结构较复杂，但操作简单，生产率高，应用最广。

3. 液压、气压侧向分型抽芯

液压、气压侧向分型抽芯是以压力油或压缩空气为动力，通过油缸或气缸来实现侧向分型抽芯动作的。采用液压侧向分型抽芯易得到大的抽拔距，且抽拔力大，抽拔平稳，抽拔时间灵活。由于注射成型机本身带有液压系统，故采用液压比气压要方便得多。气压只能用于所需抽拔力较小的场合。

二、机动侧向分型抽芯机构

机动侧向分型抽芯机构的形式很多，大多为利用斜面将开合模运动或顶出运动转变为侧向运动，也有用弹簧、齿轮齿条来实现运动方向的转变、实现侧向分型抽芯动作的。

1. 斜导柱侧向分型抽芯机构

斜导柱侧向分型抽芯机构结构较简单、制造加工方便，是机动式侧向分型抽芯机构中最常用的一种形式。

（1）斜导柱侧向分型抽芯机构的结构　图 3-36 所示斜导柱侧向分型抽芯机构是由固定于定模座板 2、与开模方向成一定夹角的斜导柱 3、动模板 7 上的导滑槽（图中未画出）、可在导滑槽中滑动的、和侧型芯 5 固定在一起的滑块 8、固定在定模板上的楔紧块 1 以及滑块定位装置（由挡块 9、弹簧 10、螺钉 11 组成）所组成。开模时，动模板上的导滑槽拉动滑块，在斜导柱的作用下，滑块沿导滑槽向左移动，直至斜导柱和滑块脱离，完成抽拔，此时由滑块定位装置将滑块定在和斜导柱相脱开的位置，不再左右移动，继续开模，由推管将塑件从型芯上脱出。合模时，动模前移，移动一段距离后，斜导柱进入滑块，动模继续前移，在斜导柱作用下，滑块向右移动，进行复位，直至动、定模完全闭合。成型时，为防止滑块在塑料的压力作用下移动，防止滑块将过大的压力传递给斜导柱，用楔紧块对滑块锁紧。

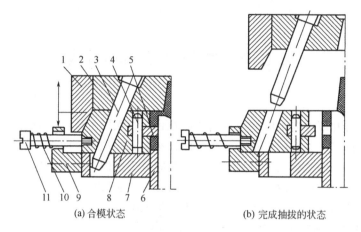

(a) 合模状态　　　　　　　　(b) 完成抽拔的状态

图 3-36　斜导柱侧向分型抽芯机构

1—楔紧块；2—定模座板；3—斜导柱；4—销；5—侧型芯；6—推管；
7—动模板；8—滑块；9—挡块；10—弹簧；11—螺钉

① 斜导柱　斜导柱的结构形状和固定方式如图 3-37 所示。斜导柱和固定板之间的配合

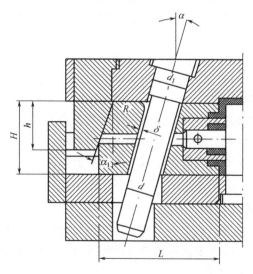

图 3-37　斜导柱的结构形状和固定方式

为 H7/k6，斜导柱和滑块之间留 1mm 左右的间隙，斜导柱的头部成圆锥形或半球形。如为圆锥形时，圆锥部分的斜角应大于斜导柱的安装斜角 α，以防合模时，其头部与滑块碰撞。斜导柱的材料、硬度、表面粗糙度等和第五节中所述导柱相同。

　　② 滑块及导滑槽　滑块可看作是由三部分组成的，它们是滑块的本体部分、成型部分（侧芯）和导滑部分。滑块的结构形式有整体式和组合式。组合方式如图 3-38 所示。图 3-38(a) 是用销钉固定的方式，由于侧芯成型部分直径较小，将固定部分尺寸增大，为防止销孔将侧芯削弱过多，也可用骑缝销钉固定；对片状型芯，可在滑块本体上开槽，用销钉固定，如图 3-38(b) 所示；当型芯较小时，可在型芯后端用螺钉固定，如图 3-38(c) 所示；当一个滑块上具有多个型芯时，可用固定板固定，如图 3-38(d) 所示；大型芯也可用燕尾槽固定，如图 3-38(e) 所示；除侧芯和滑块本体之间采用组合方式外，导滑部分也可采用组合的形式，如图 3-38(f) 所示。

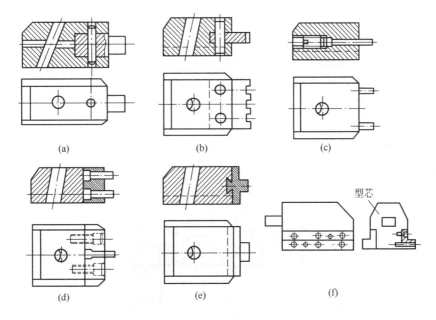

图 3-38　滑块的组合方式

　　为保证滑块在抽拔和复位过程中平稳滑动，防止上下、左右的晃动，滑块和导滑槽之间上下方向、左右方向应各有一配合面，采用 H8/f7 的配合。导滑槽的结构也有整体式和组合式之分。滑块在导滑槽中的导滑形式见图 3-39。图 3-39(a) 是整体式导滑槽，加工较困难；图 3-39(b) 是将导滑部分设在滑块中部的形式；图 3-39(c) 所示的导滑槽采用组合式，加工较为方便；图 3-39(d) 是将左右方向的配合面设在中间镶块两侧；图 3-39(e) 是在底板上开出凹槽，盖板为平板的结构形式；图 3-39(f) 所示的导滑槽是由两块镶条所组成；图 3-39(g) 是在滑块的两侧镶两根精密的圆销，以代替矩形的导滑面，在加工两侧导槽时，可把滑块和两侧模板镶合在一起加工出两孔，后在滑块上镶上圆销，以保证良好的平行度和均匀的配合间隙；当滑块宽度较大时，可用两根斜角相同的斜导柱驱动，如图 3-39(h) 所示。

　　滑块上斜导柱孔的进口处应倒圆，圆角半径 1~3mm，复位时以便斜导柱进入滑块。滑块的导滑部分长度 L 应大于滑块的高度，否则抽拔时会因滑块歪斜引起运动不畅，加速导滑面的磨损。导滑槽应有一定的长度，当抽拔完成后，滑块留在导滑槽内的长度 L_1 不应小于滑块导滑部分长度 L 的三分之二，如图 3-40 所示。

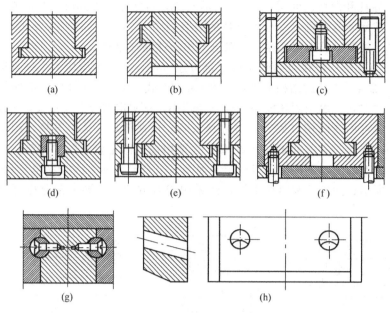

图 3-39 滑块的导滑形式

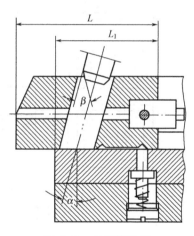

图 3-40 导滑槽长度

③ 滑块定位装置 滑块在斜导柱驱动下完成抽拔后,由滑块定位装置使其停留在和斜导柱相脱开的位置上不再移动,下次合模时,保证斜导柱能顺利地进入滑块的斜孔使滑块复位。滑块定位装置的结构形式如图 3-41 所示。图 3-41(a)是利用挡块定位的形式,适用于向下抽芯。向上抽芯时,可采用图 3-41(b)的形式,由弹簧的弹力通过螺钉把滑块向上拉紧靠在挡块上定位,此时弹簧弹力应大于滑块自重。此种形式用于其他方向的抽芯时,弹簧弹力可小些。图 3-41(c)、(d)是利用在弹簧力作用下的顶销顶住滑块底部的凹坑对滑块进行定位的形式。图 3-41(e)是用钢球代替顶销的结构形式。顶销、钢球也可顶在滑块的侧面,这种结构形式一般只能用于水平方向的抽芯。

在整个开模过程中,如果斜导柱始终不和滑块脱开,则可不设滑块定位装置。

④ 楔紧块 楔紧块的作用,一是锁紧滑块,防止滑块在塑料压力作用下移位,再则由于斜导柱和滑块斜孔之间具有较大的间隙,所以滑块的最终复位是由楔紧块完成的。设计楔紧块时,应注意两个问题:一是楔紧块的斜角 α_1 必须大于斜导柱的斜角 α,否则滑块将被楔

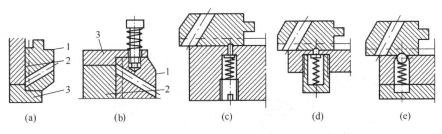

图 3-41　滑块定位装置

1—滑块；2—导滑槽；3—挡块

紧块卡住，而不能进行抽拔，一般可取 $\alpha_1 = \alpha + (2° \sim 3°)$，见图 3-42；二是保证楔紧块的强度，当滑块承受塑料的压力大时，应采用强度高的结构形式。楔紧块的结构形式见图 3-42。图 3-42(a) 为整体式楔紧块，可承受很大的侧压力；图 3-42(b) 所示结构加工制造较为方便，只可用于侧压力不大的场合；图 3-42(c)、(d) 所示结构可用于侧压力较大的场合；图 3-42(e) 为楔紧块的加强结构形式。

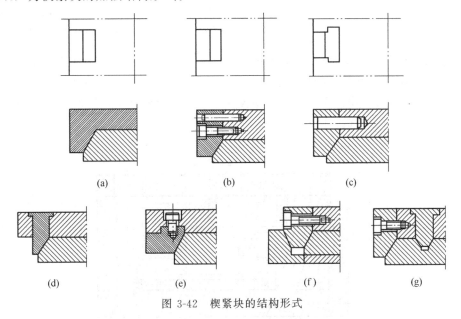

图 3-42　楔紧块的结构形式

（2）斜导柱侧向分型抽芯机构的结构形式　根据斜导柱和滑块在动、定模的哪一侧，可将斜导柱侧向分型抽芯机构分为以下四种结构形式。

① 斜导柱在定模、滑块在动模的结构　这是一种最常用的结构形式，图 3-36、图 3-37 均是这种结构形式。

当塑件有内侧凹时，也可采用这种形式进行侧向抽芯，如图 3-43 所示。

② 斜导柱在动模、滑块在定模的结构　图 3-44 是斜导柱在动模、滑块在定模的结构。其主要特点是型芯 9 和动模板 5 之间采用浮动连接的固定方式，以防止开模时侧芯将塑件卡在定模边而无法脱模。开模时，由于弹簧 8、顶销 6 的作用，以及塑件对型芯 9 的包紧力，首先从 A—A 面分型，滑块 12 在斜导柱 10 的作用下在定模板上的导滑槽中滑动，抽出侧芯。继续开模，动模板 5 与型芯 9 的台阶接触，型芯随动模板一起后退，塑件包紧型芯，从凹模中脱出，B—B 面分型，最后由推件板 4 将塑件从型芯上脱下。合模时，滑块由斜导柱驱动复位，型芯在推件板的压力作用下复位。

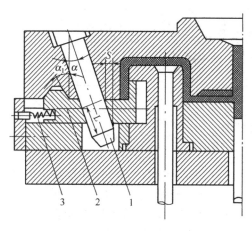

图 3-43　斜导柱内侧抽芯机构
1—斜导柱；2—滑块；3—弹簧

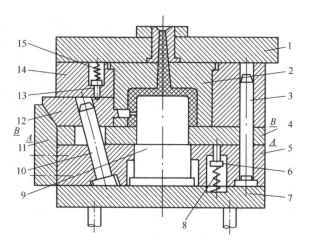

图 3-44　斜导柱在动模、滑块在定模的结构
1—定模座板；2—凹模；3—导柱；4—推件板；5—动模板；
6—顶销；7—支承板；8—弹簧；9—型芯；10—斜导柱；
11—楔紧块；12—滑块；13—顶销；14—定模板；15—弹簧

为防止开模时侧芯将塑件卡在定模边而无法脱模，也可在动模边增设一分型面，如图 3-45 所示。开模时，在弹簧 3 的作用下，动模边的分型面先分，斜导柱 1 驱动滑块 2 进行抽拔，当分开 L_1 距离时，限位螺钉 4 拉住动模板，然后动定模分型，塑件从凹模中脱出留于动模型芯上，最后由脱模机构将塑件顶出。

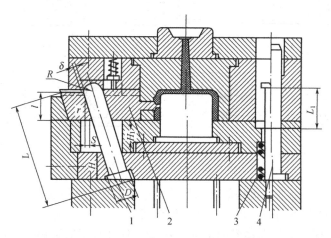

图 3-45　斜导柱在动模、滑块在定模的结构
1—斜导柱；2—滑块；3—弹簧；4—限位螺钉

③ 斜导柱、滑块同在定模的结构　斜导柱和滑块同在定模边时，为了实现斜导柱和滑块之间的相对运动，定模边必须有一分型面，如图 3-46 所示。开模时，利用拉钩顺序分型机构，使 A 分型面先分，滑块 2 在斜导柱的驱动下在定模板上的导滑槽中滑动，向外侧进行抽拔，A 分型面分开的距离由限位螺钉 5 限位。继续开模，动定模之间的 B 分型面分开，塑件从定模中脱出。这种形式的斜导柱侧向分型抽芯机构，由于定模边的分型面分开的距离不会太大，只要适当增大斜导柱的长度，保证滑块和斜导柱始终不脱开，则可不用滑块定位装置。

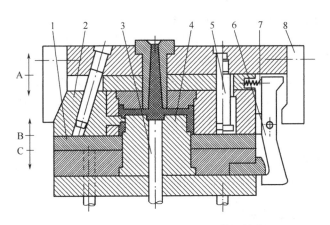

图 3-46　斜导柱和滑块同在定模的结构

1—推件板；2—滑块；3—推杆；4—型芯；

5—限位螺钉；6—拉钩；7—弹簧；8—压块

④ 斜导柱、滑块同在动模的结构　斜导柱和滑块都在动模边时，为实现斜导柱和滑块的相对运动，在动模边应有一分型面。图 3-47 是在动模边增设一分型面，开模时，利用弹簧顺序分型机构使动模边的分型面先分开，斜导柱 2 驱动滑块 1 进行抽拔，动模边的分型面分开的距离由限位螺钉 5 限位，继续开模，动定模分型面分开，塑件从凹模中脱出，留在动模型芯上，最后推件板将塑件从型芯上推下。

图 3-48 是将滑块 1 置于推件板 2 上的导滑槽中，开模时，先动定模分型，然后由推杆 3 顶动推件板，使塑件从型芯上脱下，与此同时，滑块在斜导柱的作用下进行抽拔，和塑件脱开。这种结构是利用推件板下方的顶出分型面实现斜导柱和滑块间的相对运动的。

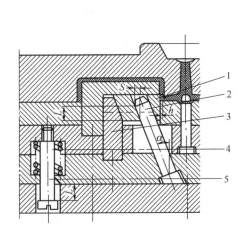

图 3-47　斜导柱和滑块同在动模的结构（一）

1—滑块；2—斜导柱；3—楔紧块；

4—弹簧；5—限位螺钉

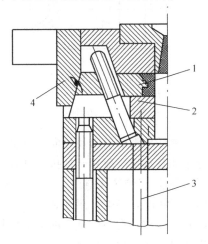

图 3-48　斜导柱和滑块同在动模的结构（二）

1—滑块；2—推件板；3—推杆；4—楔紧块

斜导柱、滑块同在动模边时，只要保证斜导柱和滑块始终不脱开，可不设滑块定位装置。

2. 斜滑块侧向分型抽芯机构

斜滑块侧向分型抽芯机构按导滑部分的结构可分为滑块导滑和斜杆导滑两大类。

（1）滑块导滑的斜滑块侧向分型抽芯机构　滑块导滑的斜滑块侧向分型抽芯机构用于塑件侧凹较浅、所需抽拔距不大，但滑块和塑件接触面积较大、滑块较大的场合。

图 3-49 是在镶块 1 的斜面上开有燕尾形导滑槽，镶块 1 和其外侧模套也可作成一体，斜滑块 2 可在燕尾槽中滑动。开模时，动定模分型，分开一定距离后，斜滑块 2 在推杆的作用下沿导滑槽方向运动，一边将塑件从动模型芯上脱下，一边向外侧移动，完成抽拔。为防止斜滑块从导滑槽中滑出，用挡销对其进行限位，斜滑块的顶出距离通常应控制在其高度的三分之二以下。

图 3-50 是直接在模套 2 上开出 T 形导滑槽，斜滑块 3 可在 T 形导滑槽中滑动。顶出时，推杆 4 顶斜滑块 3，推管 5 直接顶塑件，同时进行抽拔和顶出运动。

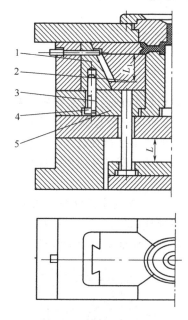

图 3-49　斜滑块侧向分型抽芯机构（一）
1—镶块；2—斜滑块；3—销钉；
4—螺钉；5—型芯固定板

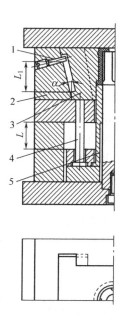

图 3-50　斜滑块侧向分型抽芯机构（二）
1—限位销；2—模套；3—斜滑块；
4—推杆；5—推管

（2）斜杆导滑的斜滑块侧向分型抽芯机构　由于受斜杆强度的影响，斜杆导滑的斜滑块侧向分型抽芯机构一般用于抽拔力和抽拔距都比较小的场合。

图 3-51 是将侧芯和斜杆 3 固定连接，斜杆插在动模板 4 的斜孔中，为改善斜杆和推板之间的摩擦状况，在斜杆尾部装上滚轮 2。顶出时，由推板 1 通过滚轮 2 使斜杆和侧芯沿动模板的斜孔运动，在与推杆 5 的共同作用下顶出制品的同时，完成侧向抽芯。合模时，由定模板压住斜杆端面使斜杆复位。

图 3-52 是采用摆动式斜杆抽芯。斜杆 4 和推板 1 之间用销钉 2 连接。顶出时，当斜杆移动 l_3 距离时（$l_3 > l_4$），斜杆的 A 处与镶块 5 接触迫使斜杆绕销钉摆动而完成抽芯。

图 3-53 是将斜杆 3 插在型芯 4 的斜孔中，斜杆尾部用两圆柱销 1、2 夹住推板，顶出时，推板通过圆柱销 2 使斜杆进行顶出抽芯。合模时，推板通过圆柱销 1 使斜杆复位。

斜杆和推板之间也可采用图 3-54 所示的连接方式。在推板上固定有带槽的支架 1，斜杆 3 尾部的轴 2 的两端装有滚轮 5、6，滚轮装于支架的槽中。推板通过支架、滚轮，可带动斜杆进行抽拔和复位。

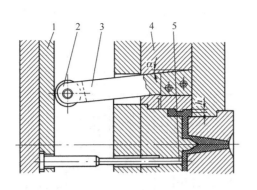

图 3-51 斜杆导滑的斜滑块侧向抽芯机构

1—推板；2—滚轮；3—斜杆；4—动模板；5—推杆

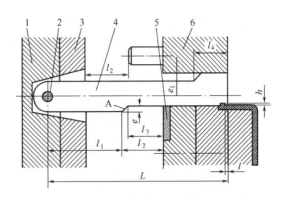

图 3-52 斜杆摆动式侧向抽芯机构

1—推板；2—销钉；3—推杆固定板；

4—斜杆；5—镶块；6—动模板

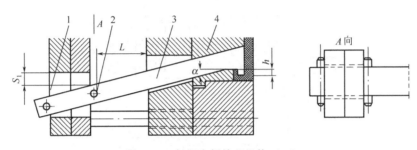

图 3-53 斜杆内侧抽芯机构（一）

1,2—圆柱销；3—斜杆；4—型芯

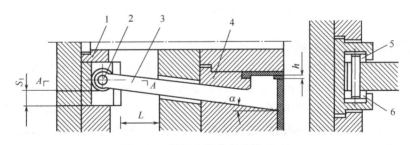

图 3-54 斜杆内侧抽芯机构（二）

1—支架；2—轴；3—斜杆；4—型芯；5,6—滚轮

3. 弹簧侧向分型抽芯机构

弹簧侧向分型抽芯机构结构较简单，是利用弹簧的弹力来实现侧向抽拔运动的，在抽拔过程中，弹簧力越来越小，故一般多用于抽拔力和抽拔距都不大的场合。

图 3-55 是弹簧侧向抽芯机构。开模时，动定模分开，侧芯 3 在弹簧力作用下进行抽拔，最终位置由限位螺钉 2 限位，合模时，楔紧块 1 压住侧芯使其复位并锁紧。

图 3-56 是将侧芯设在定模边的结构。开模时，动模板 2 后退，带动滚轮 3 和侧芯 4 脱开，侧芯在弹簧力作用下进行抽拔，最终位置由挡板限位。在此过程中，由于塑件对主型芯的包紧力，使主型芯可相对动模板前移 L 距离。继续开模，动模板带动主型芯后退使塑件从定模中拉出，然后由推件板将塑件脱下。

图 3-57 是弹簧内、外侧同时抽芯的结构。开模时，斜楔 2 和内滑块 4、外滑块 3 依次脱

开，滑块 4 在弹簧力作用下沿动模板上的导滑槽向内侧移动进行抽芯，滑块 3 在弹簧力作用下沿滑块 4 上表面上的导滑槽向外侧移动进行抽芯。合模时，由斜楔 2 使两滑块复位并锁紧。

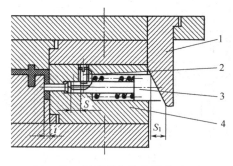

图 3-55　弹簧侧向抽芯机构 （一）
1—楔紧块；2—限位螺钉；3—侧芯；4—动模板

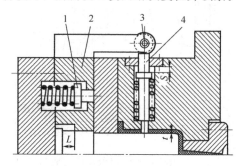

图 3-56　弹簧侧向抽芯机构 （二）
1—顶销；2—动模板；3—滚轮；4—侧芯

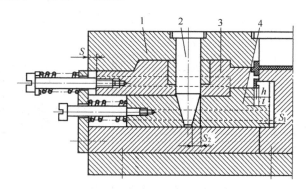

图 3-57　弹簧内、外侧同时抽芯机构
1—定模板；2—斜楔；3—外滑块；4—内滑块

三、液压侧向分型抽芯机构

液压侧向分型抽芯机构具有抽拔力大、抽拔距大、抽拔时间灵活的特点。

图 3-58 是液压侧向抽芯机构。滑块 2 设在动模边，液压缸的活塞杆通过连接器 5、拉杆 4 和滑块相连，滑块由楔紧块 3 锁紧。开模时，动定模分开，滑块 2 和楔紧块 3 脱开，然后由液压缸通过连接器、拉杆带动滑块进行抽拔。合模时，先使滑块复位，后动定模闭合，由楔紧块对滑块进行锁紧。

图 3-59 是多型芯液压侧向抽芯机构。侧芯 6 和侧芯 7 通过固定板 5 和滑块 4、螺杆 3、液压缸活塞杆连接在一起。开模前，先进行抽拔，闭模后，再使侧芯复位，由于成型时，侧芯基本不受侧压力作用，所以没有设锁紧装置。

四、手动侧向分型抽芯机构

手动侧向分型抽芯机构结构简单、模具制造成本低，但操作麻烦、生产效率低，在试制和小批量生产时，较常采用。手动侧向分型抽芯机构可分为模内手动和模外手动两类形式。

图 3-60 是手动螺杆侧向抽芯机构。开模后，滑块 2 和楔紧块 3 脱开，转动螺杆 4，从而带动滑块 2、侧芯 1 完成抽拔。合模前，转动螺杆，使滑块、侧芯复位后再合模，滑块由楔紧块 3 锁紧。

图 3-61 是手动齿轮齿条侧向抽芯机构。扳动手柄 1 使齿轮轴 2 转动，从而带动齿条 3 进行往复运动，完成侧芯 4 的抽出和复位动作。

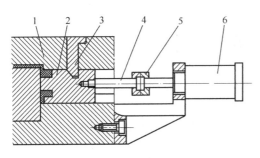

图 3-58 液压侧向抽芯机构

1—定模板；2—滑块；3—楔紧块；

4—拉杆；5—连接器；6—液压缸

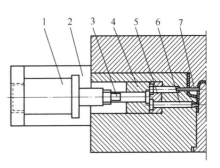

图 3-59 多型芯液压侧向抽芯机构

1—液压缸；2—支架；3—螺杆；4—滑块；

5—固定板；6,7—侧芯

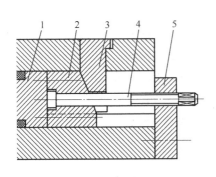

图 3-60 手动螺杆侧向抽芯机构

1—侧芯；2—滑块；3—楔紧块；4—螺杆；5—支架

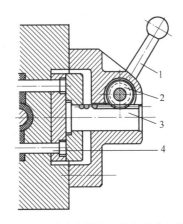

图 3-61 手动齿轮齿条侧向抽芯机构

1—手柄；2—齿轮轴；3—齿条；4—侧芯

图 3-62 是模外手动侧向分型机构。在推杆 1 端部开孔，孔中装有两块活动镶块 2，螺纹型芯 3 装于定模边。开模时，动定模分开，塑件、螺纹型芯留在动模一边，然后由推杆 1 将塑件从动模板中顶出，再由手工将塑件连同活动镶块 2、螺纹型芯 3 一同从推杆上取下，在模外将活动镶块和螺纹型芯从塑件上卸下。合模前，将螺纹型芯、活动镶块分别装入模内。

图 3-63 是侧向取件式脱模机构。将活动镶块 4 和推杆 1 固定在一起。顶出时，由推杆 2 和推杆 1 通过活动镶块 4 一同将塑件从型芯 3 上脱下，然后由手工将塑件沿侧凹方向移动一下即可取出。合模时，在复位杆作用下，推杆 1 带动活动镶块 4 自动复位。

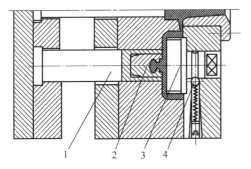

图 3-62 模外手动侧向分型机构

1—推杆；2—活动镶块；3—螺纹型芯；4—滚珠

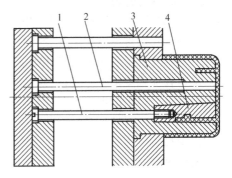

图 3-63 侧向取件式脱模机构

1,2—推杆；3—型芯；4—活动镶块

第八节 温度调节系统设计

一、概述

由于各种塑料的性能和加工工艺的不同，模具温度的要求也不同。对热固性塑料，需在模内受热交联固化，模温要求较高；而热塑性塑料，熔融物料需在模内冷却凝固定形，模温要求较低。

模具温度的高低及其波动对塑件质量，如成型收缩率、变形、尺寸稳定性、机械强度、应力开裂和表面质量等都有影响，同时也影响着塑件的产量。模温过低，熔体流动性差。增加流动剪切力，使塑件内应力增大，机械强度降低，塑件轮廓不清晰，表面不光洁，熔接痕牢度下降，甚至充不满模具型腔。模温过高，成型收缩率大，塑件易脱模变形，易引起溢料和黏模现象发生，同时延长了模塑成型周期，生产效率下降。所以，正确地设计冷却系统，就能做到优质、高产。

热塑性塑料在注射成型时，由于其性能的差异，对模具温度的要求也不同。对流动性好的塑料，如聚乙烯、聚苯乙烯、有机玻璃、聚丙烯等模温要求较低，用常温水进行冷却。对流动性差的塑料，如聚碳酸酯、聚苯醚、聚甲醛等模温要求较高，常需用热水、热油或电加热的方式对模具进行辅助加热。常见热塑性塑料的模温要求见表 3-1。

表 3-1 常用热塑性塑料注射成型模具温度

塑 料 种 类	模温/℃	塑 料 种 类	模温/℃
低压聚乙烯	60~70	聚酰胺-6	40~80
高压聚乙烯	35~55	聚酰胺-610	20~60
聚乙烯	40~60	聚酰胺-1010	40~80
聚丙烯	55~65	聚甲醛①	90~120
聚苯乙烯	30~65	聚碳酸酯①	90~120
硬聚氯乙烯	30~60	氯化聚醚①	80~110
有机玻璃	40~60	聚苯醚①	110~150
ABS	50~80	聚砜①	130~150
改性聚苯乙烯	40~60	聚三氟氯乙烯①	110~130

① 表示模具应进行加热。

二、冷却系统的设计原则

冷却系统的设计原则主要包括以下几方面。

① 冷却水孔数量尽量多、孔径尽量大。

② 冷却水孔至型腔表面距离相等。

③ 浇口处加强冷却。

④ 降低进出口水的温差。

⑤ 冷却水孔避开熔接缝。

⑥ 便于加工清理。

⑦ 密封可靠。

三、冷却系统的结构

塑料模冷却系统的结构形式取决于塑件形状、尺寸、模具结构、浇口位置、型腔表面温度分布要求等。下面介绍模具凹模和型芯的冷却。

1. 凹模的冷却

凹模常见的冷却方式如图 3-64 所示，冷却水流动阻力小，冷却水温差小，温度易控制，图 3-65 所示为外连接直流循环式冷却结构，用塑料管从外部连接，易加工，且便于检查有无堵塞现象。当凹模深度大，且为整体组合式结构时，可采用图 3-66 所示方式冷却。

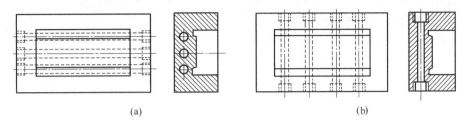

(a)   (b)

图 3-64 凹模的冷却

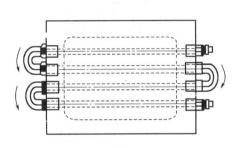

图 3-65 外连接直流循环式

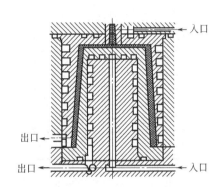

图 3-66 大型深腔模具的冷却

2. 型芯的冷却

型芯的冷却机构与型芯的结构、高度、径向尺寸大小等因素有关。图 3-67 所示结构可用于高度尺寸不大的型芯的冷却。图 3-66、图 3-68 所示结构可用于高度尺寸和径向尺寸都大的型芯的冷却。当型芯径向尺寸较小时，可采用图 3-69 所示结构冷却。当型芯径向尺寸小时，可采用图 3-70 所示结构冷却。当型芯直径很小时，可采用图 3-71 所示结构冷却。

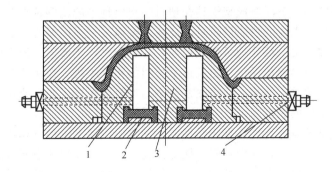

图 3-67 高度尺寸不大的型芯的冷却
1—水道；2—密封圈；3—型芯；4—水嘴

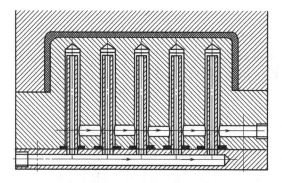

图 3-68 高度和径向尺寸较大
型芯的立管喷淋式冷却

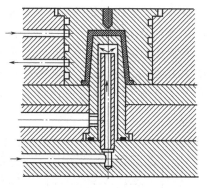

图 3-69 径向尺寸较小型
芯的立管喷淋式冷却

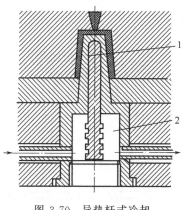

图 3-70 导热杆式冷却
1—铍铜合金；2—冷却水道

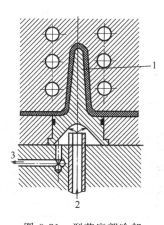

图 3-71 型芯底部冷却
1—铍铜合金型芯；2—冷却水进口；3—冷却水出口

第九节 其他注射成型模具

一、热流道注射成型模具

普通浇注系统模具在生产时会产生大量的浇注系统凝料，这些凝料在回收利用时，不仅会使人工、能源及时间成本增加，还会导致产品性能下降，所以在生产时不产生或者产生较少的浇注系统凝料的热流道注射成型模具在塑料注塑模具中的比例越来越大。和普通流道注射成型模具相比，目前主流的热流道模具的浇注系统通常是采用模块化的设计思路，将喷嘴及流道分别设计，并且每个部分均可独立控温，在装配时，热流道系统和模具其他部分采用多种隔离措施，避免模具冷却系统和热流道系统间的相互干扰。在注塑时，模具的冷却系统只对型腔中的塑料熔体进行冷却，而浇注系统中的物料则根据工艺需要保持一定的温度，在脱模时只需完成注塑件的脱模即可。

热流道注射成型模具的优点是显而易见的，和普通浇注系统模具相比，不但可以缩短注塑周期，而且可以节省塑料，降低材料及能源消耗。此外，在热流道模具成型过程中，塑料熔体温度在流道系统里得到准确地控制，工艺条件更稳定，所得产品的品质也更好，所以市场上很多高质量的注塑件均由热流道模具生产。从生产角度来看，热流道模具生产过程中不产生浇注系统凝料或者产生更少的浇注系统凝料，后续处理工序更少或更简单，也更易实现生产的自动化。

在决定是否选用热流道系统时，除了考虑上述优点带来的经济效益的增加，还应认识到热流道元件价格比较贵，热流道模具成本可能会大幅度增高，并且热流道模具需要更先进和更精密的加工机械作保证，加工及装配要求也极为严格，在使用过程中热流道的操作及维修复杂程度也大幅度增加，操作不当时极易损坏热流道零件，使生产无法进行，造成巨大的经济损失。所以在制订模具的浇注系统方案时，应综合考虑各方面的影响因素。

热流道浇注系统和普通浇注系统一样，通常也是由主流道、分流道及浇口组成，但普通浇注系统中必备的冷料穴在热流道浇注系统中由于没有前锋冷料的存在，所以不必再在热流道系统中设计。和普通浇注系统不同的是，热流道浇注系统主要由热流道板、喷嘴、温度控制器及装配过程中必备的辅助零件构成，喷嘴的主要功能类似于普通浇注系统中的主流道或浇口，而热流道板的功能则类似于普通浇注系统中的分浇道，只是热流道浇注系统中的各部分均设有加热元件及热电偶，可能根据需要进行精确的温度控制。

经过几十年的发展，热流道系统技术已经比较成熟，高水平的热流道系统研发及生产的企业也越来越多，价格差距也比较大。在选定热流道系统的方案时，可以参阅各热流道厂家的产品目录及产品说明书，咨询相关技术人员，选择合适的热流道系统方案并确定各组成部件的规格型号，在设计模具结构时根据热流道的说明书，留出相应的安装空间。

需要说明的是，稳定可靠、控制精度高的热流道温度控制箱对于充分发挥热流道系统的作用至关重要，所以在选用温控箱和连接热流道系统和温控箱时一定要仔细，尽可能避免这方面的失误而导致生产中断或产品质量事故。

二、热固性塑料注射成型模具

热固性塑料注射成型的过程和热塑性塑料类似，也是经过塑化、充模、固化三个主要阶段，但这三个阶段所完成的任务却和热塑性塑料注射成型有较大差别。在塑化阶段，物料在螺杆或柱塞式注射机中经过加热和剪切作用会发生物理及化学变化并呈稠胶状而具备流动性。在充模阶段，塑化并计量好的物料在螺杆或柱塞的推动下经过注射机的喷嘴和模具的浇注系统充模，在此过程中由于强的剪切作用，物料的温度会升高，为了防止过高的温度加速热固性塑料的固化反应，这个阶段应控制物料的温度。在固化阶段，进入型腔的物料应被加热到其固化所需的温度并迅速固化。和热塑性塑料不同，这个固化过程是不可逆的。除此之外，热固性塑料注射成型在注射机的注射成型动作、成型步骤和操作方式方面则和热塑性塑料注射成型一致，在工艺设定时可以参考热塑性塑料注射成型方面的做法与经验。

热固性塑料注射成型模具和热塑性塑料注射成型模具相比，有以下四个方面需要做出调整：首先是模具的型腔应该进行加热，以加速固化反应，缩短成型周期，提高效率；其次，模具的浇注系统要进行冷却，防止由于剪切作用导致的温度升高加速浇注系统中物料的固化而影响充模；再次，由于热固性塑料在充模阶段的黏度较低，而在固化阶段又会产生大量的气体，所以模具在设计时要尽量选用整体式的型腔及型芯设计，避免溢料，并且还要规划好模具的排气，此外，在型腔布局方面也要尽可能采用平衡式布置，尽量避免模具偏载；最后，在选定模具材料时应尽可能选用耐磨且防腐的专业模具钢，这也是因为热固性塑料在注射成型时对模具的磨损及腐蚀作用更强。

三、多色注射成型模具

近年来，随着不同领域对制品要求的提高，或者希望同一制品有更多的功能或者色彩，多色注射成型及多组分注射成型工艺被大量运用。在早期的注射成型生产企业，如果一个产品由多个部件构成，或者一个产品不同的部位有不同的材料或色彩要求，只能将各个部件注射成型后再装配。但在此过程中，需要更多的人员和设备，生产效率较低，采用多色或多组分注射成型工艺则可以在同一台设备上完成上述的注射及装配过程。显而易见的是，多色或多组分注射的过程更可控，效率更高，成本更低。

多色或多组分注射机和普通注射机的区别在于其不但有多套注射装置，其移动模板也可以通过旋转或者其他类型的运动变换安装在其上的动模部分的位置，这样就可以让安装在注射机上的模具可以同时起到注射成型和转移注塑件进入下一道工序的作用。目前市场上的多色或者多组分注塑机根据各厂家的设计理念有多种类型，在选用时可以根据注塑件的结构和色彩要求、资金状况等合理选用。

多色或多组分注射成型的本质是通过分步进行的注射成型过程，利用注塑模具的动模部分将上一注塑工序得到的注塑件作为嵌件带到下一工位并和另一定模配合进行注射成型。所以在选择不同部分的原料时也注意尽可能选用相同的或者收缩率接近、黏度接近、不同种类原料间黏合性能好的材料，这样可以保证注塑的顺利进行及产品的质量。

根据上述内容可知，多色或多组分注射成型模具由两个或两个以上的模具组成并安装于同一注射机上，在注射成型时，安装在注射机前固定板上的多色注射模具的定模部分位置不变，而安装于多色注射机动模板上的动模部分则可以跟随动模板旋转，相互交换位置并和不同的定模配合。在不同模具的动定模相互交换时，可以将注塑好的注塑件带入下一模具中，作为嵌件继续注射成型而得到多组分或者多色的注塑件。由此可见，多色或多组分注射时所用的模具和常规的注射成型模具类似，相关设计、制造原则同样适用，只是不同动定模设计及制造时均应考虑其相互间的配合要求，并且上一工序得到的注塑件也应该能可靠地跟随动模脱模并顺利进入下一道工序的指定位置。

四、气辅注射成型模具

近年来，气辅注射成型技术在我国的注塑企业也得到越来越多的应用，其本质是在注塑成型过程中利用气体代替一部分塑料熔体充模、保压，这样可以得到中空的塑料制品。气辅注射成型可以节省原料、防止缩痕、缩短冷却时间、提高生产效率。

气辅注射成型的模具结构和普通注射成型模具结构类似，相关设计原则同样适用，但由于气辅注射成型的特点，在设计气辅注射成型模具时还应该在注气方式的选择、模具型腔的流变学设计及模具的冷却系统等方面给予更多的注意。在注气方式的选择上，注气的位置和注气方式是必须慎重考虑的，注气位置应确保气体可以均匀穿透型腔，得到壁厚基本均匀的制品，而进气方式可以参考各厂家提供的注气喷嘴的使用说明，结合产品结构及模具情况合理安装选用；在产品设计或者模具型腔设计方面，应该充分考虑充气及保压过程中气体的均匀穿透，避免各种缺陷的产生；同样，为了保证气体的均匀穿透，型腔的设计固然重要，气体温度的均匀性也应该保证，所以气辅注射成型模具的温度调节系统的设计至关重要。

为了保证气辅注射成型模具设计质量，在确定模具设计方案之前，可以借助相应的模流分析软件，优化设计方案，提高效率。

第十节 注射成型模具的使用

一、注射成型模具的维护与保养

注射成型模具具有设计加工周期长、精度等级要求高、价格昂贵等特点，对产品质量有决定性的作用，并且是注塑成本的重要组成部分，所以良好的注射成型模具管理对于保证生产的正常进行、降低成本、提高效率至关重要。

根据注塑生产及注塑企业管理的特点，注射成型模具的维护保养可以分为生产前的准备性维护保养、生产过程中的日常维护保养、停机前的维护保养及模具停用期间的维护保养。以下简要介绍一下各个环节中的维护保养内容及注意事项。

准备生产前，相关人员领用模具后，在安装前应对模具进行一次维护保养，其主要内容包括清理模具表面的油污及铁锈，检查模具的冷却水孔是否畅通，水路是否工作正常，如果不畅通，通常是有异物或者生锈，应及时清理。在安装模具至注射机前，还应检查模具主流道衬套是否完好无损伤，模具尺寸和注射机相关尺寸是否匹配，动定模是否固定可靠。

在注射机上安装好模具，先进行空模运转，观察各运动部位是否动作可靠灵活，如有卡顿等不正常现象，应及时检查。重点应检查的活动部位有导柱、顶杆、滑块等，主要检查这些运动部件的磨损情况、润滑是否良好、动作是否顺畅可靠并符合注塑工艺要求。开合模检查时还应关注分型面的工作情况，模具能否顺利合模并可靠闭合到位。

在注塑生产过程中，模具要保持正常工艺温度，尽量避免温度的过度起伏，这样可以延长模具使用寿命。另外，模具维护保养人员还应每天检查导柱、导套、复位针、推杆、滑块、型芯等是否损伤，发现问题及时处理，防止损伤的扩大。此外每十二小时对运动部件添加润滑油一次，保证运动件动作灵活，防止紧涩咬死而导致的重大模具损伤事故。同样，生产过程中作业员也应随时注意检查型腔内是否清理干净，绝对不准留有残余制品或其他异物，防止锁模时压伤模具。模具中有异物需要清理时，严禁使用坚硬工具，以防碰伤型腔表面。模具型腔表面粗糙度要求较高时，在使用及维护时，应避免用手或棉丝擦拭清理模具表面，可以用压缩空气或高级脱脂棉蘸酒精清理。为了保证注塑产品的质量，还应定期清洁模具分型面和排气槽中的异物胶丝、异物、油物等，分模面、流道也应每日定时清扫。模具型腔表面腐蚀后，会逐渐变得暗淡无光而降低制品质量，也要定期维护。模具维保人员每天还应定时检查模具的水路是否畅通、各固定部位的紧固螺丝是否紧固、模具的各种行程控制部件是否工作正常。

生产临时中断，应要求作业员合上模具，避免将型腔和型芯暴露在外以防意外损伤；如果停机时间预计超过24h，应在型腔、型芯表面喷上防锈油或脱模剂，防止表面生锈。模具再次使用时，应将防锈油去除并擦干净后才可使用，有镜面要求的模具应在清洗后用压缩空气吹干，否则会在成型时渗出而使制品出现缺陷。为延长冷却水道的使用寿命，在模具停用时，应立即用压缩空气将冷却水道内的水清除，用少量机油放入水管接头部位，再用压缩空气吹，使所有冷却管道有一层防锈油层。由于模具结构的多样性，在做好上述工作的同时，切不可忽视对模具温度控制系统的维护保养。如热流道系统中加热元器件、热电偶及温度控制箱的检查及保养，液压或气动抽芯机构的保养等。

模具存放在仓库中长时间不用时，每季度应对模具进行清理维护一次，主要内容包括检查内部防锈效果，如发现生锈等异常情况，应清理后重新进行防锈处理，发现损伤部位也应及时维修，保证模具状态的完好，可随时用于生产。

二、注射成型模具的安装与调试

1. 注射成型模具的调试计划

为确保试模工作的顺利进行，在试模前应制订相应的计划，提出试模前的准备工作要求，这样可以让试模参与人员做好相应的准备及相互间的协调，保证试模工作的顺利进行，避免不必要的时间浪费，提高试模效率。

2. 模具调试前的准备

注塑模具在试模前应做好的准备工作主要包括以下几个方面。

(1) 图纸检查　试模前应先熟悉产品及模具图纸，了解试模所用的材料、产品的尺寸要求、产品的功能和外观要求；了解试模应选用的设备以及设备的技术参数是否符合模具的使用要求；还可以了解试模时所要用到的工具及附件是否齐全。

(2) 设备检查　检查所使用设备状况是否完好，设备的技术参数如定位圈的直径、喷嘴球面半径、喷嘴孔径、最小模具厚度、最大模具厚度、移模行程、拉杆间距、顶出方法等能否满足试模要求。为了提高效率，可以选用量产时的设备作为试模设备，这样可以更好地考察模具及设备间的匹配关系，为量产工作提供便利。

(3) 材料准备　根据产品要求，领用原料并做好干燥、配混工作。试模前后如要清洗料筒，根据设备的情况还应准备清洗料筒所要用到的物料。

(4) 模具检查　模具安装前，应该根据模具图纸对模具进行检查，及时发现制造方面的问题并修模。根据模具装配图可以检查模具的外形尺寸、定位圈尺寸、主流道入口的尺寸、与喷嘴相配合的主流道衬套球面尺寸以及冷却水的进口与出口、压板垫块高度、宽度等。模具的浇注系统、型腔等需要打开模具检查，当模具动模和定模分开后，应该注意方向记号，以免合错模具而导致模具压伤。

(5) 冷却水管或加热线路　模具安装前还应准备好模具冷却或者加热需要的设备、管件及管道。

(6) 工具及附件　试模前应准备好工具，以免试模过程中缺少相应的工具而造成试模效率的低下。除了常用的机械装配用工具外，还要准备的工具主要包括吊环、吊带、锁模块、垫块及压板，检查模具温度的测温计、检查模具尺寸的量具、检查制品用的工具，铜棒、铜片及砂纸等注塑过程中所要用到的工具。

3. 模具安装

(1) 吊装　模具吊装前要注意检查模具及吊具的状况，避免安全事故。模具吊装时必须注意安全，两个人要密切配合，尽量整体安装。若有侧向分型机构，在允许的情况下，滑块尽可能安排在水平位置。

(2) 紧固　利用模具定位圈将模具在注射机上定位后，先在调整状态用慢速闭模，用注射机的动模板将模具压紧，然后利用压板将模具动定模部分压紧。压板的规格应根据模具的大小选取，压紧板的调节螺钉的高度必须与动定模座板同高，保证压板能够压紧模具。检查模具平行度、垂直度，检查并调整注射机喷嘴和主流道衬套孔的同心度。

(3) 调节顶出距离和顶出次数　模具在注射机上固定后，在调整状态下慢慢开模至终点，调节顶出杆的位置至模具顶杆固定板与支撑板或动模板之间有5mm以上的间隙，以保证能够顶出制品而又不损坏模具。然后根据注塑件的情况设定顶出方式及顶出次数。对于依靠顶出力和开模力实现抽芯的模具，还应注意顶出距离和抽芯机构工作的配合，以保证动作起止、定位、行程的正确，以免发生干涉现象而导致模具损伤。

(4) 开合模参数的调节　根据塑料件及模具结构合理调整开合模工艺参数，尤其是模具保护及锁模压力参数的调整。模具保护参数的关键是选定合适的低压保护的起始点，而模具保护的终点是模具分型面间的距离为0.2～0.5mm，根据模具的尺寸和注塑时模具的温度综合考虑。在调整锁模压力时，既要防止溢料，又要保证型腔排气。对于需要加热的模具，应该在模具达到规定的温度后再调整锁模松紧度。对于全液压式合模机构，锁模的松紧度只要观察锁模压力是否在预定的工艺范围内；对于液压肘杆式合模机构，可根据锁模力的大小或经验来判别。

4. 注塑工艺参数的调整

注塑工艺参数的调整应先低后高，根据试模的情况逐步调整。

（1）料筒和喷嘴温度的设定　根据模具结构、塑料的加工特性及所观察到的塑料塑化质量确定机筒和喷嘴温度。设定的温度是否合适可以在对空注射时，用较低的注射压力将熔料从喷嘴射出，观察料流是否有硬块、气泡、银丝、变色等缺陷。若料流光滑明亮，则说明机筒和喷嘴温度比较适合。

（2）加料方式的选择　注射机加料方式有三种，可以根据物料、设备及模具情况选择合适的加料方法。对于喷嘴温度不易控制、背压较高、需要防止回流的场合可以采用前加料；对于喷嘴温度不易控制的设备及加工温度范围比较窄的结晶塑料可以采用后加料；在加工成型温度范围较广的塑料、喷嘴温度易控制时可以采用固定加料。

（3）注射量的调节　注射量主要是通过调节螺杆预塑时的行程来控制。通常注塑时所注射量一般不应超过注射机注射量的80%，但余料量也不宜过多。

（4）塑化能力调整　塑化能力可以通过调节螺杆转速、预塑背压和料筒、喷嘴温度来调整。这三者是互相联系和互相制约的，必须根据塑化要求综合调整。在设定塑化参数时，要注意塑化时间不应超过制品冷却时间，以免导致成型周期过长。螺杆转速调节的范围稍大一些，但不得超出工艺所要求的范围，并且最好选用注射机螺杆转速的最佳工作范围内的转速，以减小螺杆转速的波动，提高塑化质量。预塑背压的提高有利于排气和提高塑化质量，背压的高低由所加工的塑料性能以及有关工艺参数决定，通常在 0.5～1.5MPa 范围内变化，一般规律是对于高黏度和热稳定性差的塑料，可用较慢的螺杆转速和较低的预塑背压，而对于中低黏度和热稳定性好的塑料则可采用较快的螺杆转速和略高的预塑背压，但在提高背压时应防止熔料的流延现象。

（5）注射压力调整　注射压力的大小由制品形状、壁厚、模具结构、塑料性能等参数决定。原则上先选取较小的注射压力，待模具温度达到要求的工艺参数范围，观察充模情况，若充模不足或有其他相应的缺陷，则逐渐升高注射压力。

（6）注射速度调整　对于薄壁且成型面积大的塑件，通常采用高速注射；厚壁且成型面积小的塑件可采用低速注射。对剪切速率敏感的材料，注射速度的控制应有利于调节熔料充模并防止熔料的降解。同样，在高速和低速注射成型都能满足的情况下，尽量采用低速注射。

5. 模具调试过程

（1）试模操作方式　注射机的操作一般有手动、半自动、全自动三种方式。试模时一般采用手动方式，以便于有关工艺参数的控制和调整，一旦出现问题，可立即停止工作。

（2）压力、时间、温度调整　试模时，原则上选择低压、低温、较长时间条件下注射成型，然后按压力、时间、温度的先后顺序调整。压力变化的影响很快从制件上反映出来，所以，首先调节压力。只有当调节压力无效时，才考虑调节时间。延长时间，实质是延长物料的受热时间，提高物料的塑化效果，如果无效，可通过提高温度来解决。由于物料温度达到新的平衡要经过大约15min，不能马上从制件上反映出来，所以要耐心等待。但在提高温度时，如果没有成功经验，切忌一次调整幅度过大，以免塑料过热降解。试模时的成型周期较长，待试模正常后，用半自动或全自动操作方式测定成型周期的时间。

（3）调节模具温度及水冷却系统　模温调节对制品质量和成型周期都有大的影响。试模时就根据所加工的塑料及加工工艺条件，合理地进行调节。在保证充模和制品质量的前提下，应选取较低的模具温度，以便缩短成型周期，提高生产效率。水冷却系统用来控制模具温度、料筒及螺杆温度以及注射机液压系统的工作油温，主要通过调节水流量来达到控制温度的目的。

（4）模具维修 待工艺条件稳定后，根据注塑件的形状、尺寸、外观修改模具，使得制品达到用户要求。具体的修模方案应根据试模情况决定。

（5）再次调试 一次试模并不能解决所有问题，试模后，发现的问题经整改后还要再次试模，直到所有问题得到确认并解决。

（6）模具调试记录 试模后应该将试模过程及结果记录并存档。应记录的主要内容包括：试模所用设备的规格、型号、生产厂家；试模用塑料的规格、牌号、生产厂家；模具调试的工艺条件；模具名称及生产厂家；试模环境；试模过程纪要，如试模过程中所采用的工艺参数及其调整过程、操作过程以及试模过程中出现的问题、解决方法及措施等；试模结果，如模具是否合格或提出的返修、改进等意见；试模人员情况及试模人员签字；试模日期；模具调试制品的存放条件，如室温、湿度、时间及处理后状况；制品的表面质量及质量和尺寸是否稳定。这些原始记录的数据不但对模具调试、模具的修整有用，而且可以帮助模具调试人员详细地研究分析问题。

（7）试模结束工作 模具调试结束后应将料筒内的熔料排尽并清洗料筒，然后将设备上电源按要求顺序切断，最后关闭冷却水源，操作面板上的按钮应复位。在设备电源切断前，将模具拆下并清洗干净，涂上防锈油后入库或返修。

如果试模后分析认为模具设计不合理，需修改，则试模人员应该提出模具改进意见和建议，提交技术部门作为模具设计改进的资料。因此，模具设计人员在可能的情况下最好亲自到试模现场，参与调试，以便总结提高。

如果模具经试模确认，可以投入量产，需将模具调试的产品质量标准、原材料消耗定额、产品合格品率等报给生产部门、质量部门和与生产有关的岗位。

复习思考题

1. 试述图 3-1、图 3-2、图 3-3 所示模具的动作过程。

2. 注射模一般由哪些部分所组成？各部分起什么作用？

3. 设计注射模时，应考虑注射成型机的哪些参数尺寸？模具和这些参数尺寸之间有什么关系？

4. 什么叫成型零件？

5. 选择分型面的位置时，应注意哪些问题？

6. 设计成型零件的组合式结构时，应注意哪些问题？

7. 成型零件的制造公差（Δ_Z）、磨损公差（Δ_C）应怎样选择？

8. 什么叫塑料的收缩率和收缩率波动？

9. 一圆筒形塑件，其尺寸要求为：外径 $50_{-0.46}^{0}$，径向壁厚 4 ± 0.15，孔深 $50_{+0.46}^{0}$，底部壁厚 4 ± 0.15，塑料的收缩率为 $1.2\%\sim1.8\%$，型芯的径向尺寸和高度尺寸、凹模的径向尺寸和深度尺寸的制造公差均为 0.046，型芯、凹模径向尺寸的磨损公差均为 0.02，试求型芯的径向尺寸和高度尺寸、凹模的径向尺寸和深度尺寸（单位：mm）。

10. 主流道的设计要点有哪些？

11. 常用的冷料穴拉料杆的结构形式有哪些？

12. 常用浇口的形式有哪些？选择浇口位置时，应注意哪些问题？

13. 排气的方式有哪几种？排气槽的尺寸一般为多少？

14. 合模导向机构的作用是什么？

15. 对导柱的要求有哪些？对导套的要求有哪些？

16. 试述导柱的布置原则。

17. 对脱模结构的要求有哪些？

18. 熟悉、掌握推杆、推管、推件板脱模机构的结构。

19. 复位杆复位和弹簧复位的特点是什么？

20. 什么叫顺序分型机构？

21. 熟悉、掌握弹簧顺序分型机构和拉钩顺序分型机构的结构。

22. 什么叫侧向分型抽芯机构？什么叫机动式侧向分型抽芯机构？

23. 斜导柱侧向分型抽芯机构一般由哪些部分所组成？各部分的作用及对各部分的要求是什么？

24. 斜导柱侧向分型抽芯机构的结构形式有哪些？

25. 叙述图3-43~图3-48所示模具开合模时的动作过程。

26. 叙述带有斜滑块侧向分型抽芯机构的模具（图3-49、图3-51~图3-54）开合模时的动作过程。

27. 液压侧向分型抽芯机构的特点是什么？

28. 试述注射模冷却系统的设计原则。

29. 试比较热流道注射模和普通浇注系统模具间的异同及设计注意事项。

30. 试比较热固性塑料注射成型与热塑性塑料注射成型的区别并说明热固性塑料注射模设计注意事项。

31. 多色或多组分注射成型的工艺特点是什么？其模具设计和单组分注射模的设计有何区别？

32. 试述气辅注射成型的原理及气辅注射成型产品与模具设计注意事项。

33. 塑料注射模的维护保养项目有哪些？

34. 试述塑料注射模的安装、调试的步骤。

第四章 注射成型工艺

【学习目标】

本章主要介绍注射成型过程、注射成型工艺条件分析、常用塑料的注射成型、特种注射成型工艺、注射制品质量分析与质量管理、典型制品注射成型工艺。

通过本章学习，要求：

1. 掌握注射成型过程，能分析注射成型工艺条件；
2. 掌握常用塑料的注射成型工艺特点；
3. 了解特种注射成型工艺；
4. 能进行注射制品的质量分析；
5. 了解塑料注射成型的最新进展。

第一节 注射成型过程

一、成型前的准备工作

为了使注射成型过程顺利进行，保证产品的质量，在成型前必须做好一系列准备工作，如塑料原料的检验、塑料原料的着色、塑料原料的干燥、嵌件的预热、脱模剂的选用以及料筒的清洗等。

1. 塑料原料的检验

塑料原料的检验内容为塑料原料的种类、外观及工艺性能等。

（1）塑料原料的种类 塑料原料的种类很多，不同类型的塑料，采用的加工工艺不同；即使是同种塑料，由于规格不同，适用的加工方法及工艺也不完全相同。

（2）塑料原料的外观 塑料原料的外观包括色泽、颗粒形状、粒子大小、有无杂质等。对外观的要求是色泽均一、颗粒大小均匀、无杂质。

（3）塑料原料的工艺性能 塑料原料的工艺性能包括熔体流动速率、流变性、热性能、结晶性及收缩率等。其中，熔体流动速率是最重要的工艺性能之一。

熔体流动速率（MFR）是指塑料熔体在规定的温度和压力下，在参照时间内通过标准毛细管的质量（克），用 g/10min 表示。

熔体流动速率可用于判定热塑性塑料在熔融状态时的流动性，可用于塑料成型加工温度和压力的选择。对某一塑料原料来说，熔体流动速率大，则表示其平均分子量小、流动性好，成型时可选择较低的温度和较小的压力，但由于平均分子量低，制品的力学性能也相对偏低；反之，则表示平均分子量大、流动性差，成型加工较困难。

注射成型用塑料材料的熔体流动速率通常为 1~10g/10min，形状简单或强度要求较高的制品选较小的熔体流动速率值；而形状复杂、薄壁长流程的制品则需选较大的数值。

熔体流动速率的测定在熔体流动速率仪上进行。

2. 塑料原料的着色

塑料原料的着色方法有以下几种。

（1）染色造粒法 将着色剂和塑料原料在搅拌机内充分混合后经挤出机造粒，成为带色的塑料粒子供注射成型用。

染色造粒的优点是着色剂分散性好，无粉尘污染，易成型加工；缺点是多一道生产工序，而且塑料增加了一次受热过程。

（2）干混法着色　干混法着色是将热塑性塑料原料与分散剂、颜料均匀混合成着色颗粒后直接注射成型。

干混法着色的分散剂一般用白油，根据需要也可用松节油、酒精及一些酯类。具体的操作过程为：在高速捏合机中加入塑料原料和分散剂，混合搅拌后加入颜料；借助搅拌桨的高速旋转，使颗粒间相互摩擦而产生热量；并利用分散剂使颜料粉末牢固地黏附在塑料粒子的表面。参考配方：塑料原料 25kg，白油 20～50mL，着色剂 0.1%～5%。

干混法着色工艺简单、成本低，但有一定的污染，且需要混合设备；如果采用手工混合，则不仅增加劳动强度，而且也不宜混合均匀，影响着色质量。

（3）色母料着色法　色母料着色法是将热塑性塑料原料与色母料按一定比例混合均匀后用于注射成型。

色母料着色法操作简单、方便，着色均匀，无污染，成本比干混法着色高一些。目前，该法已被广泛使用。

塑料原料的着色过程中，着色剂的选用是关键。用于塑料原料的着色剂应具备的条件为：与树脂相容性好，分散均匀；具有一定的耐热性，能经受塑料加工温度不发生分解变色；具有良好的光和化学稳定性，耐酸、耐溶剂性良好；具有鲜明色彩和高度的着色力；在加工机械表面无黏附现象等。

3. 塑料原料的干燥

有些塑料原料，如 PA、PC、PMMA、PET、ABS、PSF、PPO 等，由于其大分子结构中含有亲水性的极性基团，因而易吸湿，使原料中含有水分。当原料中水分超过一定量后，会使制品表面出现银纹、气泡、缩孔等缺陷，严重时会引起原料降解，影响制品的外观和内在质量。因此，成型前必须对这些塑料原料进行干燥处理。常见塑料原料的干燥条件见表 4-1。

表 4-1　常见塑料原料干燥条件

塑料名称	干燥温度/℃	干燥时间/h	料层厚度/mm	含水量/%
ABS	80～85	2～4	30～40	<0.1
PA	90～100	8～12	<50	<0.1
PC	120～130	6～8	<30	<0.015
PMMA	70～80	4～6	30～40	<0.1
PET	130	5	20～30	<0.02
聚砜	110～120	4～6	<30	<0.05
聚苯醚	110～120	2～4	30～40	—

不易吸湿的塑料原料，如 PE、PP、PS、PVC、POM 等，如果储存良好、包装严密，一般可不干燥。

有些树脂本身不吸湿，但加入某种吸湿性的助剂，使整个塑料变得吸湿，这也要加以注意。

不同的树脂，对水分含量的要求是不同的，见表 4-1 中的最右边一列。

用相同的树脂，制造不同的制品时，对水分含量的要求也不一样。例如，同样用 PET 树脂，如果用于中空吹塑成型，树脂中水分含量的要求就没有用于制造成 PET 纤维时那样高。

塑料原料的干燥方法很多，有热风循环干燥、红外线加热干燥、真空加热干燥、沸腾床干燥和气流干燥等。干燥方法的选用，应视塑料的性能、生产批量和具体的干燥设备条件而定。通常，小批量用料采用热风循环干燥和红外线加热干燥；大批量用料采用沸腾床干燥和气流干燥；高温下易氧化降解的塑料，如聚酰胺，则宜采用真空干燥。

影响干燥效果的因素有三个，即干燥温度、干燥时间和料层厚度。一般情况下，干燥温度应控制在塑料的软化温度、热变形温度或玻璃化温度以下；为了缩短干燥时间，可适当提高温度，以干燥时塑料颗粒不结成团为原则，一般不超过100℃。干燥温度也不能太低，否则不易排除水分。干燥时间长，有利于提高干燥效果，但时间过长不经济；时间太短，水分含量达不到要求。干燥时料层厚度不宜大，一般为20～50mm。必须注意的是：干燥后的原料要立即使用，如果暂时不用，要密封存放，以免再吸湿；长时间不用的已干燥的树脂，使用前应重新干燥。

4. 嵌件的预热

为了装配和使用强度的要求，在塑料制品内常常需嵌入金属嵌件。注射前，金属嵌件应先放入模具内的预定位置上，成型后与塑料成为一个整体。由于金属嵌件与塑料的热性能差异很大，导致两者的收缩率不同，因此，有嵌件的塑料制品，在嵌件周围易产生裂纹，既影响制品的表面质量，也使制品的强度降低。解决上述问题的办法，除了在设计制品时应加大嵌件周围塑料的厚度外，对金属嵌件的预热也是一个有效措施。通过对金属嵌件的预热，可减小塑料熔体与嵌件间的温差，使嵌件周围的塑料熔体冷却变慢，收缩比较均匀，并产生一定的熔料补缩作用，防止嵌件周围产生较大的内应力，有利于消除制品的开裂现象。

嵌件的预热必须根据塑料的性质以及嵌件的种类、大小决定。对具有刚性分子链的塑料，如聚碳酸酯、聚苯乙烯、聚砜和聚苯醚等，由于这些塑料本身就容易产生应力开裂，因此，当制品中有嵌件时，嵌件必须预热；对具有柔性分子链的塑料且嵌件又较小时，嵌件易被熔融塑料在模内加热，因此嵌件可不预热。

嵌件的预热温度一般为110～130℃，预热温度的选定以不损伤嵌件表面的镀层为限。对表面无镀层的铝合金或铜嵌件，预热温度可提高至150℃左右。预热时间一般为几分钟。

5. 脱模剂的选用

脱模剂是使塑料制品容易从模具中脱出而喷涂在模具表面上的一种助剂。使用脱模剂后，可减少塑料制品表面与模具型腔表面间的黏结力，以便缩短成型周期，提高制品的表面质量。

常见的脱模剂主要有三种，即硬脂酸锌、白油及硅油。硬脂酸锌除聚酰胺外，一般塑料都可使用；白油作为聚酰胺的脱模剂效果较好；硅油虽然脱模效果好，但使用不方便，使用时需要配成甲苯溶液，涂在模具表面，经干燥后才能显出优良的效果。

脱模剂使用时采用两种方法：手涂和喷涂。手涂法成本低，但难以在模具表面形成规则均匀的膜层，脱模后影响制品的表观质量，尤其是透明制品，会产生表面浑浊现象；喷涂法采用雾化脱模剂，喷涂均匀，涂层薄，脱模效果好，脱模次数多（喷涂一次可脱十几模），实际生产中，应尽量选用喷涂法。

应当注意，凡要电镀或表面涂层的塑料制品，尽量不用脱模剂。

6. 料筒的清洗

生产中，当需要更换原料、调换颜色或发现塑料有分解现象时，都需要对注射成型机的料筒进行清洗。

柱塞式注射成型机的料筒清洗比较困难，原因是该类注射成型机的料筒内存料量大，柱塞又不能转动，因此，清洗时必须采取拆卸清洗或采用专用料筒。

螺杆式注射成型机的料筒清洗，通常采用换料清洗。清洗前要掌握料筒内存留料和欲换原料的热稳定性、成型温度范围和各种塑料之间的相容性等技术资料，清洗时要掌握正确的操作步骤，以便节省时间和原料。换料清洗有两种方法，即直接换料法和间接换料法，此外，还可用料筒清洗剂清洗料筒。

(1) 直接换料 若欲换原料和料筒内存留料的熔融温度相近时，可在加工温度下直接加入欲换料，进行连续对空注射，待料筒内的存留料清洗完毕后，即可进行正常生产；若欲换原料的成型温度比料筒内存留料的温度高时，则应先将料筒和喷嘴温度升高到欲换原料的最低加工温度，然后加入欲换料（也可用欲换料的回料），进行连续的对空注射，直至料筒内的存留料清洗完毕后，再调整温度进行正常生产；若欲换料的成型温度低于料筒内存留料的温度时，则应先将料筒和喷嘴温度升到使存留料处于最好的流动状态，然后切断料筒和喷嘴的加热电源，用欲换料在降温下进行清洗，待温度降至欲换料加工温度时，即可转入生产。

(2) 间接换料 若欲换料的成型温度高，而料筒内的存留料又是热敏性的，如聚氯乙烯、聚甲醛等，为防止塑料分解，应采用二步法清洗，即间接换料。具体操作过程为：先用热稳定性好的聚苯乙烯、低密度聚乙烯塑料或这类塑料的回料作为过渡清洗料，进行过渡换料清洗，然后用欲换料置换出过渡清洗料。

(3) 料筒清洗剂 由于直接换料和间接换料清洗料筒要浪费大量的塑料原料，因此，目前已广泛采用料筒清洗剂来清洗料筒。料筒清洗剂的使用方法为：首先将料筒温度升至比正常生产温度高 $10\sim20℃$，注净料筒内的存留料，然后加入清洗剂（用量为 $50\sim200g$），最后加入欲换料，用预塑的方式连续挤一段时间即可。若一次清洗不理想，可重复清洗。

二、注射成型过程

注射成型过程包括加料、塑化、注射和充模冷却几个阶段。

1. 加料

注射成型是一个间歇过程，在每个生产周期中，加入到料筒中的料量应保持一定，当操作稳定时，物料塑化均匀，最终制品性能优良。加料过多时，受热时间长，易引起物料热降解，同时使注射成型机的功率损耗增加；加料过少时，料筒内缺少传压介质，模腔中塑料熔体压力降低，补缩不能正常进行，制品易出现收缩、凹陷、空洞等缺陷。因此，注射成型机一般都采用容积计量加料：柱塞式注射成型机可通过调节料斗下面定量装置的调节螺母来控制加料量；移动螺杆式注射成型机可通过调节行程开关与加料计量柱的距离来控制。

2. 塑化

塑化是指粒状或粉状的塑料原料在料筒内经加热达到流动状态，并具有良好可塑性的过程，是注射成型的准备阶段。塑化过程要求：物料在注射前达到规定的成型温度；保证塑料熔体的温度及组分均匀，并能在规定的时间内提供足够数量的熔融物料；保证物料不分解或极少分解。由于物料的塑化质量与制品的产量及质量有直接的关系，因此加工时必须控制好物料的塑化。

影响塑化的因素较多，如塑料原料的特性、加工工艺、注射成型机的类型等。本节主要讨论注射成型机类型对塑化的影响。

(1) 柱塞式注射成型机 柱塞式注射成型机的工作过程是：用柱塞将料筒内的物料向前推送，使其通过分流梭，再经喷嘴注入模具。

柱塞式注射成型机料筒内的物料是靠料筒外部的加热而熔化，物料在料筒内的流动是由柱塞推动，呈层流流动，几乎没有混合作用。料筒内的料温以靠近料筒壁处为最高，而料筒中心处为最低，温差较大。尽管分流梭的设置改善了加热条件，使料温变均匀，并且增加了对物料的剪切力，使其黏度下降，塑化程度提高，但由于分流梭对物料的剪切作用较小，物料经过分流梭后，温差减小了，而最终料温仍低于料筒温度。另外，分流梭的设计或多或少存在滞流区和过热区，因此，柱塞式注射成型机难以满足生产大型、精密制品，以及加工热敏性高黏度塑料的要求。

（2）螺杆式注射成型机　螺杆式注射成型机的预塑过程为：螺杆在传动装置的驱动下，在料筒内转动，将从料斗中落入料筒内的物料向前输送，输送过程中，物料被逐渐压实，在料筒外加热和螺杆摩擦热作用下，物料逐渐熔融塑化，最后呈黏流状态。熔融态的物料不断被推到螺杆头部与喷嘴之间，并建立起一定的压力，即预塑背压。由于螺杆头部熔体的压力作用，使螺杆在旋转的同时逐步后退，当积存的熔体达到一次注射量时，螺杆转动停止，预塑阶段结束，准备注射。

螺杆式注射成型机料筒内的物料除靠料筒外加热外，由于螺杆的混合和剪切作用提供了大量的摩擦热，还能加速外加热的传递，从而使物料温升很快。如果剪切作用强烈时，到达喷嘴前，料温可升至接近甚至超过料筒温度。

3. 注射

注射是指用柱塞或螺杆，将具有流动性、温度均匀、组分均匀的熔体通过推挤注入模具的过程。注射过程时间虽短，但熔体的变化较大，这些变化对制品的质量有重要影响。

塑料在柱塞式注射成型机中受热、受压时，首先将粒状物料挤压成柱状固体，然后在受热过程中，物料逐渐变成半固体，最后成为熔体，物料的熔化过程缓慢。注射时，注射压力很大一部分要消耗在物料从压实到熔化的过程中。尽管增大料筒直径能减少注射压力损失，但塑化质量大大下降。因此，柱塞式注射成型机的注射压力损失大，注射速率低。

在螺杆式注射成型机中，物料在固体输送段已经形成固体塞，阻力较小，到计量段物料已经熔化。因此，螺杆式注射成型机的注射压力损失小，注射速率高。

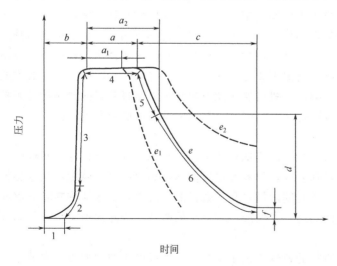

图 4-1　充模过程中的压力变化

a—熔体受压保持时间（保压时间）；b—柱塞或螺杆前移时间；c—熔体倒流和冷却时间；d—浇口凝封压力；e,e₁,e₂—压力曲线；f—开模时的残余压力
1—熔体开始进入模腔的时间；2—熔体填充模腔的时间；
3—熔体被压实的时间；4—保压时间；5—熔体倒流时间；6—浇口凝固后到脱模前熔体继续冷却时间

4. 充模冷却过程

充模与冷却过程是指塑料熔体从注入模腔开始，经型腔充满、熔体在控制条件下冷却定型、直到制品从模腔中脱出为止的过程。

无论采用何种形式的注射成型机，塑料熔体进入模腔内的流动情况都可分为充模、压实、倒流和浇口冻结后的冷却四个阶段。在这连续的四个阶段中，模腔压力的变化如图 4-1 所示。现以图 4-1 中 e 曲线为例，分析塑料熔体进入模腔后的压力变化。

（1）充模阶段　该阶段是从柱塞或螺杆预塑后的位置开始向前移动起，直至塑料熔体充满模腔为止，时间为曲线 e 上曲线 1、曲线 2、曲线 3 三段时间之和。充模时间范围一般为几秒至十几秒。

充模阶段开始时，模腔内没有压力，如曲线 1；随着物料不断充满，压力逐渐建立起来，如曲线 2；待模腔充满对塑料压实时，压力迅速上升而达到最大值，如曲线 3。

充模时间与注射压力有关。充模时间长，也即慢速充模，先进入模内的熔体，受到较多的冷却而黏度增大，后面的熔体就要在较高的压力下才能入模，因此，模内物料受到的剪切应力大、分子定向程度高。如果定向的分子被冻结后，会使制品产生各向异性，这种制品在使用过程中会出现裂纹。另外，充模时间长，制品的热稳定性也较低。充模时间短，也即快速充模，塑料熔体通过喷嘴及浇注系统时，将产生较高的摩擦热而使料温升高，这样有利于减少分子定向程度，提高制品的熔接强度。但充模速度过快时，嵌件后部的熔接反而不好，使制品强度下降。另外，充模过快也易裹入空气，使制品出现气泡，并且使热敏性塑料因料温过高而发生分解。

（2）压实阶段（保压阶段） 压实阶段也称保压阶段，该阶段从熔体充满模腔时起至柱塞或螺杆后退前止，时间为曲线 4。压实阶段时间范围为几秒、几十秒甚至几分钟。

在这段时间内，塑料熔体因冷却而产生收缩，但由于塑料熔体仍处于柱塞或螺杆的稳压下，料筒内的熔料会继续向模腔内流入，以补充因收缩而留出的空隙。如果柱塞或螺杆保持压力不变，也即随着熔料入模的同时向前作少许移动，则在此段中模内压力维持不变。

压实阶段的压力可以维持原来的注射压力，也可低于或高于原来的注射压力。提高压实阶段的压力，延长压实时间，有利于提高制品密度、减少收缩、克服制品表面缺陷。但由于此时塑料还在流动，温度逐渐下降过程中，定向的分子易被冻结，故该阶段是注射成型制品中大分子定向形成的主要阶段。而且，保压时间越长，浇口凝封压力越大，分子定向程度也越高。

（3）倒流阶段 该阶段是从柱塞或螺杆后退时开始到浇口处熔料冻结为止，时间为曲线 5。倒流阶段时间范围为 0 到几秒。由于此时模腔内的压力比流道压力高，因此会发生熔体倒流，从而使模腔内的压力迅速下降（曲线 e_1 是倒流严重的情况）。如果柱塞或螺杆后退时，浇口处熔料已凝封或喷嘴中装有止逆阀，则倒流阶段就不会出现。实际工业生产中不希望出现倒流阶段，正常生产中也不会出倒流阶段（如曲线 e_2）。因此，在注射成型过程中，倒流阶段是可避免的。

一般情况下，保压时间长、凝封压力高，则倒流少、制品的收缩率低。

（4）浇口冻结后的冷却阶段 该阶段是从浇口凝封时起到制品从模腔中顶出时止，如曲线 6。该阶段的时间范围为几秒、几十秒甚至几分钟。

模内塑料在该阶段内主要是继续进行冷却，以使制品在脱模时具有足够的刚性而不致发生扭曲变形。在此阶段，可以不考虑分子取向问题。

在冷却阶段必须注意模内压力和冷却速率。

① 模内压力 制品脱模时的模内压力不一定等于外界压力，它们之间的差值称为残余压力。残余压力的大小与压实阶段的时间长短及凝封压力的高低有密切关系。保压时间长、凝封压力高，残余压力也大。当残余压力为正值时，脱模较困难，制品易被刮伤或发生断裂；当残余压力为负值时，制品表面易产生凹陷或内部有真空泡；只有当残余压力接近零时，制品脱模才比较顺利。

② 冷却速率 塑料熔体自进入模腔后即被冷却，直至脱模时为止。如果冷却过急或模具与塑料熔体接触的各部分温度不均，则会由于冷却不均而导致收缩不均匀，使制品中产生内应力。但冷却速率慢，则会延长生产周期、降低生产效率，而且会造成复杂制品脱模困难。

三、制品的后处理

注射制品经脱模或进行机械加工、修饰之后，为改善和提高制品的性能，通常需要进行适当的后处理。注射制品的后处理，主要是指热处理（退火）和调湿处理。

1. 热处理（退火）

由于塑料在料筒内塑化不均匀或在模腔内冷却速率不一致，常常会产生不均匀的结晶、取向和收缩，使制品存在内应力，尤其是厚壁及带有嵌件的制品。内应力的存在，使制品在储存和使用过程中，发生力学性能下降、光学性能变坏、制品表面出现银纹、甚至变形开裂。在实际生产中，解决这个问题的最好方法就是对制品进行热处理，也称退火。

所谓热处理，就是将制品在一定温度的液体介质（如水、矿物油、甘油、乙二醇和液体石蜡等）或热空气（如循环热风干燥室、干燥箱等）中静置一段时间，然后缓慢冷却到室温的过程。

热处理的实质是：①使强迫冻结的分子链得到松弛，取向的大分子链段转向无规位置，从而消除这一部分的内应力；②提高结晶度，稳定结晶构型，从而提高结晶塑料制品的硬度、弹性模量。

凡所用塑料的分子链刚性较大、壁厚较大、带有金属嵌件、使用温度范围较宽、尺寸精度要求较高、内应力较大又不易自行消失的制品，均须进行热处理；而分子链柔性较大、产生的内应力能缓慢自行消失（如聚甲醛等）或制品的使用要求不高时，可不必进行热处理。

热处理的温度一般控制在制品使用温度以上 $10 \sim 20 \, ℃$ 或低于塑料热变形温度 $10 \sim 20 \, ℃$，因为温度过高会使制品产生翘曲或变形，温度太低又达不到热处理目的。

退火处理的一般规律是：低温长时间，高温短时间。热处理时间的长短，应以消除内应力为原则。热处理后的制品，应缓慢冷却（尤其是厚壁制品）到室温，冷却太快，有可能重新产生内应力。对热处理介质的要求是：适当的加热温度范围，一定的热稳定性，与被处理物不反应，不燃烧、不放出有毒的烟雾。常用热塑性塑料的热处理条件可参见表 4-2。

表 4-2　常用热塑性塑料热处理条件

塑料名称	热处理温度/℃	时间/h	热处理方法
ABS	70	4	烘箱
聚碳酸酯	$110 \sim 135$	$4 \sim 8$	红外灯、烘箱
	$100 \sim 110$	$8 \sim 12$	
聚甲醛	$140 \sim 145$	4	红外线加热、烘箱
聚酰胺-66	$100 \sim 110$	4	油、盐水
聚甲基丙烯酸甲酯	70	4	红外线加热、烘箱
聚砜	$110 \sim 130$	$4 \sim 8$	红外线加热、甘油、烘箱
聚对苯二甲酸丁二醇酯	120	$1 \sim 2$	烘箱

2. 调湿处理

聚酰胺类塑料制品，在高温下与空气接触时，常会氧化变色，此外，在空气中使用和储存时，又易吸收水分而膨胀，需要经过很长时间后才能得到稳定的尺寸。因此，如果将刚脱模的制品放在热水中进行处理，不仅可隔绝空气，防止制品氧化变色，而且可以加快制品吸湿，达到吸湿平衡，使制品尺寸稳定，该方法就称为调湿处理。调湿处理时适量的水分还能对聚酰胺起类似增塑作用，从而增加制品的韧性和柔软性，使冲击强度、拉伸强度等力学性能有所提高。

调湿处理的时间与温度，由聚酰胺塑料的品种、制品的形状、厚度及结晶度的大小而定。调湿介质除水外，还可选用醋酸钾溶液（沸点为 $120 \, ℃$ 左右）或油。

第二节　注射成型工艺参数分析

对于一定的塑料制品，当选择了适当的塑料原料、成型方法和成型设备，设计了合理的模具结构后，在生产中，工艺条件的选择和控制就是保证成型顺利和提高制品质量的关键。

注射成型最重要的工艺参数是影响塑化流动和注射冷却的温度、压力和相应的各个作用时间。

一、温度

注射成型过程中需要控制的温度有料筒温度、喷嘴温度、模具温度和油温等。

1. 料筒温度

料筒温度是指料筒表面的加热温度。料筒分三段加热，温度从料斗到喷嘴前依次由低到高，使塑料材料逐步熔融、塑化。第一段是靠近料斗处的固体输送段，温度要低一些，料斗座还需用冷却水冷却，以防止物料"架桥"并保证较高的固体输送效率；第二段为压缩段，是物料处于压缩状态并逐渐熔融，该段温度设定一般比所用塑料的熔点或黏流温度高出20～25℃；第三段为计量段，物料在该段处于全熔融状态，在预塑终止后形成计量室，储存塑化好的物料，该段温度设定一般要比第二段高出20～25℃，以保证物料处于熔融状态。

料筒温度的设定与所加工塑料的特性有关。

对于无定形塑料，料筒第三段温度应高于塑料的黏流温度 T_f；对于结晶型塑料，应高于塑料材料的熔点 T_m，但都必须低于塑料的分解温度 T_d。通常，对于 $T_f \sim T_d$ 的范围较窄的塑料，料筒温度应偏低些，比 T_f 稍高即可；而对于 $T_f \sim T_d$ 的范围较宽的塑料，料筒温度可适当高些，即比 T_f 高得多一些。如 PVC 塑料，受热后易分解，因此料筒温度设定低一些；而 PS 塑料的 $T_f \sim T_d$ 范围较宽，料筒温度应可以相应设定得高些。

对热敏性塑料，如 PVC、POM 等，虽然料筒温度控制较低，但如果物料在高温下停留时间过长，同样会发生分解。因此，加工该类塑料时，除严格控制料筒的最高温度外，对塑料在料筒中的停留时间也应有所限制。

同一种塑料，由于生产厂家不同、牌号不一样，其流动温度及分解温度也有差别。一般情况下，平均分子量高、分子量分布窄的塑料，熔体的黏度都偏高，流动性也较差，加工时，料筒温度应适当提高；反之则降低。

塑料添加剂的存在对成型温度也有影响。若添加剂为玻璃纤维或无机填料时，由于熔体流动性变差，因此，要随添加剂用量的增加，相应提高料筒温度；若添加剂为增塑剂或软化剂时，料筒温度可适当低些。

同种塑料选择不同类型的注射成型机进行加工时，料筒温度设定也不同。若选用柱塞式注射成型机，由于塑料是靠料筒壁及分流梭表面传热，传热效率低，且不均匀，为提高塑料熔体的流动性，必须适当提高料筒温度；若选用螺杆式注射成型机，由于预塑时螺杆的转动产生较大的剪切摩擦热，而且料筒内的料层薄，传热容易，因此，料筒温度应低些，一般比柱塞式注射成型机的料筒温度低 10～20℃。

由于薄壁制品的模腔较狭窄，熔体注入时阻力大、冷却快，因此，为保证能顺利充模，料筒温度应高些；而注射厚制品时，则可低一些。另外，形状复杂或带有金属嵌件的制品，由于充模流程曲折、充模时间较长，此时，料筒温度也应设定高些。

料筒温度的选择对制品的性能有直接影响：料筒温度提高后，制品的表面光洁程度、冲击强度及成型时熔体的流动长度提高了，而注射压力降低，制品的收缩率、取向度及内应力减少。由此可见，提高料筒温度，有利于改善制品质量。因此，在允许的情况下，可适当提高料筒温度。

2. 喷嘴温度

喷嘴具有加速熔体流动、调整熔体温度和使物料均化的作用。在注射过程中，喷嘴与模具直接接触，由于喷嘴本身热惯性很小，与较低温度的模具接触后，会使喷嘴温度很快下降，导致熔料在喷嘴处冷凝而堵塞喷嘴孔或模具的浇注系统，而且冷凝料注入模具后也会影响制品的表面质量及性能，所以，喷嘴温度需要控制。

喷嘴温度通常要略低于料筒的最高温度。一方面，这是为了防止熔体产生流延现象；另一方面，由于塑料熔体在通过喷嘴时，产生的摩擦热使熔体的实际温度高于喷嘴温度，若喷嘴温度控制过高，还会使塑料发生分解，反而影响制品的质量。

料筒温度和喷嘴温度的设定还与注射成型中的其他工艺参数有关。例如，当注射压力较低时，为保证物料的流动，应适当提高料筒和喷嘴的温度；反之，则应降低料筒和喷嘴的温度。在注射成型前，一般要通过"对空注射法"和制品的"直观分析法"来调整成型工艺参数，确定最佳的料筒和喷嘴的温度。

3. 模具温度

模具温度是指与制品接触的模腔表面温度。它对制品的外观质量和内在性能影响很大。

模具温度通常是靠通入定温的冷却介质来控制的，有时也靠熔体注入模腔后，自然升温和散热达到平衡而保持一定的模温，特殊情况下，还可采用电热丝或电热棒对模具加热来控制模温。不管采用何种方法使模温恒定，对热塑性塑料熔体来说都是冷却过程，因为模具温度的恒定值低于塑料的 T_g 或低于热变形温度（工业上常用），只有这样，才能使塑料定型并有利于脱模。

模具温度的高低主要取决于塑料特性（是否结晶）、制品的结构与尺寸、制品的性能要求及其他工艺参数（如熔体的温度、注射压力、注射速率、成型周期等）。

无定形塑料熔体注入模腔后，随着温度不断降低而固化，在冷却过程中不发生相的转变。这时，模温主要影响熔体的黏度，即充模速率。通常在保证充模顺利的情况下，尽量采用低模温，因为低模温可以缩短冷却时间，从而提高生产效率。对于熔体黏度较低的塑料（如 PS），由于其流动性好，易充模，因此加工时可采用低模温；而对于熔体黏度较高的塑料（如 PC、聚苯醚、聚砜等），模温应高些。提高模温可以调整制品的冷却速率，使制品缓慢、均匀冷却，应力得到充分松弛，防止制品因温差过大而产生凹痕、内应力和裂纹等缺陷。

结晶型塑料注入模腔后，模具温度直接影响塑料的结晶度和结晶构型。模温高，冷却速率慢、结晶速率快，制品的硬度大、刚性高，但却延长了成型周期，并使制品的收缩率增大；模温低，则冷却速率快、结晶速率慢、结晶度低，制品的韧性提高。但是，低模温下成型的结晶型塑料，当其 T_g 较低时，会出现后期结晶，使制品产生后收缩和性能变化。当制品为厚壁时，内外冷却速率应尽可能一致，以防止因内外温差造成内应力及其他缺陷（如凹痕、空隙等），此时，模温要相应高些；此外，大面积或流动阻力大的薄壁制品，也需要维持较高的模温。常用塑料的模温见表 4-3。

模具温度的选择与设定对制品的性能有很大的影响。适当提高模具温度，可增加熔体流动长度，提高制品表面光洁程度、结晶度和密度，减小内应力和充模压力；但由于冷却时间延长，生产效率降低，制品的收缩率增大。

表 4-3　常用塑料模温参考值

塑 料 名 称	模具温度/℃	塑 料 名 称	模具温度/℃
ABS	60～70	PA-6	40～110
PC	90～110	PA-66	120
POM	90～120	PA-1010	110
聚砜	130～150	PBT	70～80
聚苯醚	110～130	PMMA	65
聚三氟氯乙烯	110～130		

4. 油温

油温是指液压系统的压力油温度。油温的变化影响注射工艺参数，如注射压力、注射速率等的稳定性。

当油温升高时，液压油的黏度降低，增加了油的泄漏量，导致液压系统压力和流量的波动，使注射压力和注射速率降低，影响制品的质量和生产效率。因此，在调整注射成型工艺参数时，应注意到油温的变化。正常的油温应保持在 30～50℃。

二、压力

1. 塑化压力（背压）

螺杆头部熔料在螺杆转动后退时所受到的压力称塑化压力或背压，其大小可通过液压系统中的溢流阀来调节。预塑时，只有螺杆头部的熔体压力，克服了螺杆后退时的系统阻力后，螺杆才能后退。

塑化压力的大小与塑化质量、驱动功率、反流和漏流以及塑化能力等有关。

塑化压力对熔体温度影响是非常明显的。对不同物料，在一定工艺参数下，温升随塑化压力的增加而提高。原因是塑化压力增加了熔体内压力，加强了剪切效果，产生剪切热，使大分子热能增加，从而提高了熔体的温度。

塑化压力提高有助于螺槽中物料的密实，驱赶走物料中的气体。塑化压力的增加使系统阻力加大，螺杆退回速度减慢，延长了物料在螺杆中的热历程，塑化质量也得到改善。但是过大的塑化压力会增加计量段螺杆熔体的反流和漏流，降低了熔体输送能力，减少了塑化量，而且增加功率消耗；过高塑化压力会使剪切热过高或剪切应力过大，使高分子物料发生降解而严重影响到制品质量。

注射热敏性塑料，如 PVC、POM 等，塑化压力提高，熔体温度升高，制品表面质量较好，但有可能引起制品变色、性能变劣、造成降解；注射熔体黏度较高的塑料，如 PC、PSF、PPO 等，塑化压力太高，易引起动力过载；注射熔体黏度特别低的塑料，如 PA 等，塑化压力太高，一方面易流延，另一方面塑化能力大大下降。以上情况，塑化压力选择都不宜太高。

一些热稳定性比较好、熔体黏度适中的塑料，如 PE、PP、PS 等，塑化压力可选择高些。通常情况下，塑化压力不超过 2MPa。

塑化压力高低还与喷嘴种类、加料方式有关。选用直通式（即敞开式）喷嘴或后加料方式，塑化压力应低，防止因塑化压力提高而造成流延；自锁式喷嘴或前加料、固定加料方式，塑化压力可稍微提高。

2. 注射压力

注射压力的作用是克服塑料熔体从料筒流向模具型腔的流动阻力，给予熔体一定的充模速率及对熔体进行压实、补缩。这些作用不仅与制品的质量、产量有密切联系，而且还受塑料品种、注射成型机类型、制品和模具的结构及其他工艺参数等的影响。下面就注射压力的几方面作用，介绍注射成型过程中注射压力的设定。

（1）流动阻力　注射时要克服的流动阻力，主要来自两个方面：首先是流道，一般情况下，流道长且几何形状复杂时，熔体流动阻力大，需要采用较高的注射压力才能保证熔体顺利充模；其次是塑料的摩擦系数和熔体的黏度，因为润滑性差的物料，摩擦系数高，大分子中分子间作用力大的熔体黏度高，此时，流动阻力也较大，同样需要较高的注射压力。如果各项条件都相同，柱塞式注射成型机所用的注射压力比螺杆式的大，原因是塑料在柱塞式注射成型机料筒内的压力损失大。

（2）充模速率　注射压力在一定程度上决定了塑料的充模速率，并影响制品的质量。在充模阶段，当注射压力较低时，塑料熔体呈铺展流动，流速平稳、缓慢，但延长了注射时间，制品易产生熔接痕、密度不匀等缺陷；当注射压力较高、而浇口又偏小时，熔体为喷射式流动，这样易将空气带入制品中，形成气泡、银纹等缺陷，严重时还会灼伤制品。

适当提高充模阶段的注射压力，可提高充模速率、增加熔体的流动长度和制品的熔接痕强度，制品密实、收缩率下降，但制品易取向，内应力增加。如图 4-2 所示。

（3）注射压力与塑料温度的组合　在注射过程中，注射压力与塑料温度是相互制约的。料温高时，注射压力减小；反之，所需注射压力增大。以料温和注射压力为坐标绘制的成型面积图（图 4-3），能正确反映注射成型的适宜条件。

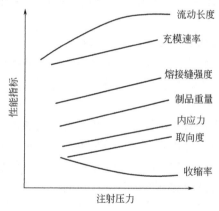

图 4-2　注射压力与制品性能关系

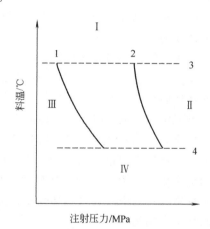

图 4-3　注射成型面积图
1—缺料线；2—溢料线；3—分解线；4—塑化不良线
Ⅰ—着色焦化区；Ⅱ—溢料变形区；
Ⅲ—充模不足区；Ⅳ—成型困难区

如图 4-3 所示，在成型区域中，适当的温度与压力的组合都能获得满意的结果，而在这区域以外的温度与压力的组合，都会给成型带来困难或给制品造成各种缺陷。

总之，注射压力的选择与设定，是因塑料品种、制品形状等的不同而异，还要服从于注射成型机所能允许的压力。一般情况下，注射压力的选择范围见表 4-4。

表 4-4　注射压力选择范围参考数据

制品形状要求	注射压力/MPa	适用塑料品种
熔体黏度较低、精度一般、流动性好、形状简单	70～100	PE、PS 等
中等黏度、精度有要求、形状复杂	100～140	PP、ABS、PC 等
黏度高、薄壁长流程、精度高且形状复杂	140～180	聚砜、聚苯醚、PMMA 等
优质、精密、微型	180～250	工程塑料

3. 保压压力

保压是指在模腔充满后，对模内熔体进行压实、补缩的过程。处于该阶段的注射压力称为保压压力。

实际生产中，保压压力的设定可与注射压力相等，一般稍低于注射压力。当保压压力较高时，制品的收缩率减小，表面光洁程度、密度增加，熔接痕强度提高，制品尺寸稳定。缺点是脱模时制品中的残余应力较大，易产生溢边。

三、时间（成型周期）

完成一次注射模塑过程所需要的时间称成型周期。成型周期具体分类见图4-4。

$$
\text{成型周期} \begin{cases} \text{注射时间} \begin{cases} \text{充模时间——柱塞或螺杆前进的时间} \\ \text{保压时间——柱塞或螺杆停留在前进位置的时间} \\ \text{模内冷却时间——柱塞后撤或螺杆旋转后退的冷却时间} \end{cases} \Big\} \text{总冷却时间} \\ \text{其他时间——开模、脱模、喷涂脱模剂、安放嵌件和闭模等时间} \end{cases}
$$

图 4-4　成型周期的具体分类

由于成型周期直接影响到劳动生产率和设备利用率，因此，生产中应在保证制品质量的前提下，尽量缩短成型周期中各有关时间。

在整个成型周期中，以注射时间和模内冷却时间的设定最重要，它们对制品的质量起决定性作用。

1. 充模时间

注射时间中的充模时间越短，则注射速率越快。高速注射可以减少模腔内的熔体温差，改善压力传递效果，可得到密度均匀、内应力小的精密制品；高速注射可采用低温模塑，缩短成型周期，特别是在成型薄壁、长流程制品、玻璃纤维增强制品及低发泡制品时能获得较优良的制品。但是，注射速率过高，熔体流经喷嘴浇口等处时，易产生大量的摩擦热，导致物料烧焦以及吸入气体和排气不良等现象，影响到制品的表面质量，产生银纹、气泡。同时，高速注射也不易保证注射与保压压力稳定地撤换，会因过填充而使制品出现溢边。因此，注射速率应根据使用的树脂和加工制品的特点、工艺要求、浇口设计及模具的冷却情况等进行选择。此时，熔体的密度高、温差小，有利于提高制品的精度，但制品上易产生溢边、银纹、气泡等缺陷。通常情况下，充模时间为3～5s。

2. 保压时间

保压时间就是对型腔内塑料的压实、补缩时间，在整个注射时间内所占的比例较大，一般为20～120s，特别厚的制品可高达3～5min；而形状简单的制品，保压时间也可很短，如几秒钟。在浇口处熔体冻结之前，保压时间的长短对制品的质量有较大影响。若保压时间短，则制品的密度低、尺寸偏小、易出现缩孔；而保压时间长，则制品的内应力大、强度低、脱模困难。此外，保压时间还与料温、模温、主流道及浇口尺寸等有关。

3. 冷却时间

冷却时间的设定主要取决于制品的厚度、塑料的热性能和结晶性以及模具温度等，以保证制品脱模时不变形为原则。一般来说，T_g 高且具有结晶性的塑料，冷却时间较短；反之，则应长些。如果冷却时间过长，不仅会降低生产效率，而且会使复杂制品脱模困难，强行脱模时将产生较大的脱模应力，严重时可能损坏制品。

4. 其他时间

成型周期中的其他时间则与生产过程是否连续化和自动化、操作者的熟练程度等有关。

四、其他工艺参数

1. 注射量

注射量是指在对空注射条件下，注射螺杆或柱塞作一次最大注射行程时，注射成型系统所能达到的最大注出量。螺杆或柱塞的推进容积又称理论注射容积，与注射螺杆直径 D 和注射行程有关。有关计算见第二章第二节。

在注射量选择时，一方面必须充分地满足制品及其浇注系统的总用料量；另一方面必须小于注射成型机的理论注射容积。所以，注射成型机不可用来加工小于注射量 10% 或超过注射量 70% 的制品。

对已选定的注射成型机来说，注射量是由注射行程控制的。

2. 计量行程（预塑行程）

每次注射程序终止后，螺杆是处在料筒的最前端，当预塑程序开始时，螺杆开始旋转，物料被输送到螺杆头部，螺杆在物料的反压力作用下后退，直至碰到限位开关为止，该过程称计量过程或预塑过程，螺杆后退的距离称计量行程或预塑行程。因此，物料在螺杆头部所占有的容积就是螺杆后退所形成的计量容积，即注射容积，其计量行程就是注射行程。

注射量的大小与计量行程的精度有关。如果计量行程调节太小会造成注射量不足，反之则会使料筒每次注射后的余料太多，使熔体温度不均或过热分解，计量行程的重复精度会影响注射量。

3. 余料量（缓冲垫）

余料量是指每次注射后料筒内剩余的物料量。设置余料量的目的有两个：第一，可防止螺杆头部和喷嘴接触发生机械碰撞事故；第二，可控制注射量的重复精度，使注射制品质量稳定。如果余料量过少，则达不到缓冲的目的，而过大会使余料累积过多。

4. 防延量（松退、倒缩）

通常螺杆计量（预塑）到位后，再后退一段距离，使计量室中熔体的比容增加，内压下降，防止熔体通过喷嘴或间隙从计量室向外流出。这个后退动作称防流延，后退的距离称防延量或防流延行程。防流延还有另外一个目的，就是在固定加料的情况下，降低喷嘴流道系统的压力，减少内应力，并在开模时容易抽出料杆。防延量的设置要视塑料的黏度和制品的情况而定，过大的防延量会使计量室中的熔料夹杂气泡，严重影响制品质量，对黏度大的物料可不设防延量。

5. 螺杆转速

螺杆转速与物料在螺杆中输送和塑化的热历程和剪切效应有关。随螺杆转速的提高，塑化能力提高、熔体温度及熔体温度的均匀性提高，塑化作用有所下降。

对热敏性塑料（如 PVC、POM 等），应采用低螺杆转速，以防物料分解；对熔体黏度较高的塑料，也应采用低螺杆转速，以防动力过载。

第三节　多级注射成型工艺

多级注射成型是指在注射成型过程中，当螺杆向模腔内推进熔体时，要求实现在不同位置有不同的注射压力和注射速度等工艺参数的控制。

注射成型工艺参数的控制大致有注射速度控制、注射压力控制、螺杆的背压和转速控制、开合模控制等。实现工艺过程控制的目的是提高制品质量，使机器的效能得到最大限度的发挥。

一、多级注射成型工艺分析

1. 注射速度控制

注射速度的程序控制是将螺杆的注射行程分为 3~4 个阶段，在每个阶段中分别使用各自适合的注射速度。例如，在熔融塑料刚开始通过浇口时，减慢注射速度，在充模过程中采用高速注射，在充模结束时减速。采用这样的方法，可以防止溢料，消除流痕和减少制品的残余应力等。

低速充模时流速平稳，制品尺寸比较稳定，波动较小，制品内应力低且内外各向应力趋于一致（例如将某聚碳酸酯制件浸入四氯化碳中，用高速注射成型的制件有开裂倾向，低速的不开裂）。在较为缓慢的充模条件下，料流的温差，特别是浇口前后料的温差大，有助于避免缩孔和凹陷的发生。但由于充模时间延续较长容易使制品出现分层和结合不良的熔接痕，不但影响外观，而且使机械强度大大降低。

高速注射时，料流速度快，当高速充模顺利时，熔体能很快充满型腔，料温下降得少，黏度下降得也少，可以采用较低的注射压力，是一种热料充模态势。高速充模能改进制品的光泽度和平滑度，消除了接缝线及分层现象，收缩凹陷小，颜色均匀一致，对制品较大部分能保证丰满。但容易产生制品发胖起泡或制件发黄，甚至烧伤变焦，或造成脱模困难，或出现充模不均的现象。对于高黏度塑料有可能导致熔体破裂，使制件表面产生云雾斑。

下列情况可考虑采用高速高压注射：①塑料黏度高，冷却速率快，长流程制品采用低压慢速不能完全充满型腔各个角落的；②壁厚太薄的制品，熔体到达薄壁处易冷凝而滞留，必须采用一次高速注射，在熔体能量大量消耗以前立即进入型腔的；③用玻璃纤维增强的塑料，或含有较大量填充材料的塑料，因流动性差，为了得到表面光滑而均匀的制品，必须采用高速高压注射的。

对高级精密制品、厚壁制件、壁厚变化大的和具有较厚突缘和筋的制件，最好采用多级注射，如二级、三级、四级甚至五级。

2. 注射压力控制

注射压力在一定程度上决定了塑料的充模速度，在充模阶段，当注射压力较低时，塑料熔体呈铺展流动，流速平稳、缓慢，但延长了注射时间，制品易产生熔接痕、密度不均等缺陷；当注射压力较高、而浇口又偏小时，熔体为喷射式流动，这样易将空气带入制品中，形成气泡、银纹等缺陷，严重时还会灼伤制品。通常将注射压力的控制分成一次注射压力、二次注射压力或三次以上的注射压力的控制。压力切换时机是否适当，对于防止模内压力过高、防止溢料或缺料等都是非常重要的。

注射成型制品的比体积取决于保压阶段浇口封闭时的熔料压力和温度。如果每次从保压切换到制品冷却阶段的压力和温度一致，那么制品的比容就不会发生改变。在恒定的模塑温度下，决定制品尺寸的最重要参数是保压压力，影响制品尺寸公差的最重要的变量是保压压力和温度。例如，在充模结束后，保压压力立即降低，当表层形成一定厚度时，保压压力再上升，这样可以采用低合模力成型厚壁的大制品，消除塌坑和飞边。

保压压力及速度通常是塑料充填模腔时最高压力及速度的 50%~65%，即保压压力比注射压力大约低 0.6~0.8MPa。由于保压压力比注射压力低，在可观的保压时间内，油泵的负荷低，固油泵的使用寿命得以延长，同时油泵电机的耗电量也降低了。

三级压力注射既能使制件顺利充模，又不会出现熔接线、凹陷、飞边和翘曲变形。对于薄壁制品、多头小件、长流程大型制件的模塑，甚至型腔配置不太均衡及合模不太紧密的制件的模塑都有好处。

3．预塑背压控制

高背压可以使熔料获得强剪切，低转速也会使塑料在机筒内得到较长的塑化时间。因而目前较多地使用了对背压和转速同时进行程序设计的控制。例如，在螺杆计量全行程先高转速、低背压，再切换到较低转速、较高背压，然后切换成高背压、低转速，最后在低背压、低转速下进行塑化，这样，螺杆前部熔料的压力得到大部分的释放，减少螺杆的转动惯量，从而提高了螺杆计量的精确程度。过高的背压往往造成着色剂变色程度增大；预塑机构和机筒螺杆机械磨损增大；预塑周期延长，生产效率下降；喷嘴容易发生流延，再生料量增加；即使采用自锁式喷嘴，如果背压高于设计的弹簧闭锁压力，亦会造成疲劳破坏。所以，背压压力一定要调得恰当。

4．开、合模控制

关上安全门，各行程开关均给出信号，合模动作立即开始。在合模过程中，为适应工艺的需要，有速度的变化和压力的变化。在合模开始时，为防止动模板惯性冲击，需慢速启动；在运行中间，为缩短工作时间，要快速移动；当动、定模即将接触时，为防止冲击和安全要减速；在模具中无异物时，动模继续低速前进，进入高压合模，使模具合紧，达到所调整的合模力，完成整个合模过程。

当熔融塑料注射入模腔内及至冷却完成后，开模取出制品。开模过程也分三个阶段：第一阶段慢速开模，防止制件在模腔内撕裂；第二阶段快速开模，以缩短开模时间；第三阶段慢速开模，以减低开模惯性造成的冲击及振动。

二、多级注射成型工艺特性

多级注射成型工艺特性见表 4-5。

第四节　常用热塑性塑料的注射成型

一、热塑性塑料的注射成型特点

可供注射成型的热塑性塑料品种很多，每个品种往往可以根据黏度、强度、用途、改性和增强等分成不同的牌号或等级。由于分子结构和性能上的差异，使不同品种的热塑性塑料具有各自的注射成型特点。为获得质量高、成本低的注射制品，在加工中必须合理选择注射成型机、注射模具和注射成型工艺条件。下面从塑料聚集态结构、热稳定性、流变性、流动性和吸湿性等方面简要介绍热塑性塑料的注射成型特点。

1．聚集态

热塑性塑料有结晶型和无定形两种聚集态结构。

（1）结晶型塑料　有明显的熔点，熔点附近黏度变化突然，熔化时吸热量大，因此，注射成型机螺杆通常应为突变型，螺杆的供料段较长；为控制制品的结晶度，固化时要严格控制冷却速率；由于其熔体黏度低，成型时有漏流和逆流现象，因此，注射成型机螺杆最好带有止逆环，喷嘴采用自锁式。

（2）无定形塑料　在熔融过程中，从玻璃态到黏流态时经历了高弹态区而无明显熔点，因此，注射成型机的螺杆采用渐变型，螺杆的压缩段较长而供料段较短。

2．热稳定性

（1）非热敏性塑料　塑料的热稳定性好、熔融温度范围宽、流动性好（如 PE、PP、PS等），适用于任何形式的注射成型机。

表 4-5 多级注射成型工艺特性

序号	功 能	多级注射成型特性	注射速度与压力	措 施
1	缩短成型周期,入口处防止焦烧和溢边	V% 螺杆行程/mm	低中高低 低低中高	熔体低速进浇口,防焦烧,降低注射速度,防溢边
2	用小闭模力成型大制品	P% 螺杆行程/mm	低低中高	用低压补缩,防凹陷,并降低充模压力
3	克服多种不良现象	V% 螺杆行程/mm	低低高中	防止各种不良现象,尺寸稳定性好,优良品率高
4	防止溢边	P% 螺杆行程/mm	低低中高	确定好保压位置,在填充完后要正确控制黏度变化
5	对称注入口	V% 螺杆行程/mm	低低高低	通过浇口后再高速充模
6	防止缩孔	V% P% 螺杆行程/mm	低高低中 低低中高	易出现凹陷部位减慢速度,厚壁处降低注速,表层稳定
7	防止流纹	V% P% 螺杆行程/mm	低高中低 低高低中	防止厚壁制品不规则流动
8	提高熔合缝强度	V% 螺杆行程/mm	低低高中	先慢后快,提高熔合缝强度;注射速度位置的改变,熔合缝也发生位置改变
9	防止泛黄	V% 螺杆行程/mm	低低中高	降低注射速度,气体易从出气口排除
10	防止熔体破裂和出现银纹	V% 螺杆行程/mm	低低高低	降低注射速度,清除浇口处残渣,防止摩擦引起的降解
11	降低厚壁制品内应力,提高产品质量	P% 螺杆行程/mm		防止进料过多,在冷却时降低保压压力
12	用小闭模力成型大制品	P% 螺杆行程/mm		填充完后,先降一次保压压力,当形成表皮后再提高二次保压压力,防凹陷

（2）热敏性塑料　熔融温度范围窄、热稳定性差，高温下受热时间较长时易出现变色和分解（如 PVC、POM、PC 等），一般不能用柱塞式注射成型机生产。对热敏性塑料，加工时应采取的措施有：①在塑料中加入一定量的热稳定剂；②选择适当的加工设备，如采用螺杆式注射成型机，料筒喷嘴应避免死角；③严格控制成型温度和时间；④一旦发现塑料产生变色或分解现象时，应立即降低成型温度，严重时应清理螺杆和料筒。

3. 流变性能

塑料的流变性是指塑料处于流动状态时，其表观黏度随温度和剪切速率的变化而变化的性能。

（1）温度敏感性塑料　塑料熔体的表观黏度随温度的升高而迅速下降（如 PC、PMMA 等），在注射成型时，可用升高温度的方法来提高熔体的流动性。

（2）剪切速率敏感性塑料　这类塑料熔体的表观黏度随温度的升高变化不大，但会随剪切速率的提高而迅速下降，流动性变好（如 POM、LDPE、PP 等），因此，在注射成型时，主要靠提高剪切速率来控制熔体黏度。

4. 流动性

塑料在一定温度与压力的作用下，能够充满型腔各部分的性能称为流动性。

（1）流动性试验　塑料熔体的流动性试验常用熔体流动速率（MFR）测试法。对于同种塑料，MFR 大，表示该塑料材料的分子量小，熔体流动性好。

（2）L/T 值　要判断某种塑料材料对一个产品是否能成型，简便的方法是检查 L/T，即流动距离 L 与制品壁厚 T 之比。常用塑料的壁厚与 L/T 的范围见表 4-6。

表 4-6　常用塑料的壁厚与 L/T

塑　料	壁厚/mm	L/T	塑　料	壁厚/mm	L/T
聚乙烯	0.8～3.0	280～200	有机玻璃	1.5～5.0	150～100
聚丙烯	1.0～4.0	280～160	硬聚氯乙烯	1.5～5.0	150～100
聚甲醛	1.5～5.0	250～150	聚碳酸酯	1.5～5.0	150～100
聚酰胺	1.0～3.0	320～200	ABS	1.5～5.0	280～100
聚苯乙烯	1.0～4.0	300～220			

5. 吸湿性

① 对吸湿性很低的塑料（如 PE、PP 等），成型时不必干燥。

② 吸湿性强的塑料（如 PA 等），成型时必须干燥。

③ 有些塑料（如 PC、PET 等）吸水性虽不强，但在高温下，微量的水分会使其严重降解，这类塑料成型前必须严格干燥。

二、常用热塑性塑料的注射成型

1. 聚乙烯（PE）

PE 是目前世界上产量最大、应用最普遍的一种热塑性塑料。PE 分子简单、规整、分子链柔顺，是典型的非极性、结晶型的高分子材料。由于 PE 塑料的化学性能稳定、吸水性小、介电性能高，而且无毒、无味、原料易得、价格低廉，因此用途广泛。

根据聚合方法不同可分为多种类型，如低密度聚乙烯（LDPE）、高密度聚乙烯（HDPE）、线型低密度聚乙烯（LLDPE）等。在注射成型中最常用的有 LDPE 和 HDPE 两种树脂。

（1）工艺特性　作为结晶型塑料，PE 的熔点不高，熔点明显，熔程较窄（3～5℃），结晶度随温度的升高而下降。

熔体流动性好，易注射成型。熔体表观黏度对剪切速率敏感，提高螺杆转速、注射速度可改善 PE 熔体的流动性。

分解温度在 300℃以上，但由于 PE 在高温下易发生热氧老化，故加工温度不能太高。

PE 树脂的吸湿性小（吸水率＜0.01%），而且微量水分对制品外观和性能无显著影响，通常情况下，完整包装的 PE 不需要干燥即可使用。

成型收缩率大（1.5%～3.5%），制品易翘曲变形。

（2）成型设备　PE 成型时对设备无特殊要求，柱塞式和螺杆式注射成型机都可使用。

（3）制品与模具

①制品　为有利于熔体流动，减少收缩，PE 制品的壁厚一般为 1.0～3.0mm（最小壁厚不小于 0.8mm），壁厚应尽量均匀；在于厚薄尺寸的交接过渡处，应有较大的过渡圆弧；在设计制品结构时，要考虑脱模斜度，型芯斜度为 25'～45'，型腔斜度为 20'～45'。

②模具　为防制品翘曲，应合理选择浇口位置或采用多点浇口；PE 质软易脱模，对于侧壁带有浅凹槽的制品可采用强行脱模的方法；排气孔槽的深度应控制在 0.03mm 以下。

（4）原材料准备　注射用 PE 为乳白色的颗粒状，相对密度小于水，可采用浮染或色母料着色。

塑料原料的熔体流动速率一般为 1～10g/10min。为保证制品具有一定的机械强度，通常选用熔体流动速率值稍低的级别，而对于强度要求不高、薄壁、长流程的制品，熔体流动速率值可选择稍大些。

完整包装的树脂在加工前不必进行干燥处理。必要时，可在 70～80℃下，干燥 1～2h。

（5）成型工艺

①注射温度　在成型过程中，由于结晶晶核的熔融需吸收大量的热量，故料筒温度的选择要比熔点高出许多。一般情况下，PE 注射成型时选用的料筒温度，主要是以 PE 的密度高低和熔体流动速率值的大小为依据，此外，还与注射成型机的类型、制品的形状等有关。LDPE 的料筒温度可控制在 140～180℃，HDPE 则控制在 180～220℃。

②模具温度　模具温度高低对 PE 制品的性能有较大影响。模温高，熔体冷却速率慢，制品的结晶度提高，但制品的收缩率也明显增加；而模温低，熔体冷却速率快，制品的透明性、韧性提高，但内应力也随之增加，制品易翘曲变形。加工时，模温的选择与 PE 的密度有关，通常情况下，LDPE 的模温为 35～60℃，HDPE 为 50～80℃。

③注射压力　成型时注射压力的选取，主要是根据熔体的流动性、制品壁厚及形状等而定。由于 PE 在熔融状态下的流动性好，因此，加工时可采用较低的注射压力，一般为 60～80MPa；而对于一些薄壁、长流程、形状复杂、窄浇口的制品和模具，注射压力应适当提高至 120MPa 左右。虽然提高注射压力可降低制品收缩率，但过高时会出现溢边，导致制品内应力增加。

④注射速度　选择中速或慢速，而不宜采用高速注射，因为在高速注射过程中，PE 存在熔体破裂倾向。

⑤成型周期　除要有适当的充模时间和冷却时间外，还应有足够的保压时间，以弥补因熔体收缩而产生的缺料、气泡、凹痕等缺陷。

⑥后处理　一般不需要进行热处理。必要时，可在 80℃的各种介质中处理 1～2h，然后缓慢冷至室温。

2. 聚丙烯（PP）

PP 为非极性的结晶塑料，不仅质轻、价廉、无毒、无味，而且还耐腐蚀、耐高温、力学强度高，因此被广泛用于食品包装、医药包装、电器配件、机械零件和日用品等领域。

PP 的主要缺点是成型收缩率大、耐老化性差及低温冲击强度低。这些不足可通过改性（如共聚、共混、加入助剂等）的方法进行弥补。

（1）工艺特性　PP 的结晶度为 50%～70%，软化点高，耐热性好，熔点为 165～170℃。热稳定性好，分解温度在 300℃以上，与氧接触时，树脂在 260℃下开始变黄。熔体流动性比 PE 好，表观黏度对剪切速率的敏感性高于对温度的敏感性。熔体弹性大且冷却凝固速度快，制品易产生内应力。同时，成型收缩率较大，为 1%～2.5%，并具各向异性。弯曲疲劳强度大，耐折叠性十分突出，可用于制造一体铰链（合页）。

（2）成型设备　PP 可用各种注射成型机成型。由于 PP 的相对密度小，因此，在选择注射成型机时，额定注射量一定要大于制品质量的 1.8～2 倍，以防制品产生欠注现象。

（3）制品与模具

① 制品　制品壁厚为 1.0～4.0mm，壁厚应尽量均匀，如果制品厚度有差异，则在厚薄交界处有过渡区；对于薄而平直的制品，为防止变形，要考虑设置加强筋；PP 制品低温下表现出脆性，对缺口很敏感，产品设计时应注意避免出现锐角。

② 模具　根据制品收缩情况，模具的脱模斜度为 0.5°～1.5°，形状较复杂的制品取大值；带有铰链的制品，应注意浇口位置；由于 PP 熔体的流动性好，在成型时易出现排气不良现象，因此在模具中可设置适当的排气孔槽；模具温度对制品的性能有影响，故应合理选择控温装置。

（4）原材料准备　用于注射成型的 PP 树脂为白色蜡状颗粒，比 PE 轻而透明；熔体流动速率取 1～10g/10min；吸水率很低（<0.04%），注射成型时一般不需进行干燥，如果颗粒中水分含量过高，可在 80～100℃下干燥 1～2h。

（5）成型工艺

① 注射温度　料筒温度控制在 210～280℃，喷嘴温度可比料筒最高温度低 10～30℃。当制品壁薄、形状复杂时，料筒温度可提高至 280～300℃；而当制品壁厚大或树脂的熔体流动速率高时，料筒温度可降低至 200～230℃。

② 模具温度　PP 成型时的模具温度为 40～90℃。提高模温，PP 的结晶度提高，制品的刚性、硬度增加，表面光洁程度较好，但易产生溢边、凹痕、收缩等缺陷；而模温过低，结晶度下降，制品的韧性增加，收缩率减小，但制品表面光洁程度差，面积较大、壁厚较厚的制品还容易产生翘曲。

③ 注射压力　PP 熔体的黏度对剪切速率的依赖性大于对温度的依赖性，因此在注射时，通过提高注射压力来增大熔体流动性（注射压力通常为 70～120MPa）。此外，注射压力的提高还有利于提高制品的拉伸强度和断裂伸长率，对制品的冲击强度无不利影响，特别是大大降低了收缩率。但过高的注射压力易造成制品溢边，并增加了制品的内应力。

④ 成型周期　在 PP 的成型周期中，保压时间的选择比较重要。一般来说，保压时间长，制品的收缩率低，但由于凝封压力增加，制品会产生内应力，故保压时间不能太长。与其他塑料不同，PP 制品在较高的温度下脱模不产生变形或变形很小，并且又采用了较低的模温，因此，PP 的成型周期是较短的。

⑤ 后处理　PP 的玻璃化温度较低，脱模后，制品会发生后收缩，后收缩量随制品厚度的增加而增大。成型时，提高注射压力、延长注射和保压时间及降低模温等，都可以减少后收缩。对于尺寸稳定性要求较高的制品，应进行热处理。处理温度为 80～100℃，时间为 1～2h。

3. 硬聚氯乙烯（RPVC）

PVC 是目前世界上产量仅次于 PE 的热塑性塑料，由于其化学稳定性好、介电性高、阻燃、耐油、耐磨，有一定的机械强度且价格便宜，因此，被广泛用于农业、化工、电子、建筑和轻工等领域。

PVC树脂的热稳定性差，其分解温度低于正常加工温度，因此必须加入热稳定剂方可进行加工。此外，为改善熔体流动性、提高制品冲击强度和降低成本，配方中还需加入增塑剂、润滑剂、抗冲改性剂、加工助剂和填充剂等。

（1）工艺特性　PVC为无定形的高分子，无明显熔点，60℃以上开始变软，150℃以上成为黏流态。树脂开始分解的温度低于150℃，若超过180℃则迅速降解，放出大量有刺激性及腐蚀性的气体，虽然添加了热稳定剂，但加工温度很少超过200℃。

PVC熔体黏度大，成型流动性差。尽管添加了润滑剂、加工改性剂等助剂，但加工性能仍较差，在注射成型中应选择低速高压。由于PVC分解放出的HCl气体具有刺激性及腐蚀性，因此，生产车间应注意通风，生产设备应做好防腐工作。PVC吸水率低（<0.1%），对要求不高的制品，成型前原料可不干燥。

（2）成型设备　注射RPVC宜选择螺杆式注射成型机。设备的温控系统应指示准确且反应灵敏。设备各部件应成流线型、无死角，螺杆、料筒及模具的表面应镀铬、氮化处理。螺杆选用渐变式，螺杆前端无止逆环，端部为锥形。喷嘴选择孔径较大的通用型喷嘴或延伸式喷嘴，并配有加热装置。

（3）制品与模具

① 制品　壁厚不可太小，一般为1.5～5.0mm，壁厚尽可能均匀，最小壁厚不得小于1.2mm，L/D 为100左右。

② 模具　脱模斜度为1.0°～1.5°；流道与型腔表面应镀铬、氮化处理或采用耐腐、耐磨材料制成；主流道末端应开设足够的冷料穴，对于较长的分流道也应开设冷料穴；模具一般应通水冷却。

（4）原材料准备　加工前原料可不干燥，如果原料中水分含量较高时可在90～100℃的热风循环烘箱中干燥1～2h。

（5）成型工艺

① 注射温度　RPVC成型温度范围在160～190℃，最高不超过200℃；料筒温度分布通常采用阶梯式设置；喷嘴温度应比料筒末端温度低10～20℃。

② 模具温度　一般在40℃以下，最高不超过60℃。

③ 注射压力　由于RPVC熔体黏度较大，故成型时需较高的注射压力，一般情况下，注射压力应控制在90MPa以上，保压压力大多在60～80MPa。

④ 注射速度　较高的注射速度可减少物料的温度变化，充模速度快，制品的表观缩痕小，熔接痕得到改善；但注射速度高也会引起排气不良，特别是在浇口较小的情况下更是如此。注射速度太高还会产生较多的摩擦热而使塑料烧焦、产生变色等问题。因此，在成型RPVC时可采用中等或较低的注射速度。

⑤ 成型周期　为减少物料的分解，应尽量缩短制品的成型周期，除了大型超厚制品外，成型周期一般在40～80s。

（6）注意事项　在加工过程中，如果发现制品上有黄色条纹或黄色斑，应立即采取措施，对料筒进行清洗，切不可继续操作；成型时，应保持室内通风良好；若出现分解应及时打开窗户；停机时，应先将料筒内的料全部排完，并用PS或PE等塑料及时清洗料筒，方可停机；停机后立即在模具的型腔与流道表面涂油防锈。

4. 聚苯乙烯（PS）

PS是无色透明且具有玻璃光泽的材料，加工容易、尺寸稳定性好、电性能优良、价廉，广泛用于制造光学仪器仪表、电器零件、装饰、照明、餐具、玩具及包装盒等。

PS性脆易裂、冲击强度低、耐热性差，因此限制了其应用范围。为提高PS的性能，扩大其应用范围，现已开发了一系列高性能的改性品种，如高抗冲聚苯乙烯（HIPS）、苯乙烯-丙烯腈共聚物（SAN）、苯乙烯-丁二烯共聚物（BS）、苯乙烯-丁二烯嵌段共聚物（SBS）和苯乙烯-丁二烯-丙烯腈共聚物（ABS）等。

（1）工艺特性　PS为无定形塑料，无明显熔点，熔融温度范围较宽，热稳定性好，热变形温度为70～100℃，黏流温度为150～204℃，300℃以上出现分解。熔体的黏度适中，流动性好，易成型。熔体的黏度对温度、剪切速率都比较敏感。在成型时，无论是增加注射压力还是提高料筒温度，都会使熔体黏度显著下降。成型收缩率较小，为0.4%～0.7%。PS性脆，制品中不宜带金属嵌件。

（2）成型设备　注射成型机既可用柱塞式也可用螺杆式，为保证制品的高透明度，在换料、换色时都必须仔细清理料筒、螺杆。注射喷嘴多采用直通式或延长式喷嘴。

（3）制品与模具

① 制品　制品的壁厚一般取1.0～4.0mm；壁厚尽可能均匀，不同壁厚的交接处应有圆滑过渡，产品中尽量避免锐角、缺口，以防应力集中；制品中不宜带有金属嵌件，否则易发生应力开裂。

② 模具　型芯部分的脱模斜度为0.5°～1.0°，型腔为0.5°～1.5°，形状复杂制品可放大到2°；排气孔槽深度控制在0.03mm以下；模具温度应尽可能一致。

（4）原材料准备　PS树脂的吸水率很低，为0.01%～0.03%，成型前可不干燥。必要时，可在70～80℃的循环热风中干燥1～2h。原料可用浮染法或色母料法着色。

（5）成型工艺

① 注射温度　成型时的料筒温度控制在180～215℃范围内，喷嘴温度比料筒最高温度低10～20℃。提高料筒温度，有利于改善制品的透明性，但温度过高，不仅会使制品的冲击强度下降，而且还会使制品变黄、出现银丝等。

② 模具温度　为减小内应力，加工时往往需要较高的模温，以使熔体缓慢冷却，取向的分子得到松弛，如加工厚壁及使用要求较高的制品时，常采用模具加热的方法，使模温控制在50～60℃，模腔和型芯各部分的温差不大于3～6℃。但模温高会延长成型周期，降低生产效率。因此，对于一般的制品，则采用低模温成型，模具通冷水冷却，然后用热处理的办法减小或消除内应力。

③ 注射压力　注射压力一般控制在60～150MPa。大浇口、形状简单及厚壁的制品，注射压力可选低些，约60～80MPa；而薄壁、长流程、形状复杂的制品，注射压力控制应高些，通常要在120MPa以上。

④ 注射速度　由于较高的注射速度不仅会使模腔内的空气难以及时排出，而且还会使制品的表面光洁程度及透明性变差，冲击强度下降，内应力增加，因此，成型时应尽量采用低的注射速度。

⑤ 成型周期　PS的比热容较小且无结晶，加热塑化快，塑化量较大，熔体在模具中固化快，因此，PS注射周期短，生产效率高。

⑥ 后处理　将制品放入70℃左右的热空气中静置1～2h，然后慢慢冷却至室温，这样可消除内应力。

（6）注意事项　生产透明度较高的制品时，不宜加入回料，并且要保证生产设备、生产环境的清洁。

5. ABS

ABS 是丙烯腈、丁二烯、苯乙烯三元共聚物，不仅具有综合机械性能优良、耐化学药品性好、尺寸稳定性高、表面光泽性好、易加工等优点，而且原料丰富，价格低廉，因此被广泛用于机械设备、家用电器、纺织器材、办公用品等各个领域。

（1）工艺特性　ABS 属无定形聚合物，无明显熔点。由于其牌号、品种较多，因此在注射成型时要根据所用物料的具体情况制订合适的加工工艺参数。一般情况下，ABS 在 160℃ 以上即可成型，热分解温度 >250℃。

ABS 的熔体黏度适中，熔体的黏度对成型温度和注射压力都比较敏感。提高料筒温度和注射压力，熔体黏度下降，流动性增加，有利于充模。由于大分子中含有双键，ABS 的耐候性较差，紫外线可引起 ABS 变色。成型收缩率较低，为 0.4%～0.7%。

（2）成型设备　ABS 加工性能良好，对注射成型机无特殊要求。在实际生产中大多采用螺杆式注射成型机，这样可使物料塑化充分，制品质量好。注射喷嘴采用直通式。

（3）制品与模具

① 制品　壁厚通常取 1.5～5.0mm，L/D 为 190 左右；尽量避免缺口与锐角，以防应力集中。

② 模具　脱模斜度为 1.0°；浇口厚度应大于制品壁厚的 1/3；浇口位置不能在电镀表面处。

（4）原材料准备　ABS 为浅象牙色的不透明颗粒，熔体流动性可通过 MFR 仪测定。由于结构中有极性基团，所以易吸湿。加工前通常要进行干燥，以消除制品上因水分而产生的银纹及气泡等缺陷。干燥条件为在 80～90℃ 的热风干燥器中干燥 2～4h。染色性好，根据需要可采用浮染法或色母料法着色。

（5）成型工艺

① 注射温度　加工温度不能超过 250℃。一般来说，柱塞式注射成型机的料筒温度为 180～230℃，螺杆式注射成型机为 160～220℃，喷嘴温度为 200℃ 左右。其中，耐热级、电镀级等品级树脂的加工温度可稍高些，而阻燃级、通用级及抗冲级等，则加工温度应取低些。

② 模具温度　提高模具温度有利于熔体充模，使制品的表面光洁程度提高，内应力减小，同时也有利于电镀性的改善，但制品的收缩率增加，成型周期延长。因此，对表面质量和性能要求比较高以及形状复杂的制品，可采用加热模具的方法，使模温控制在 60～70℃，而一般的制品模温可低些，模具可通冷水冷却。

③ 注射压力　注射压力的选取与制品的壁厚、设备的类型及树脂的品级等有关。对薄壁长流程、小浇口的制品或耐热级、阻燃级树脂，要选取较高的注射压力，为 100～140MPa；对厚壁、大浇口的制品，注射压力可低些，为 70～100MPa。提高注射压力虽有利充模，但会使制品内应力增加，并且易造成制品脱模困难或发生脱模损伤，因此注射压力不能太高。同样，为减小内应力，保压压力也不能太高，通常控制在 60～70MPa。

④ 注射速度　注射速度对 ABS 熔体的流动性有一定影响。注射速度慢，制品表面易出现波纹、熔接不良等缺陷；而注射速度快，充模迅速，但易出现排气不良，制品表面光洁程度差，并且 ABS 塑料会因摩擦热增大而分解，使力学性能下降。因此，在生产中，除充模有困难时采用较高的注射速度外，一般情况下宜采用中低速。

⑤ 后处理　与其他塑料一样，ABS 制品中也存在内应力，只是在一般情况下很少发生应力开裂。因此，当制品使用要求不高时，可不必进行热处理；如果制品使用要求较高，则须将制品放入温度为 70～80℃ 的热空气中，处理 2～4h，然后缓慢冷却至室温。

ABS 制品内应力大小的检验方法为：将制品浸入冰醋酸中，5～15s 内出现裂纹，则说明制品内应力大；而 2min 后无裂纹出现，则表明制品的内应力小。

6. 聚酰胺（尼龙，PA）

聚酰胺类塑料俗称尼龙，是主链上含有重复酰胺基团的聚合物。聚酰胺的种类繁多，常用的有 PA-6、PA-66、PA-11、PA-610、PA-1010 等。由于尼龙不仅具有优良的机械性能、优异的自润滑性和耐磨性、良好的耐化学性和耐油性，而且成型加工容易、无毒及易着色，因此，广泛用于机械、仪器仪表、化工、交通运输、电气设备、医疗器械和日用品等领域。

（1）工艺特性 PA 有明显的熔点（PA-6 为 215℃，PA-11 为 180℃，PA-66 为 250～260℃，PA-610 为 208～220℃，PA-1010 为 195～210℃），熔融温度范围较窄（约 10℃）。一旦加工温度超过熔点后，熔体黏度下降快、流动性好，但热稳定性差，在料筒内时间较长时（超过 30min）极易分解，加工中注意温度控制。

尼龙类塑料的分子结构中含有亲水的酰氨基，易吸湿。吸湿后的树脂在加工过程中会使熔体黏度急剧下降，制品表面出现气泡、银纹等缺陷，而且所得制品的力学性能也明显下降。因此，PA 在加工前必须进行干燥。

结晶度在 20%～30%，随着结晶度升高，拉伸强度、耐磨性、硬度和润滑性等项性能提高，热膨胀系数和吸水性下降，但对透明性和冲击性能不利。制品收缩率大，为 1%～2.5%。

（2）成型设备 可用柱塞式或螺杆式注射成型机成型，但一般多用螺杆式注射成型机。螺杆采用突变型，螺杆前部应有止逆环，喷嘴采用自锁式。

（3）制品与模具

① 制品 壁厚通常为 1.0～3.0mm，最小壁厚不应小于 0.8mm，L/D 约为 200。

② 模具 脱模斜度为 40′～1.5°；对流道和浇口无特殊要求；由于 PA 熔体黏度低，流动性好，在成型中易出现排气不良现象，因此需开设排气槽；模具的控温方式应根据使用要求和制品尺寸而定，不管是加热还是冷却，都要求模温均匀。

（4）原材料准备 树脂加工前一定要进行干燥处理。在干燥过程中，由于酰氨基对氧敏感，在高温下易发生氧化变色。因此，干燥时最好采用真空干燥，干燥条件为：真空度 95kPa 以上，温度 90～110℃，料层厚度 25mm 以下，干燥时间 8～12h；也可采用常压热风干燥，干燥温度为 80～90℃，干燥时间为 15～20h。干燥后的物料应注意保存，以防再吸湿。在空气中暴露时间为阴雨天不超过 1h，晴天不超过 3h。

（5）成型工艺

① 注射温度 注射温度的选择与树脂本身的性能、设备、制品形状等有关。由于 PA 热稳定性较差，故加工温度不宜太高，一般高于熔点 10～30℃即可，此外，熔体不宜在料筒内停留时间过长（不应超过 30min），否则熔体易变色。

② 模具温度 模具温度对制品的性能影响较大。模温高，制品的结晶度高、硬度大、物理机械性能好；而模温低，制品的结晶度低，韧性、透明性好，但有可能造成厚制品的各部分冷却速度不均匀而出现空隙等缺陷。通常情况下，对于形状复杂、壁薄的制品需较高的模温，以防止熔体过早冷凝，确保熔体及时充满模腔；对超厚的制品，同样需较高的模温，以防止因收缩而产生气泡、凹陷，减少因补缩所造成的内应力。模具温度一般控制在 40～90℃。

③ 注射压力 注射压力对 PA 的力学性能影响较小。注射压力的选择，主要是根据注射成型机的类型、料筒温度分布、制品的形状尺寸、模具流道及浇口结构等因素决定。选取范围为 68～100MPa，压力高虽可降低制品收缩率，但制品易产生溢边；反之，则制品会产生凹痕、波纹以及缺料等缺陷。对于保压压力，在满足补缩及制品中不出现气泡、凹痕等缺陷的前提下，应尽可能采用较低的保压压力，以免造成制品中内应力增加。

④ 注射速度 PA 加工时的注射速度宜略快些，这样可防止因冷却速度快而造成波纹及

充模不足等问题。但注射速度不能太快，否则易带入空气而产生气泡；另外，也会产生溢边。因此，如果模具排气不良、制品有溢边现象以及制品壁厚较大时，只能用慢速注射。

⑤ 成型周期　成型周期的长短主要与制品的壁厚有关。一般来说，制品越厚则成型周期越长；反之则越短。

⑥ 后处理　为防止和消除制品中的残存应力或因吸湿作用所引起的尺寸变化，尼龙制品需要进行后处理。后处理的方法为调湿处理，即将制品置于沸水或醋酸钾水溶液（醋酸钾与水的比例为 1.25:1，沸点为 121℃）中，处理时间视制品厚度而定。当壁厚为 1.5mm时，处理 2h；壁厚为 3mm 时处理 8h；壁厚为 6mm 时处理 16h。

7. 聚碳酸酯（PC）

PC 是一种无色透明的工程塑料，具有极高的冲击强度，宽广的使用温度范围，良好的耐蠕变性、电绝缘性和尺寸稳定性，广泛用于仪器仪表、照明用具、电子电气、机械等领域。缺点是对缺口敏感，耐环境应力开裂性差，成型带金属嵌件的制品较困难。

（1）工艺特性　PC 分子链刚性较大，虽为结晶聚合物，但在通常成型加工条件下很少结晶，因此，可视为无定形塑料。PC 的熔体黏度比 PA、PS、PE 等大得多，流动性较差。熔体的流动特性接近于牛顿流体，熔体黏度受剪切速率影响较小，而对温度的变化十分敏感，因此，成型时调节加工温度更有效。

尽管 PC 吸湿性小，但在熔融状态下，即使是微量的水分存在，也会使大分子发生降解，放出二氧化碳等气体，使树脂变色、分子量急剧下降、制品性能变差。因此在成型前，树脂必须进行充分干燥。成型收缩率较小，为 0.5%～0.7%。

（2）成型设备　柱塞式和螺杆式注射成型机都可用于 PC 成型，但由于 PC 的加工温度较高，熔体黏度较大，因此，大多选用螺杆式注射成型机。另外，无论采用哪种注射成型机，注射制品的最大注射量应不大于注射成型机公称注射量的 60%～80%。螺杆通常选用单头全螺纹、等螺距、带有止逆环的渐变压缩型螺杆。喷嘴采用普通敞口延伸式。

（3）制品与模具

① 制品　壁厚为 1.5～5.0mm，一般不低于 1mm，壁厚应均匀；由于 PC 对缺口较敏感，故制品上应尽量避免锐角、缺口的存在，转角处要用圆弧过渡。

② 模具　脱模斜度约为 1.0°；尽可能少用金属嵌件；主流道、分流道和浇口的断面最好是圆形，长度短、转折少；模具要注意加热和防止局部过热。

（4）原材料准备　PC 一般为无色透明的颗粒，加工前必须经过充分的干燥。干燥方法可采用沸腾床干燥（温度 120～130℃，时间 1～2h）、真空干燥（温度 110℃，真空度 96kPa以上，时间 10～25h）、热风循环干燥（温度 120～130℃，时间 6h 以上）。为防止干燥后的树脂重新吸湿，应将其置于 90℃的保温箱内，随用随取，不宜久存。成型时，料斗必须是密闭的，料斗中应设有加热装置，温度不低于 100℃。对无保温装置的料斗，一次加料量最好少于半小时的用量，并要加盖盖严。

判断干燥效果的快速检验法，是在注射成型机上采用"对空注射"。如果从喷嘴缓慢流出的物料是均匀透明、光亮无银丝和气泡的细条时，则为合格。

（5）成型工艺

① 注射温度　成型温度的选择与树脂的分子量及其分布、制品的形状与尺寸、注射成型机的类型等有关，一般控制在 250～310℃范围内。注射成型用料，宜选用分子量稍低的树脂，其熔体流动速率为 5～7g/10min；对形状复杂或薄壁制品，成型温度应偏高，为285～305℃；对厚壁制品，成型温度可略低，为 250～280℃。不同的注射成型机，成型温

度也不一样。一般来说，螺杆式为 260~285℃，柱塞式为 270~310℃，两类注射成型机上的喷嘴均应加热。料筒温度的设定采用前高后低的方式，靠近料斗一端的后料筒温度要控制在 PC 的软化温度以上，即大于 230℃，以减少物料阻力和注射压力损失。尽管提高成型温度有利于熔体充模，但不能超过 330℃，否则，PC 会发生分解，使制品颜色变深，表面出现银丝、暗条、黑点、气泡等缺陷，同时，物理机械性能也会显著下降。

② 模具温度　模具温度对制品的力学性能影响很大。随着模温的提高，料温与模温间的温差变小，剪切应力降低，熔体可在模腔内缓慢冷却，分子链得以松弛，取向程度减小，从而减少了制品的内应力，但制品的冲击强度、伸长率显著下降，同时会出现制品脱模困难，脱模时易变形，并延长了成型周期，降低生产效率；而模温较低，又会使制品的内应力增加。因此，必须控制好模温。通常情况下，PC 的模温为 80~120℃，普通制品控制在 80~100℃，而对于形状复杂、薄壁及要求较高的制品，则控制在 100~120℃，但不允许超过其热变形温度。

③ 注射压力　尽管加工时注射压力对熔体黏度和流动性影响较小，但由于 PC 熔体黏度高、流动性较差，因此，注射压力不能太低，一般控制在 80~120MPa。对于薄壁长流程、形状复杂、浇口尺寸较小的制品，为使熔体顺利、及时充模，注射压力要适当提高至 120~150MPa。

④ 保压压力　保压压力的大小和保压时间的长短也影响制品质量。保压压力过小，则补缩作用小，制品内部会因收缩而形成气泡，制品表面也会出现凹痕；保压压力过大，在浇口周围易产生较大的内应力。保压时间长，制品尺寸精度高、收缩率低、表面质量良好，但增加了制品中的内应力，延长了成型周期。

⑤ 注射速度　注射速度对制品的性能影响不大。但从成型角度考虑，注射速度不宜太慢，否则进入模腔内的熔体易冷凝而导致充不足，另外，制品表面也易出现波纹、料流痕等缺陷；注射速度也不宜太快，以防裹入空气和出现熔体破裂现象。生产中，一般采用中速或慢速，最好采用多级注射。注射时，速度设定为慢→快→慢，这样可大大提高制品质量。

（6）注意事项

① 脱模剂　PC 是透明性塑料，成型时一般不推荐使用脱模剂，以免影响制品透明度。对脱模确有困难的制品，可使用硬脂酸或硅油类物质作脱模剂，但用量要严格控制。

② 金属嵌件　PC 制品中应尽量避免使用金属嵌件。若的确需要使用金属嵌件时，则必须先把金属嵌件预热到 200℃左右后，再置入模腔中进行注射成型，这样可避免因膨胀系数的悬殊差别，在冷却时发生收缩不一致而产生较大的内应力，使制品开裂。

③ 热处理　热处理是为减小或消除制品的内应力。热处理条件为：温度 125~135℃（低于树脂的玻璃化温度 10~20℃），处理时间 2h 左右，制品越厚，处理时间越长。

8. 聚甲醛（POM）

POM 是一种没有侧链、高密度、高结晶性的线型聚合物，具有良好的力学性能，优异的抗蠕变性和应力松弛能力，耐疲劳性是热塑性塑料中最高的，并具有突出的自润滑性、耐磨性和耐药品性，是一种应用十分广泛的工程塑料。

（1）工艺特性　POM 具有明显的熔点，共聚甲醛为 165℃、均聚甲醛为 175℃，加工温度必须高于熔点，物料才具流动性。POM 是热敏性塑料，240℃下会严重分解。在 210℃下，停留时间不能超过 20min；即使在 190℃下，停留时间最好也不要超过 1h。因此，加工时，在保证物料流动性的前提下，应尽量选用较低的成型温度和较短的受热时间。POM 的熔体黏度对剪切速率敏感。因此，要提高熔体流动性，不能依赖增加加工温度，而要从提高注射速度和注射压力着手。收缩率较大，为 1.5%～3.5%。

（2）成型设备　POM 通常采用螺杆式注射成型机成型。从塑化角度出发，一次注射量不超过最大公称注射量的 75%；采用标准型单头、全螺纹螺杆；宜选用流动阻力和剪切作用较小的大口径直通式喷嘴。

（3）制品与模具

① 制品　壁厚为 1.5～5.0mm，壁厚应均匀，避免出现缺口、锐角，转角处应采用圆弧过渡。

② 模具　脱模斜度为 40′～1.5°；模具内要尽量避免死角，以防物料过热分解；模具开设良好的排气孔或槽。

（4）原材料准备　POM 吸湿性小，加工前树脂可不干燥。必要时，可在 90～100℃下干燥 4h。

制品中若加入金属嵌件，则必须将嵌件在 100～150℃下预热，这样可减少嵌件周围塑料产生应力，防止因外力作用或环境温度变化而产生开裂现象。

（5）成型工艺

① 注射温度　料筒温度的分布为前段 190～200℃，中段 180～190℃，后段 150～180℃，喷嘴温度为 170～180℃。对于薄壁制品，料筒温度可适当提高些，但不能超过 210℃。

② 模具温度　模具温度通常控制在 80～100℃，对薄壁长流程及形状复杂的制品，模温可提高至 120℃。提高模温有利于熔体流动，避免因冷却速度太快而使制品产生缺陷，并且还可提高冲击强度，但却增加了制品的收缩率。

③ 注射压力　注射压力对 POM 制品的力学性能影响很小，但对熔体的流动性及制品的表面质量影响很大。注射压力的大小，主要由制品的形状、壁厚，模具的流道、浇口尺寸及模温等而定。对于小浇口、薄壁长流程、大面积的制品，注射压力较高，为 120～140MPa；而大浇口、厚壁短流程、小面积的制品，注射压力为 40～80MPa；一般制品为 100MPa 左右。适当提高注射压力，有利于提高熔体流动性和制品表面质量，但压力过高会造成模具变形，制品产生溢边。

④ 保压压力　由于 POM 结晶度高、体积收缩大，为防止制品出现空洞、凹痕等缺陷，必须要有足够的保压时间进行补缩。一般来说，制品越厚，保压时间越长。

⑤ 注射速度　注射速度的快慢取决于制品的壁厚。薄壁制品应快速注射，以免熔体过早凝固；厚壁制品则需慢速注射，以免产生喷射，影响制品的外观和内部质量。

⑥ 成型周期　注射时间中的保压时间所占的比例较大，约为 20～120s；冷却时间与制品的厚度及模温有关，时间的长短应以制品脱模时不变形为原则，一般为 30～120s，冷却时间过长，不仅降低生产效率，对复杂制品还会造成脱模困难。

⑦ 后处理　为消除制品中的残存内应力，减少后收缩，通常需进行热处理。热处理是以空气或油作介质，温度为 120～130℃，时间长短由制品的壁厚而定：一般来说，壁厚每增加 1mm，处理时间增加 10min 左右。热处理效果可用极性溶剂法判断：将经热处理后的制品，放入 30% 的盐酸溶液中浸渍 30min，若不出现裂纹，说明制品中残存的内应力较小，达到处理目的。

（6）注意事项　由于 POM 为热敏性塑料，超过一定温度或加工温度下长时间受热后，均会发生降解，放出大量有害的甲醛气体，不仅影响制品质量、腐蚀模具、危害人体健康，严重时，会引起料筒内气体膨胀而发生爆炸。因此，操作时除严格控制成型工艺条件外，还应注意以下几点。

① 严格控制 POM 的成型温度和物料在料筒内的停留时间。

② 开车前升温时，先预热喷嘴，后加热料筒。

③ 加工 POM 时，若料筒内存有加工温度超过 POM 的物料，要先用 PE 或清洗料将料筒清洗干净，待温度降至 POM 的加工温度时，再用 PE 清洗一次料筒，方可投料进行成型操作。

④ 在成型过程中，如发现有严重的刺鼻甲醛味、制品上有黄棕色条纹时，表明物料已发生降解，此时应立即用对空注射的方法，将料筒内的物料排空，并用 PE 清洗料筒，待正常后再行加工。

⑤ 某些物料或添加剂（如聚氯乙烯、含卤阻燃剂等），对聚甲醛有促进降解作用，必须严格分离，不允许相互混杂。

9. 聚甲基丙烯酸甲酯（PMMA）

PMMA 俗称有机玻璃，注射成型中常用的 372 有机玻璃是由甲基丙烯酸甲酯与苯乙烯单体（约 85∶15）进行共聚而得的。PMMA 的最大特点是透明性高，此外，还有耐候性好和综合性能优良等优点，因此广泛用于制造文具、装饰品、仪器仪表、光学透镜等产品。

（1）工艺特性　PMMA 为无定形聚合物，玻璃化温度（T_g）为 105℃，熔融温度大于 160℃，而分解温度高达 270℃以上，可供成型的温度范围较宽。由于处于熔融状态下的 PMMA 熔体黏度对温度变化比较敏感，因此，加工中可通过改变料筒温度来控制熔体流动性。

PMMA 具有一定亲水性，水分的存在使熔体出现气泡，所得制品有银丝，透明度降低，因此树脂成型前必须干燥。干燥条件为：温度 80～90℃，时间 4～6h，料层厚度不超过 30mm。制品收缩率较小，为 0.2%～0.4%。

（2）成型设备　PMMA 成型时对设备要求不高，柱塞式和螺杆式注射成型机均可使用；喷嘴采用直通式。

（3）制品与模具

① 制品　PMMA 的熔体黏度大，流动性差，因此，制品的壁厚不能太小，一般为 1.5～5.0mm；PMMA 性脆，制品上避免出现缺口和锐角，厚薄连接处要用圆弧过渡。

② 模具　PMMA 的成型收缩率小，需要较大的脱模斜度以利制品脱模，一般情况下，模具型芯部分的脱模斜度为 0.5°～1.0°，型腔为 0.5°～1.5°；流道和浇口应尽量宽大。

（4）原材料准备　PMMA 为无色透明颗粒，加工前必须干燥。经干燥后的颗粒应及时使用，以防物料重新吸湿。对暂时不用的物料，要用密闭容器储存。

（5）成型工艺

① 注射温度　成型时，料筒温度的分布为前段 220～230℃，中段 210～220℃，后段 160～180℃，喷嘴温度为 210～220℃。注射温度的恰当与否可通过熔体对空注射法进行观察判断：若熔体低速从喷嘴中流出的料流呈"串珠状"，不透明，则表明料温太低；若料流呈不透明、模糊、有气泡、银丝的膨胀体，则可认为温度偏高或树脂内含水量过高；合适料温下的料流应光亮、透明、无气泡。为防止物料在加工中产生变色、银丝等缺陷，在能充满型腔的前提下，料筒温度应略低些。

② 模具温度　一般控制在 40～80℃。模具温度提高，充模速度快，可减少熔接不良现象，改善制品的透明性，降低制品的内应力。但模温提高后，制品的收缩率增加，容易引起制品凹陷，还会延长成型周期。

③ 注射压力　虽然注射压力对 PMMA 熔体流动性的影响不如注射温度那么明显，但由于熔体黏度较大，流动性比较差，故成型时需要较大的注射压力，特别是形状复杂及薄壁制

品。当然，注射压力的增加会导致制品中的内应力增加。通常，无浇口、易流动的厚壁制品所选取的注射压力为 80～100MPa 之间，而熔体流动较困难的制品所需的压力要大于 140MPa，大多数制品的注射压力为 110～140MPa。

④ 注射速度　注射速度的提高有利于 PMMA 熔体的充模，但高速注射会使浇口周围模糊不清，制品的透光性降低，同时还增加了制品中的内应力，故一般情况下不采用高速注射。当浇口较小（大多为针形浇口）、充模有困难、制品上熔接痕明显时，可选用较高的注射速度。

⑤ 成型周期　与制品的壁厚有关，由于 PMMA 的玻璃化温度较高，故成型周期较短。

⑥ 后处理　为减少内应力，可对制品进行后处理，后处理条件为：温度 70～80℃，时间视制品壁厚而定，一般为 4h。

（6）注意事项　在加工中要保持环境、设备、模具和工具的清洁；减少或禁止再生料的使用，否则，制品中会出现黑点等缺陷，制品的透明度也会下降。

10. 聚砜（PSU 或 PSF）

PSU 是一种耐高温、高强度的热塑性工程塑料，有很高的力学强度、电绝缘性、热变形温度和一定的耐化学腐蚀性，特别是热老化性、抗蠕变性以及尺寸稳定性都较好。主要用于制造电子电气、汽车配件、医疗器械和机械零件等。

（1）工艺特性　PSU 是非结晶型聚合物，无明显熔点，T_g 为 190℃，成型温度在 280℃以上。所得的制品呈透明性。

PSU 的成型特点与 PC 相似。熔体的流动特性接近牛顿性，聚合物熔体黏度对温度较为敏感。当熔体温度超过 330℃时，每提高 30℃，熔体黏度可下降达 50%。

尽管 PSU 的熔体黏度对温度敏感，其黏度仍然很高，成型过程中流动性较差；另外，熔体的冷却速度较快，分子链又呈刚性，因此，成型中所产生的内应力难以消除。

吸水性较小（0.6%），但由于在成型过程中，微量水分的存在，会因高温及负荷作用导致熔体水解。因此，在成型加工之前，必须进行干燥。

过高的注射速度会使 PSU 熔体出现熔体破裂，这就限制了充模速率，造成充模困难。

成型收缩率较小，为 0.4%～0.8%。

（2）成型设备　大多选择螺杆式注射成型机，螺杆形式为单头、全螺纹、等距、低压缩比；喷嘴应选用配有加热控温装置的延伸式喷嘴。

（3）制品与模具

① 制品　壁厚为 2～5mm，制品上尽量避免缺口和锐角。

② 模具　主流道短而粗，分流道截面最好采用圆弧形或梯形，避免弯道的存在；在主流道末端设置足够的冷料穴；PSU 制品特别是薄制品，在成型中需要较高注射压力和较快的注射速度，为使模腔内的空气得以及时排出，要设置良好的排气孔或槽；浇口的形式可随制品而定，但尺寸应尽可能地大，浇口的平直部分应尽可能地短。

（4）原料准备　注射成型用 PSU 大多为透明略带琥珀色的颗粒料，在成型前要进行干燥处理。干燥工艺参数如下。热风循环干燥：120～140℃，4～6h，料层厚度为 20mm；负压沸腾干燥：130℃，0.5～1.0h。经过干燥处理过的树脂应防止重新吸湿。

（5）成型工艺

① 注射温度　料筒温度一般取 320～360℃。提高温度有利于降低熔体的黏度，但过高的温度不仅使许多性能（如冲击强度）下降，而且使塑料变色分解。

② 模具温度　模具温度的选择常根据制品的厚薄而异。制品壁厚在 2～5mm 时，模具温度可控制在 110～120℃之间。当壁厚超过 5mm 或在 2mm 以下时，模具温度可高达 140～150℃。

③ 注射压力　注射压力的选择根据物料的黏度、料筒温度、模具温度及制品的厚度与几何形状进行选择。一般选择在 100MPa 以上，有时也可达 140MPa。较高的注射压力可使制品的密度增加，成型收缩率降低。

④ 注射速度　通常，注射速度的提高有利于熔体的充模。但对 PSU 来说，由于冷却速度较快，如果注射速度控制不当，也会引起熔体破裂现象。因此，除制品薄厚在 2mm 左右时，因物料充模有困难需较高的充模速率外，一般采用中、低速率为宜。

（6）注意事项　由于 PSU 的成型温度较高，因此，在成型前必须将料筒清洗干净。在制品中尽量少用金属嵌件。若的确需要使用嵌件时，必须在成型前对嵌件进行预热，以防嵌件周围产生应力集中。通常，嵌件的预热温度为 200℃。为保证制品的透明性，在成型时应尽量少用或不用脱模剂。

由于 PSU 分子链的刚性大而使制品在成型中所产生的内应力不易消除，因此，制品必须进行热处理。热处理的条件为：温度为 T_g 以下 10～20℃，时间为 2～4h。

11. 聚对苯二甲酸丁二醇酯（PBT）

PBT 是一种新型的工程塑料，具有聚合工艺成熟、综合性能优越、成本较低、成型加工容易等优点。主要用于机械、电子电气、仪器仪表、化工和汽车等行业。

PBT 的缺点是阻燃性差、韧性低，因此，必须对 PBT 进行改性，如加入阻燃剂和玻璃纤维等，其中，用玻璃纤维进行增强的品级占 PBT 的 70% 以上。

（1）工艺特性　PBT 是结晶型塑料，具有明显的熔点，熔点为 225～235℃，结晶度可达 40%。熔体黏度对剪切速率敏感，因此，在注射成型中，提高注射压力可增加熔体流动性。PBT 在熔融状态下的流动性好，黏度低，在成型时易出现流延现象。在高温下易水解，原料须干燥。成型收缩率较大，为 1.7%～2.3%。

（2）成型设备　成型时多采用螺杆式注射成型机。螺杆选用渐变型螺杆；喷嘴选用自锁式，并带有加热控温装置；制品的用料量应控制在设备额定最大注射量的 30%～80%，不可用大设备生产小制品；在成型阻燃级 PBT 时，应选用经防腐处理过的螺杆和料筒。

（3）制品与模具

① 制品　壁厚多为 1～3mm，且尽量均匀；制品上尽量避免出现缺口和锐角，如果有锐角，应采用圆弧过渡。

② 模具　脱模斜度为 40′～1.5°；模具需要开设排气孔或排气槽；浇口的口径要大；模具需设置控温装置；成型阻燃级的 PBT，模具表面要镀铬防腐。

（4）原料准备　成型前可使用常用的干燥设备对物料进行干燥；经干燥后的物料应及时使用，如暂不使用则应妥善保管。

（5）成型工艺

① 注射温度　由于 PBT 的分解温度为 280℃，因此，注射温度为 245～260℃。

② 模具温度　一般控制在 70～80℃，各部位的温度差不超过 10℃。

③ 注射压力　注射压力一般为 50～100MPa。

④ 注射速度　PBT 的冷却速度快，因此要采用较快的注射速度。

⑤ 成型周期　一般情况下为 15～60s。

12. 改性聚苯醚（PPO）

PPO 具有化学稳定性好、蠕变性小、耐老化、不易燃烧和耐水性好等优点，因此，应用广泛。

改性聚苯醚主要是以苯乙烯树脂与 PPO 共混或共聚而成，保留了 PPO 的大部分优点，虽然在耐热性方面有所降低，但改善了成型加工性，降低了成本。因此，改性聚苯醚的发展十分迅速。

（1）工艺特性 改性聚苯醚为无定形塑料，无明显熔点；在熔融状态下的黏度较大，流变行为接近牛顿型；长期在加工温度下仍有交联的倾向；由于改性聚苯醚的成型收缩小，熔体冷却速率快，应注意选择适当的模具与工艺；吸水率较小，加工前可不干燥。

（2）成型设备 虽然柱塞式和螺杆式注射成型机都可用于成型改性聚苯醚，但从塑化效果、熔体流动、注射阻力和受热时间等方面考虑，还是采用螺杆式注射成型机更好。采用螺杆式注射成型机时，螺杆为带止逆环的渐变压缩型。喷嘴选择可加热的通用延长型。

（3）制品与模具

① 制品 壁厚为 1.5～6.0mm；由于制品中易形成内应力，因此，应尽量避免缺口、锐角和壁厚不均现象。

② 模具 脱模斜度应在 0.5°～1°；流道与浇口要短而粗，以便熔体顺利注入模腔。

（4）原料准备 改性聚苯醚的吸水率不大，因此，包装严格的树脂可以不干燥就可以成型。当制品要求较高时，仍要进行干燥处理。干燥工艺参数：温度 120～140℃，时间 2～4h。

（5）成型工艺 注射温度为 230～280℃；注射压力为 100MPa 左右；模具温度不超过 100℃，一般为 65～85℃；成型周期不超过 60s。

（6）注意事项 视料筒内留存物不同，要采用不同的清洗方法。当料筒内为 PC、PA 或 PP 时，可用改性聚苯醚直接换料。当料筒内为 PVC 或 POM 等热敏性塑料时，要采用 PS 或 PE 等热稳定性好的塑料将料筒内原有的料替换出来，然后再用改性聚苯醚替换。

停机时一般要降低料筒温度，时间长，要加入热稳定好的塑料如 PS 替换。改性聚苯醚的脱模良好，一般不用脱模剂，必要时可用硬脂酸锌。再生料不宜加入过多，一般不超过 25%。制品可在热变形温度以下 10℃，退火 1～4h。

13. 其他特种工程塑料的注射工艺特性和工艺参数

（1）聚芳酯（PAR） PAR 主链中有高密度的芳香环，因而具有高的耐热性；结晶度很低，故透明性较好，且抗紫外线老化和耐气候性优异；力学强度优异，耐蠕变、抗冲击、屈服伸长率大，回弹性好、表面硬度高；PAR 是自熄性材料，氧指数达 36.8%；吸湿性小，电性能受温度和湿度的影响较小；耐化学腐蚀性好；熔体黏度较高，在同一温度下，是 PC 熔体黏度的 10 倍；在高温下很快发生水解，成型前必须进行干燥，将水分降至 0.02% 以下；用玻璃纤维增强后的 PAR 的耐热性很高，在重负荷下的热变形温度可在 175℃。

（2）聚苯硫醚（PPS） PPS 是结晶型聚合物，是耐高温工程塑料中价格最低的又能以热塑性塑料加工方法成型的品种。其典型品种为 Ryton。

PPS 熔点为 285℃，热变形温度大于 260℃，长期使用温度在 180℃ 以上；耐化学药品性和热稳定性优异，接近 PTFE；具有良好的刚性、尺寸稳定性和抗蠕变性；对玻璃、陶瓷和钢材料的黏结力强；即使在高温下，也有优良的力学性能；阻燃性很好；介电常数较小，介电损耗低，并能在较宽的温度、频率和湿度范围内保持良好的电性能；有十分优良的耐辐射性，对紫外线和 ^{60}Co 射线稳定，即使在较强的 γ 射线和中子射线的辐照下，也不会发生发黏和分解现象；具有良好的流动性，用于注射成型的 PPS 的 MFR 为 20～50g/10min（温度为 343℃，负荷为 0.5MPa）。

注射 PPS 时的料筒温度为 280～330℃，但在高温下时间较长易产生交联结构。模具温度的高低对制品结晶度的影响较大。

（3）聚醚醚酮（PEEK） PEEK 是具有热固性树脂特性的热塑性树脂，是结晶型聚合物，

熔点为334℃，可在220℃下连续使用。加入30%玻璃纤维时，可在310℃下连续使用。

PEEK有良好的耐化学药品性和耐辐射性，有优异的电绝缘性和良好的韧性，在高温下也能保持优良的耐磨性，还具有一定的阻燃性。

（4）聚醚砜（PES） PES的耐热性高，T_g为225℃，热变形温度为203℃，在200℃下力学性能基本不变；具有优良的抗蠕变性和尺寸稳定性；加入30%玻璃纤维后，在200℃下，高负荷作用4个月的变形小于0.005%；有优良的耐药品性和电绝缘性。力学性能在热塑性塑料中属高者，无缺口冲击强度与PC相同，但对缺口较敏感；具有良好的熔融加工性和较低的熔体黏度，成型收缩率小，尺寸稳定性好。

（5）特种工程塑料成型加工特点 物料需要在较高温度下充分干燥；成型温度高，一般为300~400℃；模具温度为100~150℃；由于物料的熔体黏度大，因此，成型时注射压力高，一般为80~150MPa。特种工程塑料的注射成型最好采用精密注射成型机。

三、常用热塑性塑料的注射成型工艺参数

常用热塑性塑料的注射成型工艺参数见表4-7。

第五节 特种注射成型工艺

一、精密注射成型

1. 概述

由于工程塑料具有优良的工艺性能、较高的力学性能，因此其应用领域日益广泛，有的行业甚至出现了金属零件塑料化的趋势。但是，要被代替的金属零件的精度，是普通注射成型难以达到的，因此出现了精密注射成型，并正在迅速发展和不断完善。

所谓精密注射成型，是指成型形状和尺寸精度很高、表面质量好、力学强度高的塑料制品时采用的一种注射成型方法。

影响精密注射成型制品精度的因素主要有材料的选择、精密注射成型模具的设计与制造、精密注射成型机与精密注射成型工艺等。

2. 精密注射成型材料

精密注射成型材料的选择要满足以下要求，即机械强度高、尺寸稳定、抗蠕变性好、应用范围广。

目前，常用的工程塑料有以下几种。

（1）聚碳酸酯（包括玻璃纤维增强型） 聚碳酸酯具有极高的冲击强度，使用温度范围广（-50~120℃），成型收缩率小、制品尺寸稳定；用玻璃纤维增强后，力学性能更优异。

（2）聚甲醛（包括碳纤维和玻璃纤维增强型） 聚甲醛具有极高的耐疲劳性，良好的耐蠕变性、耐磨性，增强后，性能更优。

（3）聚酰胺（包括增强型） 该材料冲击强度高、耐磨性能好，成型时熔体流动性好；缺点是具有吸湿性。因此，制品成型后，要进行调湿处理。

（4）聚对苯二甲酸丁二醇酯及增强型 该材料耐热性极好（能在150℃下连续使用）、力学强度高、耐磨性好、熔体流动性好。

3. 精密注射成型模具

精密注射成型模具的设计与制造对精密制品的尺寸精度影响很大。因此，在设计与制造时，要注意以下几方面问题。

（1）模具的精度　要保证精密注射成型制品的精度，首先必须保证模具精度，如模具型腔尺寸精度、分型面精度等。但过高的精度会使模具制造困难和成本昂贵，因此，必须根据制品的精度要求来确定模具的精度。

（2）模具的可加工性与刚性　在模具的设计过程中，要充分考虑到模腔的可加工性，例如，在设计形状复杂的精密注射成型制品模具时，最好将模腔设计成镶拼结构。这样不仅有利于磨削加工，而且也有利于排气和热处理。但必须保证镶拼时的精度，以免制品上出现拼块缝纹。与此同时，还须考虑测温及冷却装置的安装位置。

（3）制品脱模性　精密注射成型制品的形状一般比较复杂，而且加工时的注射压力较高，使制品脱模困难。为防止制品脱模时变形而影响精度，在设计模具时，除了要考虑脱模斜度外，还必须提高模腔及流道的光洁程度，并尽量采用推板脱模。

（4）模具的选材　由于精密模具必须承受高压注射和高合模力，并要长期保持高精度，因此，模具制作材料要选择硬度高、耐磨性好、耐腐蚀性强、机械强度高的优质合金钢。

4. 精密注射成型机

精密注射成型机是生产精密注射成型制品的必备条件。其特点如下。

（1）注射功率大　精密注射成型机一般采用较大的注射功率，以满足高压、高速的注射条件，使制品的尺寸偏差范围减小、尺寸稳定性提高。

（2）控制精度高　精密注射成型机的控制精度主要体现在以下几方面。

① 保证注射成型工艺参数的重复精度　精密注射成型机对注射量、注射压力、保压压力、预塑压力、注射速度及螺杆转速等工艺参数实行多级反馈控制，而对料筒和喷嘴的温度则采用PID（比例积分微分）控制，使温控精度在±0.5℃，从而保证了这些工艺参数的稳定性和再现性，避免因工艺参数的变动而影响制品的精度。

② 模具温度的控制　模具温度影响制品精度，尤其是结晶性塑料。精密注射成型机加强了对制品在模具中冷却阶段的定型控制，以及制品脱模取出时对环境温度的控制。

③ 合模力的控制　合模力大小影响制品的精度。若合模力太小，在高压下制品会产生溢边，影响精度；而合模力太大，制品会因模具变形而影响精度。

④ 液压系统中的油温控制　油温的变化会引起液压油的黏度和流量发生变化，导致注射工艺参数的波动，从而影响制品精度。液压油采用加热和冷却的闭环控制，使油温稳定在50～55℃。

（3）液压系统反应速度快　精密注射成型通常采用高压高速的注射工艺。由于高低压及高低速间转换快，因此要求液压系统具有很快的反应速度，以满足精密注射成型工艺的需要。为此，在液压系统中使用了灵敏度高、反应速度快的液压元件，采用了插装比例技术。设计油路时，缩短了控制元件至执行元件的流程。此外，蓄能器的使用，既提高液压系统的反应速度，又能起到吸振和稳定压力的作用。随着计算机控制技术在精密注射成型机上的应用，使整个液压系统在低噪声、稳定、灵敏和精确的条件下工作。

（4）合模系统刚性好　由于精密注射成型机的注射压力向高压、超高压的方向发展，以降低制品收缩率，增加制品密度；注射速度向高速发展，以满足形状复杂制品的注射成型要求。因此，合模系统要有足够的刚性，避免在成型过程中发生变形而影响制品精度。对合模系统中的动定模板、拉杆及合模机构的结构件，要从提高刚性的角度精心设计、精心选材。

5. 精密注射成型工艺

与普通注射成型类似，精密注射成型的工艺过程也包括成型前的准备工作、注射成型过程及制品后处理三方面内容。它的主要特点体现在成型工艺条件的选择和控制上，即注射压力高、注射速度快及温度控制精准。

（1）注射压力高　普通注射成型所需的注射压力一般为 40～180MPa，而精密注射成型则要提高到 180～250MPa，有时甚至更高，达 400MPa。采用高压注射的目的如下。

① 提高制品的精度和质量　增加注射压力，可以增加塑料熔体的体积压缩量，使其密度增加、线膨胀系数减小，从而降低制品的收缩比、提高制品的精度。例如，当注射压力提高到 400MPa 左右，制品的成型收缩率极低，已不影响制品的精度。

② 改善制品的成型性能　提高注射压力可使成型时熔体的流动比增大，从而改善制品的成型性能，并能够生产出超薄的制品。

③ 有利于充分发挥注射速度的功效　熔体的实际注射速度，由于受流道阻力的制约，不能达到注射成型机的设计值，而提高注射压力，有利于克服流道阻力，保证了注射速度功效的发挥。

（2）注射速度快　由于精密注射成型制品形状较复杂，尺寸精度高，因此必须采用高速注射。

（3）温度控制精确　温度包括料筒温度、喷嘴温度、模具温度、油温及环境温度。在精密注射成型过程中，如果温度控制得不精确，则塑料熔体的流动性、制品的成型性能及收缩率就不能稳定，因此也就无法保证制品的精度。

6. 精密注射成型制品的测量

评价精密注射成型制品的最主要技术指标是制品的精度，即制品的尺寸和形状。

由于精密注射成型制品壁薄，刚性比金属低，而且受测量环境的温度、湿度影响，因此，测量时不能简单采用传统的金属零件测量方法和仪器。如用游标卡尺的卡脚测量塑料制品，塑料易变形，测量不够准确，最好用光学法（显微镜）测量。再如塑料制品的三维尺寸测量，可在三坐标测量机上进行，并使用电子探针，以防塑料制品受力变形而影响测量精度。此外，测量时还要保证环境温度的恒定。

二、气体辅助注射成型

气体辅助注射成型，简称气辅注射（GAM），是一种新的注射成型工艺，20 世纪 80 年代中期应用于实际生产。气辅注射成型结合了结构发泡成型和注射成型的优点，既降低模具型腔内熔体的压力，又避免了结构发泡成型产生的粗糙表面，具有很高的实用价值。

1. 气体辅助注射成型过程

气辅注射过程如图 4-5 所示。

标准的气辅注射过程分为五个阶段。

（1）注射阶段　注射成型机将定量的塑料熔体注入模腔内。熔体注入量一般为充填量的 50%～80%，不能太少，否则气体易把熔体吹破。

（2）充气阶段　塑料熔体注入模腔后，即进行充气。所用的气体为惰性气体，通常是氮气。由于靠近模具表面部分的塑料温度低、表面张力高，而制品较厚部分的中心处，熔体的温度高、黏度低，气体易在制品较厚的部位（如加强筋等）形成空腔，而被气体所取代的熔料则被推向模具的末端，形成所要成型的制品。

（3）气体保压阶段　当制品内部被气体充填

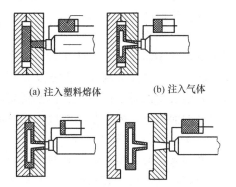

(a) 注入塑料熔体　　(b) 注入气体

(c) 保压冷却　　(d) 制品脱模

图 4-5　气辅注射成型过程

后，气体压力就成为保压压力，该压力使塑料始终紧贴模具表面，大大降低制品的收缩和变形。同时，冷却也开始进行。

(4) 气体回收及降压阶段　随着冷却的完成，回收气体，模内气体降至大气压力。

(5) 脱模阶段　制品从模腔中顶出。

2. 气体辅助装置

气辅装置由气体压力生成装置、气体控制单元、注气元件及气体回收装置等组成。

(1) 气体压力生成装置　提供氮气，并保证充气时所需的气体压力及保压时所需的气体压力。

(2) 气体控制单元　该单元包括气体压力控制阀及电子控制系统。

(3) 注气元件　注气元件有两类：一类是主流道式喷嘴，即塑料熔体与气体共用一个喷嘴，在塑料熔体注射结束后，喷嘴切换到气体通路上，进行注气；另一类是安装在模具上的气体专用喷嘴或气针。

(4) 气体回收装置　该装置用于回收气体注射通路中的氮气。必须注意的是，对于制品气道中的氮气，一般不能回收，因为其中会混入其他气体，如空气、挥发的添加剂、塑料分解产生的气体等，以免影响以后成型制品的质量。

3. 气辅注射的特点

与常规注射成型相比，气辅注射的优点：所需的注射压力及锁模力低，可大大降低对注射成型机的锁模力及模具刚性的要求；减少了制品的收缩及翘曲变形，改善了制品表面质量；可成型壁厚不均匀的制品，提高了制品设计的自由度；在不增加制品重量的情况下，通过设置附有气道的加强筋，提高制品的刚性和强度；通过气体穿透，减轻制品的重量，缩短成型周期；可在较小的注射成型机上，生产较大的、形状更复杂的制品。

气辅注射的不足之处：需要合理设计制品，以免气孔的存在而影响外观，如果外观要求严格，则需进行后处理；注入气体和不注入气体部分的制品表面会产生不同光泽；对于一模多腔的成型，控制难度较大；对壁厚精度要求高的制品，需严格控制模具温度；由于增加了供气装置，提高了设备投资；模具改造也有一定的难度。

4. 适用原料及加工应用

绝大多数用于普通注射成型的热塑性塑料，如聚乙烯、聚丙烯、聚苯乙烯、ABS、聚酰胺、聚碳酸酯、聚甲醛、聚对苯二甲酸丁二醇酯等，都适用于气辅注射。一般来说，熔体黏度低的，所需的气体压力低，易控制；对玻璃纤维增强材料，在采用气辅注射时，要考虑到材料对设备的磨损；对于阻燃材料，则要考虑到产生的腐蚀性气体对气体回收的影响等。

气辅注射的典型应用如下。

板形及柜形制品，如塑料家具、电器壳体等，采用气辅注射成型，可在保证制品强度的情况下，减小制品重量，防止收缩变形，提高制品表面质量；大型结构部件，如汽车仪表盘、底座等，在保证刚性、强度及表面质量的前提下，减少制品翘曲变形及对注射成型机注射量和锁模力的要求；棒形、管形制品，如手柄、把手、方向盘、操纵杆、球拍等，可在保证强度的前提下，减少制品重量，缩短成型周期。

5. 注射制品和模具设计

制品设计时必须提供明确的气体通道。气体通道的几何形状相对于浇口应该是对称的或单方向的；气体通道必须连续，但不能构成回路；沿气体通道的制品壁厚应较大，以防气体穿透；最有效的气体通道，其截面是近似圆形。

由气体推动的塑料熔体必须有地方可去，并足以充满模腔。为获得理想的空心通道，模中应设置能调节流动平衡的溢流空间。

气体通道应设置在熔体高度聚集的区域，如加强筋等，以减少收缩变形。加强筋的设计尺寸：宽度应小于3倍壁厚，高度应大于3倍壁厚，并避免筋的连接与交叉。

三、排气注射成型

排气注射成型是指借助于排气式注射成型机，对一些含低分子挥发物及水分的塑料，如聚碳酸酯、聚酰胺、ABS、有机玻璃、聚苯醚、聚砜等，不经预干燥处理而直接加工的一种注射成型方法。其优点为：减少工序，节约时间（因无须将吸湿性塑料进行预干燥）；可以去除挥发分到最低限度，提高制品的力学性能，改善外观质量；使材料容易加工，并得到表面光滑的制品；可加工回收的塑料废料以及在不良条件下存放的塑料。

1. 排气注射成型原理

排气式注射成型机与普通注射成型机的区别主要在于预塑过程及其塑化部件的不同。排气式注射成型装置组成及工作原理如图4-6所示。

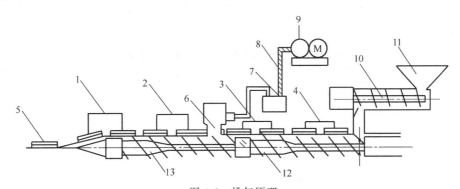

图 4-6　排气原理

1,2,3,4—加热段；5—喷嘴加热；6—出气孔；7—净滤器；8—排气道；
9—真空泵；10—送料螺杆；11—料斗；12—第一级；13—第二级

图4-6中，排气螺杆分成前后两大级，共六个功能段。螺杆的第一级有加料段、压缩段和计量段；第二级有减压段、压缩段和计量段。物料在排气式注射成型机的料筒内所经历的基本过程是：塑料熔融、压缩增压→熔料减压→熔料内气体膨胀→气泡破裂并与熔体分离→排气→排气后熔体再度剪切均化。

排气式注射成型机具体的预塑过程为：物料从加料口进入第一级螺杆后，经过第一级加料段的输送、第一级压缩段的混合和熔融及第一级计量段的均化后，已基本塑化成熔体，然后通过在第一级末端设置的过渡剪切元件，使熔体变薄，这时气体便附在熔料层的表面上。熔料进入第二级螺杆的减压段后，由于减压段的螺槽突然变深，容积增大，加上在减压段的料筒上设有排气孔（该孔常接入大气或接入真空泵储罐），这样，在减压段螺槽中的熔体压力骤然降低至零或负压，塑料熔体中受到压缩的水汽和各种气化的挥发物，在减压段搅拌和剪切作用下，气泡破裂，气体脱出熔体，由排气口排出，因此，减压段又称排气段。脱除气体的熔体，再经第二级的压缩段混合塑化和第二级计量段的均化，存储在螺杆头部的注射室中。

2. 排气式注射成型机的螺杆

对排气式注射成型机所用螺杆的要求如下：螺杆在预塑时，必须保证减压段有足够的排气效率；螺杆在预塑和注射时，不允许有熔料从排气口溢出；经过螺杆第一级末端的熔料必须基本塑化和熔融；位于第二级减压段的熔料易进入第二级压缩段，并能迅速地减压；在螺杆中要保证物料的塑化效果，不允许有滞留、降解或堆积物料的现象产生。

一根长径比 L/D 为 20 的排气式注射成型机螺杆，其各段的典型分布为：第一级的加料段长为 7D，压缩段长 2D，计量段长 D；第二级的减压段长 5.5D，压缩段长 D，计量段长 3D；第一级与第二级的过渡段长 0.5D。

3. 排气注射成型工艺

排气注射成型工艺中最重要的参数是料筒温度，特别是减压段的温度。一般来说，第一级螺杆加料段的温度要高些，以使物料尽早熔融。为减少负荷，减压段的温度在允许范围内要尽量低些。在操作过程中，应尽量避免生产中断，以防止物料由于长时间停滞而降解。如果生产中断后要重新开始时，需将料筒清洗几次；更换物料时，要清洗排气口；更换色料时，需将螺杆拆下清洗。

除料筒温度外，螺杆背压和转速的调节也与普通注射成型机不同。由于排气式螺杆的物料装填率比普通注射成型螺杆低，所以加注段常采用"饥饿加料"，这样可有效防止熔料从排气口溢出。此外，对注射量也有一定的要求，为注射成型机额定注射量的 10%～75%。注射量太大会使加工不稳定，而注射量太低，同样会使加工不稳定并造成能源浪费。

常用塑料的排气注射成型工艺参数见表 4-8。

表 4-8 常用塑料的排气注射成型工艺参数

参　　数	PA-66	PC	聚　砜	PMMA	ABS
材料所含水分/%	3	0.18	0.23	0.5	0.3
锁模力/MPa	78	161	78	161	78
螺杆直径/mm	32	52	38	52	38
背压/MPa	0.2	0.2	0.4	0.2	0.06
螺杆转速/(r/min)	260	43	110	43	45
料筒温度/℃					
第 1 段	320	230	300	190	180
第 2 段	310	235	360	210	200
第 3 段	300	300	380	210	210
第 4 段	300	310	380	210	210
喷嘴温度/℃	290	310	380	195	210
注射行程/mm	37	16	29	25	48.5
注射时间/s	0.4	0.5	5	3	1
保持压力/MPa	28	80	130	49	55
冷却时间/s	10.5	19	20	50	18
成型周期/s	18.5	29	37	83	30
注射量/g	23.5	24	21.2	60.5	45.2
制品最大厚度/mm	3	3	2	16	25
剩余湿度含量/%	0.05	0.015	0.01	0.04	0.05

四、共注射成型

共注射成型是指用两个或两个以上注射单元的注射成型机，将不同品种或不同色泽的塑料，同时或先后注入模具内的成型方法。

通过共注射成型方法，可以生产出多种色彩或多种塑料的复合制品。典型的共注射成型有两种，即双色注射成型和双层注射成型。

1. 双色注射成型

双色注射成型是用两个料筒和一个公用的喷嘴所组成的注射成型机，通过液压系统调整两个推料柱塞注射熔料进入模具的先后次序，以取得所要求的、不同混色情况的双色塑料制品的成型方法。双色注射成型还可采用两个注射装置、一个公用合模装置和两副模具，制得明显分色的塑料制品。双色注射成型机的结构见图4-7所示。此外，还有能生产三色、四色或五色的多色注射成型机。

近年来，随着汽车部件和计算机部件对多色花纹制品需求量的增加，出现了新型的双色花纹注射成型机。该注射成型机具有两个沿轴向平行设置的注射单元，喷嘴回路中还装有启闭机构，调整启闭阀的换向时间，就能得到各种花纹的制品。其花纹成型喷嘴见图4-8。

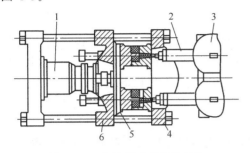

图 4-7　双色注射成型机的结构

1—合模油缸；2—注射装置；3—料斗；4—固定模板；
5—模具回转板；6—动模板

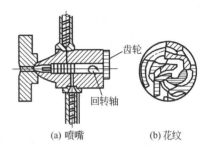

图 4-8　成型花纹用喷嘴与花纹

2. 双层注射成型

双层注射成型是指将两种不同的塑料或新旧不同的同种塑料相互叠加在一起的加工方法。双层注射成型的原理如图4-9所示。

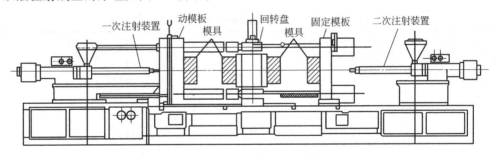

图 4-9　双层注射成型的原理

由图4-9可知，注射成型开始时，可移动的回转盘处在中间位置，在两侧安装两个凸模——左边是一次成型的定模，右边是二次成型的动模。合模时右边的动模连同回转盘一起向右移，使模具锁紧。在机架左边的台面上安装一次注射装置，在机架右边的台面安装二次注射装置；当模具合紧后，两个注射装置的整体分别前进，然后分别将塑料注入模腔；再进行保压冷却。冷却时间到即开模，回转台左移到中间位置，动模板左移到原始位置。右边的二次模已经有了两次注射，得到了完整的双层制品，可由回转盘上的顶出机构顶落，而左边的制品只获得一层，还有待于二次注射，所以，这次只顶出料把。当检测装置确认制品落下，回转盘即可开始回转位，每完成一个周期，转盘转动$180°$。

双层注射成型机与双色注射成型机虽有相似之处，但双层式注射成型机有其特殊之处：具有组合注射成型机的特性；与其他工序可以同时进行；一次模具与二次模具装在同一轴线上，就不会因两个模具厚度存在尺寸偏差；回转盘是以垂直轴为中心旋转的，因此，模具的重量对回转轴没有弯曲作用；回转盘由液压电机驱动，可平稳地绕垂直轴转动，当停止时，由定位销校正型芯，以保证定位精度；直浇口和横浇口设有顶出机构，能随同制品的顶出装置一起顶出，可保证制品的顶出安全可靠；顶出二次材料的流道畅通，脱模时可施加较大的顶出力；由于拉杆内距离较大，模具安装盘的面积也大，可以成型大型制品。

五、流动注射成型

流动注射成型有两种类型：一种是用于加工热塑性塑料的熔体流动成型；另一种是用于加工热固性塑料的液体注射成型。虽然它们都属流动注射成型，但成型机理完全不同，下面分别加以介绍。

1. 熔体流动成型

该法是采用普通的螺杆式注射成型机，在螺杆的快速转动下，将塑料材料不断塑化并挤入模腔，待模腔充满后，螺杆停止转动，并用螺杆原有的轴向推力使模内熔料在压力下保持适当时间，经冷却定型后即可取出制品。其特点是塑化的熔料不是储存在料筒内，而是不断挤入模腔中。因此，熔体流动注射成型是挤出和注射成型相结合的一种成型方法。

熔体流动成型的优点是：制品的质量可超过注射成型机的最大注射量；熔料在料筒内的停留量少、停留时间短，比普通注射成型更适合加工热敏性塑料；制品的内应力小；成型压力低，模腔压力最高只有几个兆帕；物料的黏度低，流动性好。

由于塑料熔体的充模是靠螺杆的挤出，流动速度较慢，这对厚制品影响不大，而对薄壁长流程的制品则容易产生缺料。同时，为避免制品在模腔内过早凝固或产生表面缺陷，模具必须加热，并保持在适当的温度。几种常用热塑性塑料的熔体流动成型工艺条件见表4-9。

表 4-9 几种常用热塑性塑料的熔体流动成型工艺条件

参　　数	ABS	乙丙共聚物	PS	PC	PP	RPVC	PE
制品质量/g	465	435	450	450	345	570	460
螺杆转速/(r/min)	72	145	107	73	200	52	200
充模时间/s	60	42	54	42	125	105	30
保压时间/s	90	78	106	137	55	70	165
总周期/s	150	120	160	180	180	175	195
料筒温度/℃							
后	162	190	180	230	190	128	176
中	190	200	204	242	215	160	220
前	204	208	215	260	232	155	228
背压/MPa	1.9	0.9	2.1	3.1	1.0	3.9	1.4
注射压力/MPa	1.8	1.4	2.1	3.1	1.0	3.9	0.9
模具温度/℃	60	27	72	120	35	50	63

2. 液体注射成型（LIM）

该法是将液体物料从储存器中用泵抽入混合室内进行混合，然后由混合头的喷管注入模腔而固化成型。主要用于加工一些小型精密零件，所用的原料主要为环氧树脂和低黏度的硅橡胶。

（1）成型设备　液体注射成型要用专用设备，典型的成型设备工作原理见图4-10所示。液体注射成型设备主要由供料部分、定量及注射部分、混合及喷嘴部分组成。其中，供料部分由原料罐和原料加压筒等组成。在原料罐内装有加压板,在压缩空气或油泵作用下,向加压阀内的液体施压,使主料和固化剂经过入口阀门输送到定量注射装置。定量注射装置由两个往复式定量输出泵和注射缸组成。当主料和固化剂进入定量输出泵后,就经过出口阀和单向阀进入预混合器装置内,然后在注射油缸的作用下,推动螺杆或柱塞将混合液加压,并经过预混器、静态混合器和喷嘴注入模腔。混合装置由料筒和静态混合器组成。

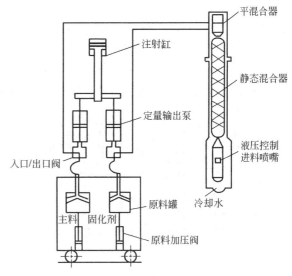

图 4-10 液体注射成型设备工作原理

(2) 常用原料及成型工艺 液体注射成型常用的原料有环氧树脂、硅橡胶、聚氨酯橡胶和聚丁二烯橡胶等,以硅橡胶为主。下面以硅橡胶为例介绍成型工艺。

硅橡胶的黏度为 200～1200Pa·s,固化剂(树脂类)黏度为 200～1000Pa·s,两者混合比例常用 1:1。这两种原料一经混合便开始发生固化反应,其反应速度取决于温度。室温下,混合料可保持 24h 以上。随着温度的升高,固化时间缩短,当混合料的温度升至 110℃以上时,瞬间即可固化。如壁厚为 1mm 的制品,固化时间仅需 10s。由于硅橡胶的固化是加成反应,无副产物生成,故模具也无须排气。

例如,成型最大壁厚为 3mm,质量为 4.5g 的食品器具,其成型工艺条件如下。

每模制品数:4 个;注射压力:20MPa;模具温度:上模为 150℃,下模为 155℃;成型周期:30s;模内固化时间:15s。

六、反应注射成型

反应注射成型(RIM)是指将两种能起反应的液体材料进行混合注射,并在模具中进行反应固化成型的一种加工成型方法。

适于反应注射成型的树脂有聚氨酯、环氧树脂、聚酯、聚酰胺等。其中,最主要的是聚氨酯。RIM 制品主要用作汽车的内壁材料或地板材料、汽车的仪表板面、电视机及计算机的壳体以及家具、隔热材料等。

1. 成型过程

RIM 的工艺流程见图 4-11。

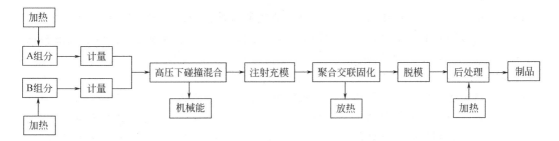

图 4-11 RIM 工艺流程

将储罐中已配制恒温好的液态 A、B 两组分,经计量泵计量后,以一定的比例,由活塞泵以高压喷射入混合头,激烈撞击混合均匀后,再注入密封模具中,在模腔中进行快速聚合反应并交联固化,脱模后即得制品。

2. 成型设备

RIM 设备主要由三个系统组成,如图 4-12 所示。

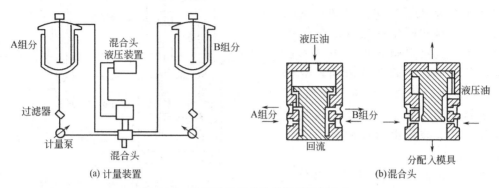

图 4-12　反应注射成型计量装置及混合头

蓄料系统:主要由蓄料槽和接通惰性气体的管路组成。

液压系统:由泵、阀、辅件及控制分配缸工作的油路系统组成。其目的是使 A、B 两组分物料能按准确的比例输送。

混合系统:使 A、B 两组分物料实现高速、均匀的混合,并加速混合液从喷嘴注射到模具中。混合头必须保证物料在小混合室中得到均匀的混合和加速后,再送入模腔。混合头的设计应符合流体动力学原理,并具有自动清洗作用。混合头的活塞和混合阀芯在油压控制下的动作如图 4-13 所示。

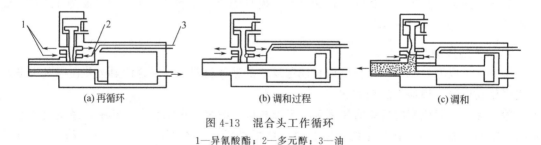

图 4-13　混合头工作循环
1—异氰酸酯;2—多元醇;3—油

由图 4-13 可知,混合头的工作由三个阶段组成。

再循环:柱塞和混合阀芯在前端时,喷嘴被封闭,A、B 两种液料互不干扰,各自循环,如图 4-13(a)所示。

调和过程:柱塞在油压作用下退至终点,喷嘴通道被打开,如图 4-13(b)所示。

调和:混合阀芯退至最终位置,两种液料被接通,开始按比例混合,混合后的液料从喷嘴高速射出,如图 4-13(c)所示。

3. 聚氨酯的反应注射成型

(1)原料组成　原料应配制成 A、B 两种组分,分别放于各自的原料储罐内,并通以氮气保护,控制一定的温度,保持适宜的黏度和反应活性。典型的 RIM 工艺配方见表 4-10。

采用上述配方制得的制品性能为:密度 $500 kg/m^3$,硬度 63IRHD(国际橡胶硬度),极限拉伸强度 10MPa,极限断裂伸长率 380%。

表 4-10　典型的 RIM 工艺配方

原液组分	组分编号	典 型 配 方	质量分数/%
A	1	混合乙二醇、己二酸聚酯(相对分子质量200)混合物	80
	2	1,4-丁二醇	10~11
	3	氨基催化剂(三亚乙基二胺或 DABCO)	0.2~0.5
	4	二月桂酸二丁基锡稳定剂(DBTDL)	0.2~0.7
	5	硅共聚物表面活性剂	1
	6	颜料糊(分散炭黑占50%)	8
	7	成核剂	0.5~1.0
	8	水	按需要定
B	9	二苯基甲烷二异氰酸酯(MDI)	60
	10	三氯氟甲烷发泡剂	0~15

配方中各组分的作用如下。

组分 1 通常为聚己二酸乙二醇酯与 5%~15% 的聚己二酸丙二醇酯的混合物,以防止单独使用线性聚乙二醇酯时的冷硬化现象。

组分 2 为扩链剂,主要作用是与大分子中的异氰酸酯基反应,从而将大分子连接起来。

组分 3 和组分 4 为混合催化体系,对生成聚合物及 NCO 与 H_2O 反应生成 CO_2 均有促进作用。

组分 5 为硅氧烷表面活性剂,对于形成有规则的微孔泡沫结构十分必要。

组分 6 是颜料,干燥的颜料必须经仔细研磨或球磨后,并加以分散后方可使用。固体颜料的分散载体一般用多元醇。

组分 7 是成核剂,有云母粉、立德粉、膨润土等,主要作用是提供气泡形成的泡核,有利于得到均匀的泡沫结构。

组分 8 是活化剂,用水作活化剂以控制泡沫塑料中闭孔泡沫的数目。

组分 9 是二苯基甲烷二异氰酸酯。若要得到高强度、高韧性的制品,必须采用纯度极高的线性异氰酸酯;若使用不纯的异氰酸酯,则制品较脆。

组分 10 是发泡剂,三氯氟甲烷是常用的物理发泡剂,它在稍高于室温下就能气化,50~100℃时气化迅速。采用该发泡剂的泡沫结构以开孔为主。

（2）工艺条件

温度：两组分的预热温度为 32℃,模具温度为 60℃。

压力：两组分的注射压力为 15.7MPa。

时间：充模时间为 1~4s,生产周期为 32~120s。

4. 增强聚氨酯的反应注射成型（RRIM）

RRIM 是指在聚氨酯中添加了增强材料后的反应注射成型。增强材料有玻璃纤维、碳纤维等,以玻璃纤维为主。

RRIM 的成型工艺过程及所用的设备与 RIM 类似,但由于多元醇组分中加入了增强材料,使料液的黏度增大。因此,该组分在通过了计量泵后,还要经过增设的高压储料缸,以更高的压力进入混合头,而未加增强材料的组分,则与 RIM 一样。另外,混合头的孔径也要相应扩大。

七、热固性塑料注射成型

1. 注射成型原理

热固性塑料的注射成型原理是：将热固性注射成型料加入料筒内，通过对料筒的外加热及螺杆旋转时产生的摩擦热，对物料进行加热，使之熔融而具有流动性，在螺杆的强大压力下，将稠胶状的熔融料，通过喷嘴注入模具的浇口、流道，并充满型腔，在高温（170～180℃）和高压（120～240MPa）下，进行化学反应，经一段时间的保压后，即固化成型，打开模具得到固化好的塑料制品。

2. 工艺流程

热固性塑料的注射成型工艺流程如下。

（1）供料　料斗中的热固性注射成型料靠自重落入料筒中的螺槽内。热固性注射成型料一般为粉末状，容易在料斗中产生"架桥"现象，因此，最好使用颗粒状物料。

（2）预塑化　落入螺槽内的注射成型料在螺杆旋转的同时向前推移，在推移过程中，物料在料筒外加热和螺杆旋转产生的摩擦热共同作用下，软化、熔融，达到预塑化目的。

（3）计量　螺杆不断把已熔融的物料向喷嘴推移，同时在熔融物料反作用力的作用下，螺杆向后退缩，当集聚到一次注射量时，螺杆后退触及限位开关而停止旋转，被推到料筒前端的熔融料暂停前进，等待注射。

（4）注射及保压　预塑完成后，螺杆在压力作用下前进，使熔融料从喷嘴射出，经模具集流腔，包括模具的主浇口、主流道、分流道、分浇口，注入模具型腔，直到料筒内的预塑料全部充满模腔为止。

熔融的预塑料在高压下，高速流经截面很小的喷嘴、集流腔，其中部分压力通过阻力摩擦转化为热能，使流经喷嘴、集流腔的预塑料温度从70～90℃迅速升至130℃左右，达到临界固化状态，也是流动性的最佳转化点。此时，注射料的物理变化和化学反应同时进行，以物理变化为主。注射压力可高达120～240MPa，注射速度为3～4.5m/s。

为防止模腔中的未及时固化的熔融料瞬间倒流出模腔（即从集流腔倒流入料筒），必须进行保压。

在注射过程中，注射速度应尽量快些，以便能从喷嘴、集流腔处获得更多的摩擦热。注射时间一般设为3～10s。

（5）固化成型　130℃左右的熔融料高速进入模腔后，由于模具温度较高，为170～180℃，化学反应迅速进行，使热固性树脂的分子间缩合、交联成体型结构。经一段时间（一般为1～3min，速固化料为0.5～2min）的保温、保压后即硬化定型。固化时间与制品厚度有关。若从制品的最大壁厚计算固化时间，则一般物料为8～12s/mm，速固化料为5～7s/mm。

（6）取出制品　固化定型后，启动动模板，打开模具取出制品。利用固化反应和取制品的时间，螺杆旋转，开始预塑，为下一模注射作准备。

3. 热固性塑料注射成型工艺条件分析

（1）温度　料筒温度是最重要的注射成型工艺条件之一，它影响到物料的流动。料筒温度太低，物料流动性差，会增加螺杆旋转负荷。同时，在螺槽表面的塑料层因剧烈摩擦而发生过热固化，而在料筒壁表面的塑料层因温度过低而产生冷态固化，最终将使螺杆转不动而无法注射。此时，必须清理料筒与螺杆，重新调整温度。而料筒温度太高，注射料会产生交联而失去流动性，使固化的物料凝固在料筒中，无法预塑。此时也必须清理料筒重新调整温度。料筒温度的设定为：加料口处 40℃，料筒前端 90℃，喷嘴处 110℃。

模具温度决定熔融料的固化。模温高，固化时间短，但模温太高，制品表面易产生焦斑、缺料、起泡、裂纹等缺陷，并且由于制品中残存的内应力较大，使制品尺寸稳定性差，冲击强度下降；模温太低，制品表面无光泽，力学性能、电性能均下降，脱模时制品易开裂，严重时会因熔料流动阻力大而无法注射。一般情况下，模具温度为160～170℃。

（2）压力　塑化压力的设定原则是：在不引起喷嘴垂延的前提下，应尽量低些。通常为0.3～0.5MPa（表压）或仅以螺杆后退时的摩擦阻力作背压。

注射压力：由于热固性塑料中所含的填料量较大，约占40%，黏度较高、摩擦阻力较大，并且在注射过程中，50%的注射压力消耗在集流腔的摩擦阻力中。因此，当物料黏度高、制品厚薄不匀、精度要求高时，注射压力要提高。但注射压力太高，制品内应力增加、溢边增多、脱模困难，并且对模具寿命有所影响。通常情况下，注射压力控制在140～180MPa。

（3）成型周期

① 注射时间　由于预塑化的注射成型料黏度低、流动性好，可把注射时间尽可能定得短些，也即注射速度快。这样，在注射时，熔融料可从喷嘴、流道、浇口等处获得更多的摩擦热，并有利于物料固化。但注射时间过短，即注射速度太快时，则摩擦热过大，易发生制品局部过早固化或烧焦等现象；同时，模腔内的低挥发物来不及排出，会在制品的深凹槽、凸筋、凸台、四角等部位出现缺料、气孔、气痕、熔接痕等缺陷，影响制品质量。而注射时间太长，即注射速度太慢时，厚壁制品的表面会出现流痕，薄壁制品则因熔融料在流动途中发生局部固化而影响制品质量。通常情况下，注射时间为 3～12s。其中，小型注射成型机（注射量在 500g 以下）注射时间为 3～5s，大型注射成型机（注射量为 1000～2000g）则为8～12s，而注射速度一般为 5～7m/s。

② 保压时间　保压时间长则浇口处物料在加压状态下固化封口，制品的密度大、收缩率低。目前，注射固化速度已显著提高，而模具浇口多采用针孔型或沉陷型，因此，保压时间的影响已趋于减小。

③ 固化时间　一般情况下，模具温度高、制品壁薄、形状简单则固化时间应短一些，反之则要长些。通常情况下，固化时间控制在 10～40s。延长固化时间，制品的冲击强度、弯曲强度提高，收缩率下降，但吸水性提高，电性能下降。

（4）其他工艺条件

① 螺杆转速　对于黏度低的热固性注射料，由于螺杆后退时间长，可适当提高螺杆转速；而黏度高的注射料，因预塑时摩擦力大、混炼效果差，此时应适当降低螺杆转速，以保证物料在料筒中充分混炼塑化。螺杆转速通常控制在 40～60r/min。

② 预热时间　物料在料筒内的预热时间不宜太长，否则会发生固化而提高熔体黏度，甚至失去流动性；太短则流动性差。

③ 注射量　正确调节注射量，可在一定程度上解决制品的溢边、缩孔和凹痕等缺陷。

④ 合模力　选择合理的合模力，可减少或防止模具分型面上产生溢边，但合模力不宜太大，以防模具变形，并使能耗增加。

4. 常用热固性塑料注射成型工艺条件

常用热固性塑料的注射成型工艺条件见表 4-11。

5. 注射成型制品的缺陷与处理

热固性注射成型制品的缺陷与处理方法见表 4-12。

表 4-11　常用热固性塑料注射成型工艺条件

塑料名称	温度/℃			压力/MPa		时间/s			螺杆转速/(r/min)
	料筒	喷嘴	模具	塑化	注射	注射	保压	固化	
酚醛塑料	40~100	90~100	160~170	0~0.5	95~150	2~10	3~15	15~50	40~80
玻璃纤维增强酚醛塑料	60~90		165~180	0.6	80~120			120~180	30~140
三聚氰胺模塑料	45~105	75~95	150~190	0.5	60~80	3~12	5~10	20~70	40~50
玻璃纤维增强三聚氰胺	70~95		160~175	0.6	80~120			240	45~50
环氧树脂	30~90	80~90	150~170	0.7	80~120			60~80	30~60
不饱和聚酯树脂	30~80		170~190		50~150			15~30	30~80
聚邻苯二甲酸二烯丙酯	30~90		160~175		50~150			30~60	30~80
聚酰亚胺	30~130	120	170~200		50~150	20		60~80	30~80

表 4-12　热固性注射成型制品的缺陷与处理方法

不正常现象	解决方法
有熔合纹	①用流动性好的原料；②提高注射压力；③提高注射速度；④降低熔料温度；⑤降低模温；⑥开排气槽；⑦改变浇口位置
烧焦或变色	①用流动性好的原料；②降低料筒温度和模具温度；③降低注射压力；④扩大浇口截面积
有流动纹路	①改变注射速度；②降低模具温度；③增加壁厚；④提高料筒温度；⑤改变浇口位置
表面有孔隙	①提高注射压力；②增加料量；③开排气槽；④降低模温；⑤降低料筒温度；⑥增加注射时间
凹痕与水迹	①增加合模力和注射压力；②增加料量；③增加保压时间；④减少飞边；⑤采用湿度小的原料；⑥降低模温；⑦排气槽太深，重开排气槽
表面有划痕	①模具成型面划伤；②原料内杂质；③增加脱模斜度；④模具电镀层剥落，应重新电镀；⑤延长热压时间
壁厚不均匀	①型腔与型芯的位置有偏差；②浇口位置不当；③增加型芯强度；④降低注射压力；⑤增加塑料的流动性
表面有斑点	①原料内有杂质；②脱模剂用量不当；③模具没有很好的清理；④成型面黏附杂质
有白斑点	①用流动性好的注射成型料；②缩短热压时间；③降低料筒温度；④降低模温；⑤清理料筒内层料
挠曲或弯曲	①用水分少的原料；②增加热压时间；③塑件的壁太厚或太薄；④制品出模后缓慢冷却至室温
主流道黏模	①延长热压时间；②提高定模温度；③扩大浇口套小端孔径，使之大于喷嘴孔径；④增加主流道斜度；⑤检查主流道与喷嘴之间是否漏料；⑥主流道下端设拉料杆
嵌件歪斜、变形	①用流动性好的原料；②降低注射压力；③降低注射速度；④使嵌件稳定、到位
表面灰暗	①降低模温；②提高模具光洁程度；③增加料量；④开排气槽；⑤用湿度小的料；⑥清洁模具成型面
飞边多	①减少料量；②增加合模力；③降低注射压力；④分型面中有间隙，要修复分型面；⑤减少各滑配部分的间隙；⑥用流动性稍差的料；⑦调整模温
起泡	①降低模温；②降低料筒温度；③提高注射压力；④增加热压时间；⑤增加料量；⑥扩大浇口面积；⑦开排气槽；⑧原料中水分及挥发分量太大；⑨均匀加热模具
脱模时变形	①提高模温；②增加热压时间；③降低注射压力；④增加脱模斜度；⑤提高模具成型面的光洁程度；⑥均衡布置脱模力
黏模	①提高模温；②增加热压时间；③减少飞边；④喷嘴与浇口是否配合，喷嘴孔是否小于主流道；⑤提高模具成型面和浇道的光洁程度；⑥使用脱模剂
制品局部缺料	①增加料量；②提高注射压力；③调整模温；④调整料筒温度；⑤扩大浇口与浇道的截面积；⑥开设排气槽；⑦延长保压时间；⑧修正分型面，减少溢料；⑨擦净型腔和型面上油污、脱模剂等；⑩增加浇道光洁程度；⑪增加注射成型件壁厚；⑫平衡多型腔的各浇口；⑬注射成型机的最大注量是否大于制品的重量；⑭用流动性好的原料

第六节　注射成型制品的质量分析

在注射成型过程中，制品的质量与所用塑料原料质量、注射成型机的类型、模具的设计与制造、成型工艺参数的设定与控制、生产环境和操作者的状况等有关，其中任何一项出现问题，都将影响制品的质量，使制品产生缺陷。

制品的质量，包括制品的内在质量和表面质量（也称表观质量）两种。内在质量影响制品的性能，表面质量影响制品的价值。由于制品表面质量是内在质量的反映，因此，要保证注射成型制品的质量，必须从控制制品内在质量着手。

影响制品质量的因素很多，本节主要介绍内应力、收缩性、熔接强度及各种表面缺陷的产生原因及处理。

一、内应力

1. 内应力的产生

注射成型制品内应力的产生原因有两个，首先是由于塑料大分子在成型过程中形成不平衡构象，成型后不能立即恢复到与环境条件相适应的平衡构象所产生的。此外，当外力使制品产生强迫高弹变形时，也会产生内应力。根据产生内应力的原因不同，注射成型制品中可能存在以下四种形式的内应力，即取向应力、温度应力、不平衡体积应力和变形应力等。

（1）取向应力　当处于熔融状态下的塑料被注入模具时，注射压力使高聚物的分子链与链段发生取向。由于模具温度较低，熔体很快冷却下来，使取向的分子链及分子链段来不及恢复到自然状态（即解取向），就被冻结在模具内而形成了内应力。

注射成型工艺参数对取向应力的影响如图 4-14 所示。

从图 4-14 中可知，熔体温度对取向应力影响最大，也即提高熔体温度，取向应力降低；提高模具温度，有利于大分子解取向，取向应力下降；延长注射和保压时间，取向应力增大，直至浇口"冻结"而终止。

（2）温度应力　它是因温差引起注射成型制品冷却时不均匀收缩而产生的，即当熔体进入温度较低的模具时，靠近模腔壁的熔体迅速地冷却而固化，由于凝固的聚合物层导热性很差，阻碍制品内部继续冷却，以至于当浇口冻结时，制品中心部分的熔体还有未凝固的部分，而这时注射成型机已无法进行补料，结果在制品内部因收缩产生拉伸应力，在制品表层则产生压缩应力。

（3）体积不平衡应力　注射成型过程中，塑料分子本身的平衡状态受到破坏，并形成不平衡体积时的应力，如结晶性塑料的晶区与非晶区界面产生的内应力；结晶速率不同、收缩不一致产生的应力等。

（4）变形应力　脱模时，制品变形产生的应力。

2. 内应力的消除和分散

制品中内应力的存在会严重影响制品的力学性能和使用性能。例如制品在使用过程中出现的裂纹、不规则变形或翘曲，制品表面的泛白、浑浊、光学性质变坏，制品对光、热及腐

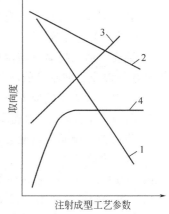

图 4-14　取向应力与注射成型
工艺参数的关系

1—熔体温度；2—模具温度；
3—注射压力；4—保压时间

蚀介质的抵抗能力下降（如环境应力开裂）等，都是由于制品中存在的内应力作用的结果。因此，必须采取措施消除和分散内应力。具体方法如下。

（1）塑料材料

① 加工时要选用纯净的塑料材料，因为杂质的存在，易使制品产生内应力。

② 当塑料材料的分子量较高、分子量分布范围较窄时，制品中产生的内应力较小（但必须考虑到材料的可加工性）。

③ 多组分的塑料材料在加工时，各组分应分散均匀，否则，易产生应力集中。

④ 结晶性塑料材料在成型中加入成核剂（如聚丙烯中加入成核剂己二酸）后，可使结晶更完善，形成的球晶体积小、数量多，制品的内应力小。

（2）制品设计　为减小内应力，在设计制品时应做到以下几点。

① 制品的表面积与体积之比尽量小，因为比值小的厚制品，冷却缓慢，内应力较小。

② 制品的壁厚应尽量均匀，壁厚差别大的制品，因冷却不均匀而容易产生内应力，对厚薄不均匀的制品，在厚薄结合处，尽量避免直角过渡，而应采用圆弧过渡或阶梯式过渡。

③ 当塑料制品中带有金属嵌件时，嵌件的材质最好选用铜或铝，而且加工前要预热。

④ 在制品的造型上，尽量采用曲面、双曲面，这样不仅美观，而且也能减少变形。

（3）模具设计　在模具设计过程中应注意以下几个方面的问题。

① 浇口的尺寸和位置　浇口小，保压时间短、封口压力低、内应力较小，浇口设置在制品的厚壁处，则注射压力和保压压力低、内应力小。

② 流道　流道大，则注射压力低、注射时间短、内应力小。

③ 模具冷却系统　设计时，应保证冷却均匀一致，这样制品的内应力小。

④ 顶出系统　采用大面积顶出后，制品内应力小。

⑤ 脱模斜度　模具应具有一定的脱模斜度，使制品脱模顺利，产生的内应力小。

（4）成型工艺参数

① 温度　适当提高料筒温度，保证物料塑化良好、组分分散均匀，可减小内应力；适当提高模具温度，使制品的冷却速率降低、取向减少，制品的内应力也降低。

② 压力　适当降低成型时的注射压力和保压压力，有利于减小制品的取向应力。

③ 时间　适当降低注射速度（即延长注射时间）、缩短保压时间，有利于减小制品内应力。

④ 热处理　制品的内应力还可通过热处理的方法消除。

3. 内应力的检查

内应力的检查方法主要有以下两种。

（1）溶剂浸渍法　溶剂浸渍法是工厂中普遍采用的一种检测手段，该法是将 PS、PC、聚砜、聚苯醚等塑料所注射成型的制品浸入某些溶剂（如苯、四氯化碳、环己烷、乙醇、甲醇等）之中，以制品发生开裂破坏所需的时间来判断应力的大小，时间越长则应力越小。

（2）仪器法　常用偏振光检验法，即将制品置于偏振光镜片之间，观察制品表面彩色光带面积，以彩色光带面积的大小来确定制品内应力大小，如果观察到的彩色光带面积大，说明制品内应力大。

二、收缩性

1. 收缩过程

注射制品的尺寸一般都小于模具的型腔尺寸，这是因为塑料在成型过程中，体积发生了变化。通常，把塑料制品从模具中取出，尺寸发生缩减的性能称为收缩性。注射成型制品在成型过程中产生的收缩，可分为三个阶段。

第一阶段的收缩主要发生在浇口凝固之前,即保压阶段。在保压期内,物料温度下降、密度增加,最初进入模内的物料体积缩小,但由于此时加热料筒仍不断将塑料熔体压入模腔,补偿了模内物料体积的改变,模内制品重量的增加和塑料熔体的不断压实,可一直进行到浇口凝封为止。因此,模内塑料的收缩率受保压压力和保压时间的控制,即保压压力越大、保压时间越长,则制品的收缩率越低。

第二阶段的收缩是从浇口凝封后开始的,直至脱模时为止。在该阶段已无熔体进入模腔,制品的重量也不会再改变。此时,无定形塑料的收缩是按体积膨胀系数进行的,收缩的大小取决于模温和冷却速率:模温低,冷却速率快,分子被冻结来不及松弛,因此制品的收缩小;而结晶型塑料的收缩主要取决于结晶过程,结晶度提高,则制品密度增加、体积减小、收缩增大。在该阶段中,影响结晶的因素仍是模温和冷却速率:模温高,冷却速率慢,结晶完全,因此收缩大,反之则收缩小。

第三阶段的收缩是从脱模后开始的,属自由收缩。此时,制品的收缩率取决于制品脱模时的温度与环境介质温度之差,也取决于热膨胀系数。塑料制品的模外收缩,也称后收缩,通常在脱模后的6h内完成90%的收缩,10天内完成几乎全部的剩余收缩。测定的制品收缩率,一般是指脱模后24h内的收缩率。

2. 影响收缩的因素

影响制品收缩性的因素主要有以下几方面。

(1) 塑料材料 包括塑料材料的结晶性、分子量及分子量分布、有无填充剂等。

(2) 注射成型工艺参数 包括料温、模温、注射压力、注射速度、保压时间等。

(3) 制品设计 包括制品的厚度、形状及有无嵌件等。

(4) 模具结构 包括模具中浇口的设置、流道的尺寸及模具的冷却等。

(5) 设备选择 包括设备类型、控制精度等。

3. 收缩的控制

制品收缩性的控制,可从以上介绍的影响因素入手。

(1) 塑料材料 选择分子量大小适当、分子量分布均匀的塑料材料;选择流动性好、熔体流动速率低的聚合物;选用有增强剂或填料的复合材料;对结晶性塑料,提供减小结晶度和稳定结晶度的条件。

(2) 成型工艺 适当提高料筒温度;适当降低模具温度;适当提高注射压力和注射速度;适当延长保压时间和冷却时间。

(3) 制品设计 在能确保强度、刚性要求的前提下,适当减小制品的厚度;尽量保证制品的厚度均匀;带有加强筋的制品,可减小收缩;制品的几何形状尽量简单、对称,使收缩均匀;采用边框补强可减小收缩。

(4) 模具设计 适当加大浇口截面积;尽量缩短内流道,减小流长比;金属嵌件的使用要合理,尺寸大的嵌件要预热;模具冷却水孔的设置要合理,分布要均匀,冷却效率要高。

(5) 注射成型机 料筒及喷嘴的温度控制系统应稳定、可靠,精度要高;所用螺杆的塑化能力高、塑化质量均匀、计量准确;能实现注射压力和速度的多级控制;合模机构刚性要大、合模力高;注射成型机油温稳定、压力和流量的波动范围小。

三、熔接强度

1. 熔接痕的形成及种类

熔接痕是指注射成型制品上经常出现的一种线状痕迹,是注射成型过程中,两股料流的汇集处。当制品成型时采用多浇口或有孔、嵌件及制品厚度不均匀时,容易形成熔接痕。

最常见的熔接痕有两种:一种是在充模开始时形成的,称为早期熔接痕;另一种是在充模终止时形成的,称为晚期熔接痕。

2. 熔接强度

注射成型制品在受到外力作用时,常在熔接痕处发生破坏,这是由于料流熔接处的力学强度低于其他部位的缘故。力学强度降低的原因为:料流在经过一段流程后,其温度有所降低,当两股料流汇合时,相互熔合性变差了;结晶性塑料在熔接处不能形成完全结晶;在两股料流间夹杂了气体或杂质,使接触面积减小,导致熔接强度下降。

3. 控制熔接强度的措施

对于可能产生熔接痕的制品来说,提高熔接强度的措施如下。

(1)提高料温和模温　由于低温熔料的料流汇合性能较差,易形成熔接痕。因此,适当提高料筒温度、喷嘴温度及模具温度,有利于提高熔接强度。

(2)提高注射压力　有利于熔体克服流道阻力,并使熔料在高压下熔合,增加了熔接处的密度,使熔接强度提高。

(3)提高注射速率　注射速率的提高,将减少熔体汇合前的流动时间,热耗减少,并加强了剪切生热,使熔体温度回升,从而提高了熔接强度。对于剪切敏感性的塑料材料,提高注射速率将更有效。

(4)进行热处理　注射成型制品经热处理后,有利于释放成型过程中在料流熔接处形成的内应力,使熔接强度提高。

(5)其他方面　除成型工艺参数外,制品厚度的增加、脱模剂的正确使用、模具的排气良好、原料的充分干燥以及金属嵌件的预热等,都有利于提高熔接强度。

四、注射成型制品的表面缺陷与处理

1. 欠注

(1)产生原因　欠注又称充填不足、制品不满等,是指注射制品成型不完全。产生欠注的主要原因有:塑料材料的流动性太差,成型工艺条件控制不当,模具浇注系统设计不合理、型腔排气不畅,注射成型机选型不当,制品结构设计不合理等。

欠注有两种表现形式:大面积的欠注和微小的欠注。

(2)处理方法

① 材料方面　加工时要选用流动性好的塑料材料,也可在树脂中添加改善流动性的助剂;此外,应适当减少原料中再生料的掺入量。

② 成型工艺条件方面

a. 适当提高料筒温度　料筒温度升高后有利于克服欠注现象,但对热敏性塑料,提高料筒温度会加速物料分解。

b. 保持足够的喷嘴温度　由于喷嘴在注射过程中与温度较低的模具相接触,因此喷嘴温度很容易下降,如果模具结构中无冷料穴或冷料穴太小,冷料进入型腔后,阻碍了后面热熔料的充模而产生欠注现象,因此喷嘴必须加热或采用后加料的方式。

c. 适当提高模具温度　模具温度低是产生欠注的重要原因,如果欠注发生在开车之初尚属正常,但成型几模后仍不能注满,就要考虑采取降低模具冷却速率或加热模具等措施。

d. 提高注射压力和注射速度　注射压力低则充模长度短,注射速度慢则熔体充模慢,

这些都会使熔体未充满模具就冷却，失去流动性。因此，提高注射压力和注射速度，都有利于克服欠注现象，但要注意防止由此而产生其他缺陷。

③ 模具方面　适当加大流道及浇口的尺寸，合理确定浇口数量及位置，加大冷料穴及改善模具的排气等都有利于克服欠注现象。

④ 设备方面　选用注射成型机时，必须使实际注射量（包括制品浇道及溢边的总重量）不超过注射成型机塑化量的 85%，否则会产生欠注现象。

⑤ 检查供料情况　料斗中缺料及加料不足，均会导致欠注。一旦发现欠注，首先要检查料斗，看是否缺料或是否在下料口产生了"架桥"现象；此外，加料口处温度过高，也会引起下料不畅。一般来说，料斗座要通冷却水冷却。

2. 溢边

溢边又称飞边、毛刺等，是充模时，熔体从模具的分型面及其他配合面处溢出，经冷却后形成。尽管制品上出现溢边后，不一定就成为废品，但溢边的存在影响制品的外观和尺寸精度，并增加了去除溢边的工作，严重时会影响制品脱模、损坏模具等。因此必须防止。

（1）产生原因　产生溢边的原因主要有三个，即注射成型机选用不当、模具有缺陷、成型工艺条件控制不合理。

（2）处理方法

① 设备方面　当制品的投影面积与模腔平均压力之积，超过了所用注射成型机的额定合模力后，应考虑更换合模力大的注射成型机；对液压曲肘合模装置，检查合模后曲肘是否伸直、模板是否平行、拉杆是否变形不均匀等。

② 模具方面　提高模具分型面、镶嵌面、滑动型芯贴合面及顶杆等处的精度，保证贴合紧密；提高模具刚性，防止模板变形；合理安排流道，避免出现偏向性流动（一边缺料，另一边出现溢边）；成型熔体黏度低、流动性好的物料时，必须提高模具的制造精度。

③ 成型工艺条件方面　适当降低料筒、喷嘴及模具温度；适当降低注射压力和注射速度；适当减少加料量。

由于防溢边所采用的成型工艺条件与防欠注正好相反，因此，在具体实施时要调节好，即选用既不产生溢边，又不出现欠注的最佳成型工艺条件。如果在工艺条件的控制上，两者不能兼得的话，首先应保证不欠注，然后采取其他方法克服溢边。

3. 银纹

银纹是挥发性气体分布在制品表面而形成的，是加工中常见的一种表面缺陷。

（1）产生原因　银纹有三种类型，即水汽银纹、降解银纹和空气银纹。水汽银纹是因为物料含水量高而形成，它一般是不规则地分布在整个制品的表面；降解银纹是物料受热分解形成，降解银纹的密度和数量一般是沿制品的壁厚分布；空气银纹是因为充模速度快裹入空气而形成，其分布比较复杂，一般以浇口位置附近居多。

（2）处理方法

① 材料方面　物料要充分干燥，尤其是易吸湿的物料，不仅干燥要彻底，而且要防止使用过程中的再吸湿，这样可消除水汽银纹；对于降解银纹的消除，要尽量选用粒径均匀的树脂，以防塑化时的受热不均，并要筛除原料中的粉屑，减少再生料的用量。

② 成型工艺条件方面　对于降解银纹，要适当降低料筒及喷嘴的温度，缩短物料在料

筒中的停留时间，以防物料受热分解；另外，降低注射压力和注射速度，也可防止物料因剪切剧烈而分解。对于水汽银纹，可采用适当增加预塑时的背压和使用排气式注射成型机等的方法消除。对于由于空气而产生的银纹，可通过增加预塑背压、降低注射速度、加强模具排气及合理设计浇口等措施消除。

此外，液体助剂的存在及脱模剂的使用不当等，也会产生银纹，具体操作时应注意。

4. 尺寸不稳定

（1）产生原因　成型时原料的变动、成型时工艺条件的波动、模具产生故障、注射成型机工作不正常、测试方法或条件不一致等都会使尺寸不稳定。

（2）处理方法

① 材料方面　换料要谨慎。同种树脂及助剂，由于产地和批号不同，其收缩率也不同，换料时要进行检测，发现问题及时解决，选用原料时要做到：树脂颗粒应大小均匀、原料要充分干燥、严格控制再生料的加入量。

② 成型工艺条件方面　成型工艺条件要严格控制，不能随意变动；如果成型后制品的尺寸大于所要求的尺寸，采取的措施为：适当降低料温和注射压力、减少注射和保压时间、提高模具温度、缩短冷却时间，以提高制品收缩率，使制品尺寸变小；如果制品尺寸小于规定值，则采取与上述相反的成型工艺条件。

③ 模具方面　在模具的设计上，要保证浇口、流道的设置合理性，对尺寸要求较高的制品，型腔数目不宜取得过多，以1~2个为宜，最多不超过4个。在模具制品过程中，要选用刚性好的材料，并保证模具型腔及各组合件的精度。如果成型的塑料易分解且分解气体具有腐蚀性时，模具型腔所用材料必须要耐腐蚀；如果成型的塑料组分中有无机填料或采用玻璃纤维增强时，模具型腔必须使用耐磨材料。

④ 设备方面　检查注射成型机可能出现的问题，例如，注射成型机的塑化量，加料系统、加热系统、液压系统、温控系统及线路电压等是否正常、稳定，一旦发现异常，必须及时排除。

⑤ 尺寸的测量　注射制品的尺寸，必须按标准规定方法和条件进行测量。

5. 凹陷

（1）产生原因　原料的收缩性太大、成型工艺条件控制不当、制品的壁太厚或壁厚不均匀、模具设计不合理等都会产生凹陷。

（2）处理方法

① 材料方面　尽量选用收缩性小的原料；加强原料的干燥；在原料中加入适量的润滑剂，改善熔体流动性；减少再生料的用量；选用含有增强填料的原料。

② 成型工艺条件方面　提高注射压力和注射速度，延长保压时间，适当增加供料量，降低模具温度及加强模具冷却等，都可消除或减少制品的凹陷。当嵌件周围出现凹陷时，应设法提高嵌件温度。

③ 模具方面　增加浇口和流道尺寸，以减小熔体流动阻力，使充模顺利；改善模具排气条件；浇口应设置在厚壁部位；流道中要开设足够容量的冷料穴，以免冷料进入型腔而影响充模；合理布置冷却水道，特别是制品壁厚最大的部位，要加强冷却。

④ 设备方面　提高注射成型机的塑化能力，保证成型工艺条件的稳定；此外，采用气辅注射也可消除凹陷。

⑤ 制品设计方面　尽量减小壁厚，避免壁厚不均匀；制品形状要简单、对称；必要时可在制品表面增加一些装饰花纹，以掩盖出现的凹陷。

6. 翘曲

（1）产生原因　原材料及助剂选用不当；成型工艺控制不当；模具冷却不均匀；制品脱模时受力不匀等都会产生翘曲。

（2）处理方法

① 材料方面　使用非结晶塑料时，制品的翘曲比结晶性塑料小得多；结晶性塑料可通过选择合适的成型工艺条件减少翘曲；合理选用颜料（如酞菁系列颜料，易使聚乙烯、聚丙烯等塑料在加工时因分子取向加剧而产生翘曲）。

② 成型工艺条件方面　适当提高注射压力、注射速度，降低保压压力；延长注射及保压时间；适当降低料温、加强冷却；控制好热处理工艺。

③ 模具方面　合理设计浇注系统，如浇口位置、浇口数量及浇口的形状尺寸等，使熔体平稳充模，减少分子取向，使收缩平衡而减少翘曲；合理确定脱模斜度；合理设计顶出装置，如顶出位置、顶出面积、顶杆数量等，保证制品顶出受力均匀；必要时，可适当增加制品的壁厚，以提高抵抗变形能力；为减少成型周期，对某些易翘曲变形的制品，在脱模后立即置于冷模中进行校正。

7. 龟裂

（1）产生原因　注射成型工艺控制不当，造成制品中内应力太大；制品脱模不良；溶剂的作用等都会产生龟裂。

（2）处理方法

① 成型工艺条件方面　采取有利于消除内应力的成型工艺条件，如适当提高料筒温度和模具温度、降低注射压力、缩短保压时间等，可减少或消除龟裂。

② 模具方面　制品在脱模时，由于脱模力过大或脱模力不均衡而产生龟裂。因此，必须改善脱模条件，具体措施为：提高模具型腔的光洁程度；适当增加脱模斜度；顶杆应布置在脱模阻力最大的部位以及能承受较大顶出力的部位；尽量使顶出力平衡；合理使用脱模剂。

③ 制品使用环境　由于制品中残存较大的内应力，当它们在存放和使用过程中，接触某些介质（如溶剂等）之后，也易产生龟裂。

④ 热处理　龟裂与开裂有本质区别。龟裂不是空隙状的缺陷，而是高分子沿应力作用方向的平行排列，经热处理后可以消除。热处理方法为：把制品置于热变形温度附近（低于热变形温度5℃左右）处理1h，然后缓慢冷至室温。

8. 熔接痕

熔接痕是制品上的一种线状痕迹，产生的主要原因是熔体的熔合不良。有关塑料熔体的熔接强度，本节的前半部分中已作介绍，这里主要介绍如何减少或消除熔接痕这个表面缺陷。

（1）原料方面　加强原料的干燥，减少原料间的混杂，对流动性差的原料，可适量添加润滑剂。

（2）成型工艺条件方面　适当提高料温和模温，增加注射压力和注射速度，这样不仅可提高熔接强度，而且也有利于减少或消除熔接痕。

（3）模具方面　加强模具排气、合理选择浇口位置和数量、增加浇口和流道的截面积、适当加大冷料穴等，都有利于减少或消除熔接痕。

当熔接痕难以消除时，可采用以下两种方法。

① 改变熔接痕位置　通过改变浇口位置和尺寸、改变制品的壁厚等，尽量把熔接痕引

导到不影响制品表面质量或不需要高强度的位置。

② 增设溢料槽　在熔接痕附近增设溢料槽，使熔接痕脱离制品，转移到溢料槽中的溢料上，成型后再切除溢料即可。

此外，正确使用脱模剂、保持模腔清洁、提高嵌件温度、改用较大规格的注射成型机等措施，也可减少或消除熔接痕。

9. 光泽差

(1) 产生原因　材料本身无光泽、模具型腔的表面光洁程度不够、成型工艺条件控制不当都会使制品表面光泽差。

(2) 处理方法

① 材料方面　塑料材料的本身性质决定其制品难以形成光亮的表面。如高抗冲聚苯乙烯，随着树脂组成中聚丁二烯橡胶成分的比例增加，制品表面光泽下降；减少再生料的掺入量，再生料的掺入比例越高或所用再生料的再生次数越多，制品的光泽越差；加强物料的干燥，减少物料中水分及其他易挥发物的含量；尽量选用流动性好的树脂或加工时添加适量的润滑剂；选用颗粒均匀及颗粒中粉状料含量低的树脂。此外，选用原料时还要注意到着色剂的质量，结晶性塑料的结晶度以及原料的纯度等。

② 模具方面　尽量增加模腔的表面光洁程度。模腔的表面最好采取抛光处理或镀铬，并保持模腔表面的清洁；此外，改善模具的排气、增大流道截面积和冷料穴的尺寸等，也有利于提高制品的表面光泽。

③ 成型工艺条件方面　适当提高模具温度，因为模具温度是影响制品表面光泽的最重要的成型工艺条件；适当提高料温、注射压力和注射速度，延长注射保压时间等，都有利于提高制品的表面光泽。

10. 烧焦

(1) 产生原因　原料选用不当；模腔内空气被压缩，温度升高，使塑料产生烧焦；充模时的摩擦热使塑料烧焦；料筒温度过高、物料在料筒或喷嘴内滞留时间过长而烧焦。

(2) 处理方法

① 原料方面　原料要纯净并经充分干燥；配方中所用的着色剂、润滑剂等助剂，要有良好的热稳定性；少用或不用再生料；原料储存时要避免交叉污染。

② 成型工艺条件方面　适当降低料筒和喷嘴温度、降低螺杆转速和预塑背压、降低注射压力和注射速度、缩短注射和保压时间、减少成型周期等，都有利于消除烧焦现象。

③ 模具方面　加强模具排气、合理设计浇注系统、适当加大浇口及流道。

④ 设备方面　彻底清理料斗、料筒、螺杆、喷嘴，避免异料混入；仔细检查加热装置，以防温控系统失灵；所用的注射成型机容量要与制品相配套，以防因注射成型机容量过大而使物料停留时间过长。

11. 冷料斑

冷料斑是指制品浇口处带有雾色或亮色的斑纹，或者从浇口出发的、宛若蚯蚓贴在上面的弯曲疤痕。

(1) 产生原因　熔体从浇口进入型腔时的熔体破裂、成型工艺条件控制不当及模具结构不合理等都易产生冷料斑。

(2) 处理方法

① 材料方面　加强原料的干燥、防止物料受污染、减少或改用润滑剂。

② 成型工艺条件方面　适当提高料筒、喷嘴及模具的温度、增加注射压力、降低注射

速度。

③ 模具方面　在流道末端开设足够大的冷料穴；对于直接进料成型的模具，闭模前要把喷嘴中的冷料去掉，同时在开模取制品时，也要把主浇道中残留的冷料拿掉，避免冷料进入型腔；改变浇口的形状和位置，增加浇口尺寸；改善模具的排气。

12. 黏模

黏模是指塑料制品不能顺利从模腔中脱出的现象。黏模后，若采取强制脱模，则会损伤制品。

（1）产生原因　成型工艺条件不当、模具设计及制作不合理等都易产生黏模现象。

（2）处理方法

① 原料方面　加强原料的干燥、防止原料污染及适量添加润滑剂等，都有利于消除黏模现象。

② 成型工艺条件方面　适当降低料温和模温、减小注射压力和保压压力、缩短注射时间、延长冷却时间、防止过量充模。

③ 模具方面　尽量提高模腔及流道的表面光洁程度、减小镶块的配合间隙、适当增加脱模斜度、合理设置顶出机构。此外，正确使用脱模剂也是防黏模的有效措施。

13. 透明制品的缺陷

透明制品中常出现的缺陷有银纹、气泡、表面粗糙、光泽差、雾晕、料流痕及黑斑等，下面分别介绍这些缺陷的处理方法。

（1）银纹　原料充分干燥；清除物料中的异物杂质；适当降低料温；提高注射压力；调整预塑背压，降低螺杆转速；缩短成型周期；合理设计浇注系统；改善模具排气。此外，用热处理的方法也可消除制品上的银纹。

（2）气泡　加强物料的干燥；适当降低料温，提高模温；适当提高注射压力和注射速度；延长保压时间；缩短制品在模腔内的冷却时间；必要时，可将制品放入热水中缓慢冷却；合理设置浇口；改善模具排气。

（3）表面粗糙、光泽差　适当提高料温、模温；适当增加注射压力和注射速度；延长制品在模腔内的冷却时间；合理设置浇口；提高模具型腔的表面光洁程度。

（4）雾晕　加强物料的干燥；保证物料纯净；适当提高料温和模温；增加预塑背压和注射压力。

（5）料流痕　适当提高料温和模温，尤其是喷嘴温度；增加注射压力和注射速度；扩大流道及浇口的截面；设置合适的冷料穴；改善模具排气。

（6）黑斑及条纹　保持物料纯净；适当降低料温，合理设定料筒各段温度；适当降低注射压力和注射速度；提高流道及浇口的尺寸；改善模具排气；清除料筒及喷嘴中的滞料。

第七节　质量管理及工艺卡制订

一、注射制品的质量检验

1. 外观检验

制品的外观是指制品的造型、色调、光泽及表面质量等凭人的视觉感觉到的质量特性。

制品的大小和用途不同，外观检验标准也不相同，但检验时的光源和亮度要统一规定。

外观质量判断标准是由制品的部位而定，可见部分（制品的表面与装配后外露面）与不可见部分（制品里面与零件装配后的非外露面）有明显的区别。

塑料制品的外观质量不用数据表示，通常用实物表示允许限度或制作标样。标样（限度标准）最好每种缺陷封一个样。

过高要求塑料制品的外观质量是不可能的，一般粗看不十分明显的缺陷（裂缝除外）便可作合格品。在正式投产前，供、需双方在限度标样上刻字认可，避免日后质量纠纷。外观检验的主要内容如下。

（1）熔接痕　熔接痕明显程度是由深度、长度、数量和位置决定的，其中深度对明显程度的影响最大。可用限度一般均参照样品，根据综合印象判断。深度一般以指甲划，感觉不出为合格。

（2）凹陷　将制品倾斜一个角度，能清楚地看出凹陷缺陷，但通常不用苛刻的检验方法，而是通过垂直目测，判断凹陷的严重程度。

（3）料流痕　制品的正面和最高凸出部位上的料流痕在外观上不允许存在，其他部位的料流痕明显程度根据样品判断。

（4）银丝（气痕）　白色制品上的少量银丝不明显，颜色越深，银丝越明显。白色制品上的银丝尽管不影响外观，但银丝是喷漆和烫印中涂层剥落的因素。因此，需喷漆和烫印的制品上不允许有银丝存在。

（5）白化　白化是制品上的某些部位受到过大外力的结果（如顶出位置）。白化不仅影响制品外观，而且使其强度也降低了。

（6）裂纹　裂纹是外观缺陷，更是强度上的弱点，因此，制品上不允许有裂纹存在。裂纹常发生在浇口周围、尖角与锐边部位，应重点检查这些部位。

（7）杂质　透明制品或浅色制品中，各个面的杂质大小和数量需明确规定。例如，侧面允许有 5 个直径 0.5mm 以下的杂质点，每两点之间的距离不得小于 50mm 等。

（8）色彩　按色板或样品检验，不允许有明显色差和色泽不匀现象。

（9）光泽　光泽度按反射率或粗糙度样板对各个面分别检验。以机壳塑件为例，为提高商品价值，外观要求较高，为此，正面和最高凸出部位的光泽度应严格检查。具体参阅 GB/T 8807—1988 塑料镜面光泽试验方法。

（10）透明度（折射率）　透明制品最忌浑浊。透明度通过测定光线的透过率，一般按标样检验。具体参阅 GB/T 2410—2008 透明塑料透光率和雾度的测定。

（11）划伤　制品出模后，在工序周转、二次加工及存放中相互碰撞划伤，有台阶和棱角的制品特别易碰伤。正面和凸出部位的划伤判为不合格品，其他部位按协议规定。

（12）浇口加工痕迹　用尺测量的方法检验浇口加工痕迹。

（13）溢边（飞边）　制品上不允许存在溢边，产生溢边的制品要用刀修净，溢边加工痕迹对照样品检验，不允许有溢边加工痕迹的面上一旦出现溢边，应立即停产，检验原因。

（14）文字和符号　文字和符号应清晰，如果擦毛或缺损、模糊不清则不但影响外观，而且缺少重要的指示功能，影响使用。

2. 制品尺寸检验

制品尺寸检验的主要内容如下。

（1）尺寸检验方法　测量尺寸的制品必须是在批量生产中的注射成型机上加工，用批量生产的原料制造，因为上述两项因素变动后，尺寸会跟着变化。

测量尺寸的环境温度需预先规定，塑件在测量尺寸前先按规定进行试样状态调节。精密塑件应在恒温室内（23℃±2℃）测量。

检验普通制品的尺寸，取一个在稳定工艺参数下成型的制品，对照图纸测量。

精密制品的尺寸检验是在稳定工艺条件下连续成型100件，测量其尺寸并画出统计图，确认在标准偏差的3倍标准内，中间值应在标准的1/3范围内。

测量塑件尺寸的量具常用钢直尺、游标卡尺、千分尺、百分表等。必须注意的是：测量金属用的百分表等，测量时的接触压力高，塑料易变形，最好使用测量塑料专用的量具。量具和测量仪表要定期鉴定，贴合格标签。

测量塑料制品时要做好记录，根据图纸或技术协议判断合格与否。

工厂内对于精度要求不高的制品尺寸，多用自制测量工具，如卡板等，但要保证尺寸精度。

（2）自攻螺纹孔的测量　自攻螺纹孔必须严格控制：太小，自攻螺钉拧入时凸台开裂；太大，则螺钉掉出。常用量规检验（过端通过，止端通不过）。自攻螺纹孔直径的精度一般为+0.05～+0.1mm。用量规检验时要注意用力大小，不能硬塞。

（3）配合尺寸的检验　两个以上零件需互相配合使用时，同零件间要有互换性。配合程度以两个零件配合后不变形，轻敲侧面不松动落下为好。

（4）翘曲零件的测量　把制品放在平板上用厚薄规测量，小制品用游标卡尺（不要加压）测量。

（5）工具显微镜检验尺寸　这是不接触制品的光学测量，属于精密测量方法，塑件在测量中不变形。缺点是需要在一定的温度环境中测量，设备价格昂贵，是精密制品测量中不可缺少的方法。

3. 强度检验

（1）冲击强度　塑料制品在冬季容易开裂的原因是：温度低，大分子活动空间减少、活动能力减弱，因此，塑料冲击强度变小。从实用角度出发，用落球冲击试验为好。该法是将试样水平放置在试验支架上，使1kg重的钢球自由落下，冲击试样，观察是否造成损伤，求50%的破坏能量，并由落下的高度表示强度。凸台、熔接痕周围、浇口周围等都是冲击强度弱的部位。

（2）跌落试验　检验装配后的塑料制品强度或检验制品在运输过程中是否会振裂，可进行跌落试验。

（3）弯曲试验　测定塑件刚性的实用试验方法，用挠度表示，具体参阅GB/T 9341—2000塑料弯曲性能试验方法。

测试浇口部位的强度时，对浇口部位加载荷，直至发生裂纹的载荷为浇口强度。

（4）自攻螺钉凸台强度　用装有扭矩仪的螺丝刀把自攻螺钉拧入凸台，直至打滑时测出的扭矩即为自攻螺钉凸台强度。如打滑时凸台上出现裂纹，则该制品判为不合格。自攻螺钉的强度与刚性有关，且随温度而变化：温度升高，强度下降。

（5）蠕变与疲劳强度　在常温下塑料也会疲劳和蠕变，塑件疲劳的界限不明显，必须预先做蠕变试验认定。蠕变试验使用蠕变试验仪，具体参阅GB/T 11546—1989塑料拉伸蠕变测定方法。疲劳试验是将塑件反复弯曲，试验很麻烦。

（6）冷热循环　作为制品综合强度试验，冷热循环试验十分有效，试样可以是单件塑件，也可以是组装后的塑料制品。冷热循环试验中塑件发生周期性伸缩，产生应力，破坏塑件。

冷热循环试验用两台恒温槽，一台为65℃，另一台为-20℃。先把试样放入-20℃槽内 1h，然后立即移入 65℃槽 1h，以此作为 1 个循环。一般进行 3 个循环试验。大部分塑件在第 3 个循环中受到破坏，有条件的最好多做几个循环（如 10 次循环）。

4. 老化试验

（1）气候老化　塑料的老化是指塑料在加工、储存和使用过程中，由于自身的因素，加上外界光、热、氧、水、机械应力以及微生物等的作用，引起化学结构的变化和破坏，逐渐失去原有的优良性能。

塑料发生老化大致有四种原因：光和紫外线、热、臭氧和空气中的其他成分、微生物。老化的机理是从氧化开始。

制品使用环境（室内或室外）对耐气候要求是完全不同的。室内使用的制品处于阳光直射的位置也应考虑耐气候性要求。

制作灯具之类的光源塑件，尽管是室内使用，也要符合耐气候性中的耐光性要求。具体参阅 GB/T 16422.2—1999 塑料实验室光源暴露试验方法·第 2 部分·氙弧灯。

塑料耐气候性试验使用老化试验机，模拟天然气候，促进塑料老化试验。但老化试验机的试验结果与塑料天然暴露试验大体上需要 2 个月左右的时间。

（2）环境应力开裂　环境应力开裂是指塑料试样或部件由于受到应力和与之相接触的环境介质的作用，发生开裂而破坏的现象。在常用的塑料中，PE 是易于发生环境应力开裂的塑料。

发生环境应力开裂现象需要几个条件，首先是"应力集中"或"缺口"，同时还需要弯曲应力或外部应力；其次是外部活化剂，即环境介质，如溶剂、油和药物等。

应力开裂情况根据塑料种类、内应力程度及使用环境不同而显著不同。

应力开裂试验方法有：1/4 椭圆夹具法、弯曲夹具法、蠕变试验机法和重锤拉伸法等。较简单的方法是弯曲夹具法和重锤拉伸法。

弯曲夹具法是固定试样的两端，用螺丝顶试样的中心部位，加上弯曲强度试验 30％左右的负载为应力，当变形稳定，应力逐渐缓和，塑件上涂以溶剂、油或药物等观察 1 周以上时间。内应力大的制品大体上 1 周时间发生应力开裂。

重锤拉伸法是将重锤吊在塑料试样上，与简单的蠕变试验方法相同，初载为拉伸强度 30％左右的应力，试验中负载恒定。

具体参阅 GB/T 1842—1999 聚乙烯环境应力开裂试验方法。

二、技术质量工作规程

① 投入一种产品前，工艺员必须确认质量标准，没有产品标准应及时通知技术主管部门，并通知调度不允许投入生产。

② 原材料的使用必须有化验室的检验报告，合格后方可使用，化验单应存档。

③ 一般情况下，使用已经确认过的辅料，如颜料等，可不再确认，通知调度使用。直接与食品接触的产品或有特殊要求的产品应有技术要求，并将技术文件存档。

④ 产品检验工作应以标准为基础，贯彻三级标准（国标、部标、企标），贯彻时以最高标准为依据。

⑤ 产品等级的确认应由质检员按标准进行。车间除车间主任、厂部除技术厂长，按技术标准可改变产品等级，其他任何人无权改变产品等级或私自改变产品等级。

⑥ 检验员必须对产品质量负责，把产品按等级分类，分别存放在指定位置，按批量、等级入库。

⑦ 凡一个班产品出现 15% 以上非正品，车间技术主任应立即召集调度、工艺员、设备管理员及技术骨干进行分析解决。

⑧ 料杆、废品应及时破碎，与新料按一定比例掺和使用，掺和比例由工艺员下达技术要求。不能掺和的由调度员安排入库。

⑨ 投产前工艺员必须公布工艺规程卡及简明清楚的质量标准，无此技术文件，调度有权拒绝投产。

三、注射成型工艺卡的制订

由于制品、设备、模具和原料上的差别，工艺卡的内容不可能完全相同，但主要内容是相似的。表 4-13 是注射成型工艺卡的一种格式，供参考。

表 4-13 注射成型工艺卡

产品名称				设备型号		模 具	
产品编号				模 号		模 温	
产品预处理工艺		℃	h	产品水分含量/%		≤	
	喷嘴	1	2	3	4	5	6
温度/℃							
开模	慢速	快速	慢速	锁模	快速	低压	高压
速度/%				速度/%			
压力/(×10⁵Pa)				压力/(×10⁵Pa)			
位置/mm				位置/mm			
顶针次数	顶退	顶后2	顶后1	顶进	顶进1	顶进2	顶针停
	速度/%			速度/%			
产品质量/g	压力/(×10⁵Pa)			压力/(×10⁵Pa)			
	位置/mm			位置/mm			
注射	1	2	3	4	保压1	保压2	保压3
速度/%							
压力/(×10⁵Pa)							
位置/mm				射胶终点/mm			
时间/s							
熔胶	前松退	1	2	3	后松退	背压/(×10⁵Pa)	
速度/%						冷却时间/s	
压力/(×10⁵Pa)						中间时间/s	
位置/mm						成型周期/s	

制订： 审核： 日期：

表单号： 版本： 日期：

第八节 注射成型技术进展

1. 超高速注射成型

超高速注射成型是指树脂充模时螺杆前进速度为 500~1000mm/s 的注射成型技术。用于超高速充模注射成型的注射成型机称为超高速充模注射成型机，主要用于薄壁塑料制品（如IC卡等）的成型。其成型机理是要保证将熔融树脂在瞬间充填到型腔内。

超高速充模注射成型技术的优点如下。

① 由于是在极高剪切速率下流动，故材料因受高剪切发热而使黏度降低，另外，在超高速下，材料与模具中流道的低温壁面接触固化时通常会形成一个较薄的皮层，使材料保持较高温度而使黏度较低。

② 因为是低黏度下的流动，成型制品各部分承受的成型压力较均匀，温度梯度较小，故制品的翘曲、扭曲等变形较小。

③ 制品表面的流纹（流痕）和熔合线没有普通成型明显。

超高速充模注射成型技术最大的目标是超薄壁成型。成型时的关键有：使用材料的成型性（即流动性和固化速度）、模具设计（特别是如何确保排气）。

2. 气体辅助注射成型

气体辅助注射成型的目的就是防止和消除制品表面产生缩痕和收缩翘曲，提高表面特性，使制品表面光滑。气体辅助注射成型的工作过程可分为四个阶段：第一阶段为熔体注射，即将熔融的塑料熔体注射到模具型腔中，它可分为"欠料注射"和"全料注射"；第二阶段为气体注射，可于注射期的前、中、后期注入气体，气体的压力必须大于塑料熔体的压力，以使塑件达到中空状态；第三阶段为气体保压，当塑件内部被气体充填后，制品在保持气压的情况下冷却，在冷却过程中，气体由内向外施压，使制品外表面紧贴模壁，并通过气体二次穿透从内部补充因冷却带来的体积收缩；第四阶段为制件脱模，随着冷却周期的完成，排出气体，塑件由模腔取出。

气体辅助成型的塑料制件大致可分为三类：管形和棒形制件，如衣服架、扶手、椅背、刷棒、方向盘，主要是利用气体穿透形成气道来节省材料和缩短成型周期；板状制件，如汽车仪表板、办公家具，主要是减小翘曲变形和对注射成型机的吨位要求，以及提高制件的刚性、强度和表面质量；厚薄不均的复杂制件，如家电外壳、汽车部件可通过一次成型简化工艺。

3. 电磁式聚合物动态塑化注射成型

电磁式聚合物动态塑化注射成型的要点是在电磁式直线脉冲驱动的注射装置中，由电磁场产生的机械振动力场实现引入物料的塑化、注射、保压全过程，使动态塑化注射成型全过程均处于周期性振动状态，这种过程完全不同于传统螺杆-线式塑化注射成型的过程。

螺杆在电磁式直线脉动驱动装置的作用下向前直线脉动位移，将熔体注入模腔，熔体的压力将随螺杆的脉动而周期性变化，这种作用同样使熔体黏度及弹性降低，流动阻力减小，加速了充模过程。模腔充满熔体后，螺杆继续作轴向脉动，保持模腔中物料压力周期性变化，使物料的温度、内应力得到均化，同时冷却缩孔能得到快速补充熔料，保压时间可缩短。如果选用与无振动力场的稳态充模保压过程相同的熔体流动阻力，则熔体温度及模腔温度可以降低，制品质量可以提高，解决了传统注射成型技术中注射温度高、成型制品所需冷却时间长的问题。

4. 微孔泡沫塑料注射成型

塑料发泡成型可减轻制品重量，且制品具有缓冲、隔热效果，广泛应用在日用品、工业部件、建材等领域。传统的发泡成型通常使用特定的卤代烷烃、有机化合物以及卤代烷烃的替代品作为发泡剂。微孔泡沫塑料注射成型是在超临界状态下利用CO_2及N_2进行微孔泡沫塑料技术，目前已进入实用化阶段。微孔泡沫塑料注射成型已可生产壁厚为0.5mm的薄壁大部件及尺寸精度要求高的、形状复杂的小部件。它推翻了长期以来人们一直认为发泡成型只能完成厚壁制品的生产的观点。与传统的发泡成型形成的最小孔径为 $250\mu m$ 的不均匀的微孔相比，现在的工艺形成的微孔大小均匀，孔径在 $5\sim50\mu m$，这样的微孔结构也赋予比传统方法制备的制品更高的机械性能和更低的密度。在力学性能不损失的情况下，重量可降低 10%，而且可减少制品的翘曲、收缩及内应力。微孔泡沫塑料注射成型可加工多种聚合物，如 PP、PS、PBT、PA 及 PEEK 等。

微孔泡沫塑料注射成型的过程包括三个阶段，即树脂在料筒中熔融塑化阶段，超临界气体注入、混合和扩散阶段，注射阶段和发泡阶段。

微孔泡沫塑料注射成型的特点如下。

（1）提高了树脂的流动性　与超临界状态的 CO_2 或 N_2 混合后，树脂的表观黏度降低，加入 5% 的 CO_2，熔体表现黏度可减半，树脂的流动性明显提高。其结果是注射压力减小，锁模力也减小。此外，由于流动性的改善，可以在较低的温度和低的模具温度下成型。注射压力可减少 $30\%\sim60\%$，锁模力可降低 70%，甚至可采用铝制模具。

（2）缩短成型周期　这是因为：①微孔泡沫塑料注射成型没有保压阶段；②树脂用量比未发泡的少，总热量减少；③模具内的气体从超临界状态转成气相进行发泡，模具内部得到冷却；④树脂的流动性得到改善，成型温度降低，一般成型周期可减少 20%。

（3）减少制品重量，制品无缩孔、凹斑及翘曲　该技术最多可使制品重量减少 50%，一般为 $5\%\sim30\%$。

5. 挤出和注射成型组合的直接成型技术

挤出和注射成型组合的直接成型技术可将聚合物粉料与磁性粉、无机颜料、玻璃纤维等通过双螺杆挤出机混合后直接注射成型。其突出优点是可以更加灵活地调节复合物的配方，省去了造粒、包装、干燥等工序，大幅度地降低了设备费用和减少了生产时间，从而降低了成品的成本。

该技术可适用于多种材料的成型，即可为单个的聚合物，如 ABS、AS、EVA、PA、PC、PE、PET、PBT、POM、PP、PS、PMMA、LCP 等；也可为复合材料，如聚合物与玻璃纤维（GF）、$CaCO_3$、云母、滑石粉、硅石、颜料、Fe_2O_3 的混合物；还可为聚合物合金，如 PA/HDPE、PBT/PET 及 PC/ABS 合金等。

6. 薄壁注射成型

所谓薄壁成型，是指在 0.5mm 以下的平板形状，连续或局部地方要求在 0.1mm 以下的制品成型。其成型方法有以下几种。

（1）高压高速注射成型　使用最大注射速度为 $600\sim1000mm/s$、注射应答时间为 $10\sim50ms$ 规格的注射成型机，在极短时间内，用高压克服充模阻力，充满型腔的成型方法。

该注射成型机的特点是：为提高注射立即应答性能，需进行油压、电器控制技术的开发和降低注射单元的质量；为抑制充模结束时点控制的差异，制动特性和控制处理速度要求高速化；耐高注射压力，要求刚性高的锁模机构；耐高注射压力，要求刚性高、精度高的模具；为实现稳定成型条件下的均匀塑化，要使用高混炼型的螺杆。

（2）高速低压成型　充模开始时用高速注射，目的在于增加流动长度，同时，结合充模结束前充模阻力的增加，自动地降低了注射速度，防止了充模结束时的过充模和因控制切换造成的误差。

该成型方法的油压控制特征是非常好地将"流量-压力"特性用于成型，是将原来的充模过程中的速度优先控制的主要考虑方法，改为"压力充模优先"的原则的成型方法。

该注射成型机的特点是：注射速度和注射压力在从大范围的组合中选择，使注射油缸的油压室可以切换，这样，即使在低压设定时，也能获得高速注射性能；为实现高速性能，使用蓄料缸；注射油缸油压室的切换，分成5～7段，可以从中进行选择。

采用该成型方法的优点是：消除了飞边、缺料，特别是对像连接器那样的前端有薄壁部分的成型制品非常有效；可消除翘曲、扭曲等缺陷；因为不发生注射终结时的峰压，不会发生模具的销钉的倾斜或破损；由于是低压成型，所以可以使用锁模力较小的注射成型机。

7. 复合注射成型

为降低成本，提高性能和功能，通过复合成型进行制品生产，具体方法如下。

（1）多品种异质材料成型 双色成型是早就被利用的一种成型方法，近年来，由于部件成型一体化的进展，硬质材料和软质材料的组合，以及为在感官上的高级化目的，多品种异质成型正在增加。

（2）立式注射成型机的复合成型 立式注射成型机的嵌件成型虽然不是新的成型方法，但是，由于降低成本的要求和自动化技术的提高，需求正在扩大。

（3）复合材料的直接注射成型法 是将树脂与增强材料或填充材料的干混料直接成型的方法，适用于制造复合塑料制品。

8. 水辅注射成型技术

水辅助注射成型是用冷水取代氮气进行加工的，可以比气辅注射成型得到壁厚更薄的制品，同时也可以生产大型空心制品，其质量标准更高并且远比气辅注射成型经济。据悉，泄露是水辅需要解决的一个很重要的问题。

塑料注射成型技术曾是汽车工业、电子零部件的基础技术，并且推动了这些行业的飞速发展。在21世纪，塑料注射成型技术将成为信息通信工业的重要支持。另外，注射成型技术也将为医疗医药、食品、建筑、农业等行业发挥作用。在需求行业的推动下，注射成型技术及注射成型机也将获得进一步的发展。

复习思考题

1. 注射成型前的准备工作有哪几项？
2. 塑料原料的工艺性能有哪几项？为什么说熔体流动速率是最重要的工艺性能之一？
3. 如果料筒中残存RPVC，现要用PET在这台注射成型机上生产制品，请你阐述换料过程。
4. 注射成型过程包括哪几个阶段？简要说明之。
5. 试分析塑料熔体进入模腔后的压力变化。
6. 什么是热处理？热处理的实质是什么？哪些塑料和制品需要进行热处理？如何制订热处理工艺？
7. 什么是调湿处理？哪类制品需进行调湿处理？
8. 如何设定料筒温度？
9. 试分析模具温度对塑料制品某些性能的影响。
10. 注射压力的作用有哪些？确定注射压力时应该考虑的因素有哪些？
11. 如何设定成型周期中各部分的时间？
12. 什么是多级注射？如何实现对注射速度、注射压力、螺杆背压、开合模等工艺参数的控制？
13. 简述热塑性塑料的注射成型特点。
14. 简述下列塑料的注射成型工艺特性：PE、PP、RPVC、PS、ABS、PA、PC、POM、PMMA、PSU、PBT、PPO。
15. 为什么说PS是热塑性塑料中最容易成型的品种之一？但在生产中要生产出高透明度的制品还要注

意些什么？

16. 简述 POM 在注射成型中的注意事项。

17. 什么叫精密注射成型？用于精密注射成型的常用塑料材料有哪些？如何评价精密塑料制品？

18. 气辅注射成型过程分为哪五个阶段？有什么特点？

19. 什么是排气注射成型？排气注射成型工艺有何特点？

20. 什么是共注射成型？典型的共注射成型有哪几种形式？

21. 简述热固性塑料注射成型原理及工艺流程。

22. 什么叫内应力？内应力的存在与制品质量有何关系？如何分散或减轻内应力？

23. 注射成型制品的收缩过程可分为哪几个阶段？影响收缩的工艺因素有哪几方面？如何控制注射成型制品的收缩率？

24. 熔接痕是怎样形成的？有哪两种类型？如何提高制品的熔接强度？

25. 试分析注射成型制品出现下列缺陷的原因及解决方法：欠注、溢边、银纹、尺寸不稳定、凹陷、翘曲、龟裂、光泽差、烧焦、冷料斑、黏模。

26. 什么是制品的外观？常见的外观检验项目有哪些？

27. 测量塑料制品尺寸的工具有哪些？使用时应注意什么？

28. 塑料制品的强度指标有哪些？如何检测？

29. 什么是老化？引起老化的原因有哪些？

30. 何为环境应力开裂？产生环境应力开裂的条件有哪些？

31. 简述塑料注射成型的最新进展。

第五章　模流分析软件在注射成型中的应用介绍

【学习目标】

本章主要介绍了模流分析软件在塑料注射成型中的应用。

通过本章学习，要求：

1. 了解常用的模流分析软件；

2. 了解模流分析软件在塑料注射成型各领域中的应用。

第一节　模流分析软件简介

由于注塑件结构的复杂多样、塑料熔体流变形为的复杂性，在相当长的时期内，塑料制品设计及注塑模设计主要是依靠经验进行。由于获得丰富的经验需要漫长的过程，并且经验不总是很可靠、产品及原材料的更新速度又极快，所以失败的注塑件及注塑模具设计就不可避免，这往往会造成重大的经济损失，并延误新产品的面世。此外，成功的注塑件及注塑模具设计还离不开优秀的注塑工艺人员，优秀的工艺人员可以及时发现产品及模具设计中存在的问题并提出修改意见，但优秀的工艺人员也要求有相当长时期的工作经验积累和充分的培训。因此，20 世纪 70 年代以来，随着各项条件的具备，研究人员都在竞相研发注塑过程的分析软件，成熟的分析软件可以避免产品及模具设计过程中的重大失误，并且可以在计算机上完成设计方案的检验，缩短新产品开发周期并降低成本。同样，工艺人员也可以在计算机上完成初步的试模过程，避免反复调机带来的原料消耗、时间占用及人工成本的上升。

模流分析软件是 20 世纪 70 年代伴随着数值计算、计算机硬件技术的发展及塑料流变学研究的日益成熟而发展起来的。发展至今，国内外有代表性的模流分析软件有 Autodesk 公司的 Moldflow 软件，美国 Cornell 大学的 C-MOLD 软件，清华大学张荣语的 CAE-MOLD 软件，华中科技大学模具技术国家重点实验室华塑软件研究中心推出的华塑塑料注射成型过程仿真集成系统（HSCAE3D 7.5）等。同样，目前市场上一些主流的 CAD/CAE/CAM 软件也集成了模流分析功能，如 Pro/Engineer Wildfire 中集成的 Plastic Advisor（塑料顾问）软件，可用于注射模的注射成型分析，用户可观测塑料融体的流动情况、塑件的填充状态、注射压力的变化情况等，根据这些可靠的信息反馈和建议，可以对注塑件及注射模具的设计方案进行改进。

随着注塑行业水平的不断提升，市场对注塑制品的质量及精度要求不断提高，但成本压力却越来越大。为提升竞争力，目前注塑相关企业均重视模流分析软件在本企业的应用。作为塑料注塑行业的从业人员，有必要了解这一先进工具，必要时可以加以利用以提高效率、降低成本。

第二节　Moldflow 软件在塑料注射成型中的应用简介

仅从塑料注射成型的角度出发，塑料制品开发大体上可以分为三个阶段：注塑件的设计、注塑模具的设计与制造、注塑制品的生产。在上述三个阶段，传统做法是依赖产品、模具设计人员及工艺人员的经验完成各项工作，但由于经验的缺乏，这三个阶段的工作往往要经过多次反复才能完成：在正式生产前，由设计人员凭经验与直觉设计制品与模具，模具装配完毕后，通常需要通过多次试模，反复修改工艺参数，发现产品及模具设计的问题，然后提出修改意见，相关人员修改塑料制品和模具设计，这势必会增加生产成本，延长产品开发周期。而成熟的模流分析软件可以将上述工作在计算机上根据设计及制造进度随时高效低成本地完成，并且可靠性极高，避免过分依赖经验。下面我们以 Moldflow 软件为例，从这三个阶段来介绍其应用。

一、注塑制品设计阶段

在注塑制品的设计阶段，根据客户需求，设计完成据有特定结构的注塑件，注塑件可能是能够符合使用需求的，但产品的结构特点会让产品工程师担心产品的注塑工艺特性如何，是否能高效低成本地注射成型。如产品的总体尺寸和壁厚间的关系是否合适？产品各部分间的过渡是否合理？是否有不合理的局部结构设计会导致充模过程中塑料熔体受到的剪切作用过强？指定的进浇口及分型面位置是否合理？制品的尺寸及精度要求是否过高？表面质量要求能否保证等。而在此阶段可以利用 Moldflow 软件来检验上述问题是否存在，如果存在问题，则可以提出修改方案。同样这些修改方案均可第一时间在模流分析软件中进行验证并得到解决，避免了将问题带入下一阶段而导致项目开发成本的大幅度增加。

二、注塑模具设计与制造阶段

由于塑料制品的多样性、复杂性和设计人员经验的局限性，传统的模具设计往往要经过反复多次的试模、修模才能成功，重大失误在这个过程中时常可见，企业在此过程中耗费的成本巨大。利用 Moldflow 软件，可以对型腔尺寸、浇口位置及尺寸、流道尺寸、冷却系统等进行优化设计，在计算机上进行试模、修模，可大大提高模具质量，减少试模次数。

在这个阶段，Moldflow 软件可以在以下几个方面提供帮助。

1. 确保模具得到良好的充填

对于注射成型来说，良好的充模形式对于保证产品质量至关重要。如果能够保证模具型腔得到良好充填，避免充模过程中的不均匀与混乱，可以很好地控制制品的内应力及由于分子的过度取向所导致的翘曲变形。此外，良好的充模形式还可以避免排气不畅带来的缺陷，如缺料、烧焦及熔接痕强度欠佳等。

2. 最佳浇口位置与浇口数量

为了确保充模顺利完成，并能够对充填方式进行可靠的控制，浇口位置及浇口数量的确定就显得非常重要。模具设计者可以借助 Moldflow 软件确定浇口的位置和数量，或者对不同的浇口位置和数量设计方案进行评估，提供可靠的分析结果供设计人员进行决策。

3. 流道系统的优化

对于多型腔模具，尤其是非平衡式流道设计，模具设计人员必须要保证各型腔的平衡充模，不然会导致多种产品质量问题。而非平衡流道的计算过程非常繁杂。同样，借助模流分析软件可以帮助设计者设计出压力及温度平衡的流道系统，还可对流道内剪切速率和摩擦热进行计算，避免过度剪切带来的局部高温而导致的材料降解和熔体温度不均等问题。

4. 冷却系统的设计

注塑模冷却系统的效率和均匀性对于制品质量的影响巨大，模具设计人员根据模具的结构特点设计出模的温度控制系统后，对于冷却系统的效率和均匀性往往没有把握。模流分析软件可以对温度控制系统进行验证，并以直观的方式给出制品各部分温度的数据，可以帮助模具设计人员优化冷却系统的设计。

5. 减小返修成本

综上所述，提高模具一次试模成功的可能性是模流分析软件的一大优点。反复地试模、修模要耗损大量的时间和金钱，还会拖延交货期导致客户不满。此外，反复修模还会导致模具的报废。

三、量产阶段

量产阶段，合理而适应性强的工艺参数对于保障注塑的高效、低成本地顺利进行至关重要，但由于多方面的原因，现场的工艺工程师们不总是能保证注塑工艺的正常运行，产品质量的不稳定及需要频繁调整工艺参数在生产现场很常见，这导致原料、能源及人工的大量消耗，使企业利益受损。Moldflow 软件可以帮助工艺人员确定最佳的注射压力、锁模力、模具温度、熔体温度、注射时间、保压压力和保压时间、冷却时间等，以注塑出最佳的塑料制品。同样，对于不合理的工艺参数，也可以借助模流分析软件进行优化，在优化的过程中避免了由于注塑工艺人员经验的局限性而带来的问题，能够从更全面的角度来综合设置制品最合理的加工参数，选择合适的塑料材料和确定最优的工艺方案。

1. 得到更合理的且适应性更好的注塑工艺

模流分析软件的流动分析功能可以对熔体温度、模具温度和注射速度等主要注塑加工参数提出一个目标趋势，然后通过流动分析，可以帮助注塑者估定各个加工参数的正确值，并确定其变动范围。在此基础上，会同产品及模具设计人员一起，选择最合适的加工设备，设定最佳的量产方案。

2. 减小塑件应力和翘曲变形

模流分析软件可以根据提供的注塑工艺方案分析塑件的内应力及翘曲变形情况，工程技术人员可以根据分析报告提出修改方案并进行验证。经过多次反复，可以得到最佳的加工参数组合，使塑件残余应力最小，翘曲变形也在要求的范围之内。

3. 省料和减少过量充模

流道和型腔的设计采用平衡流动，有助于减少材料的使用和消除因局部过量注射所造成的翘曲变形。而模流分析软件可以帮助得到最优的模具设计方案并提供最佳的工艺参数组合，保证型腔的均衡进料。

4. 最小的流道尺寸和回用料成本

模流分析软件还可以帮助模具设计人员选定最佳的流道尺寸，以减少浇道部分塑料的冷却时间，从而缩短整个注射成型的时间，并减少浇注系统凝料的量，降低成本。

需要指出的是，模流分析软件的发展虽然很快，功能也越来越多，越来越强大，但不可忽视软件使用者的专业知识在保证软件使用效果方面的作用。软件是工具，必须和人的专业知识和技能结合，优势互补，才能发挥最佳作用。

复习思考题

1. 市场上常用的注塑成型 CAE 软件有哪些？功能方面有何区别？

2. 模流分析软件可以在注塑制品设计、注塑模设计及注塑生产中起什么作用？

第六章 典型制品注射成型案例

【学习目标】

本章主要介绍典型制品注射成型工艺。

通过本章学习，要求：

1. 掌握典型制品的质量要求、制品的结构特点、模具设计注意事项及材料与配方的特点；

2. 掌握典型制品的生产工艺过程及注射成型工艺参数。

案例一　RPVC给水管件的注射成型工艺

注射制品的生产过程很复杂，它包括制品设计、选材、选设备、模具设计与制造、成型工艺参数的设定等，任何一个环节出现问题，都会影响到制品的质量。现以 RPVC 给水管件的注射成型为例，详细介绍 PVC 制品的注射成型过程，并分析其工艺参数。

1. 技术要求

RPVC 给水管件的技术要求（具体内容详见 GB 10002.2—88）如下。

（1）颜色　目前，给水管件的颜色与管材相同，为灰色（电线导管为白色，排水管为浅灰色）。

（2）外观　给水管件的表面应光滑，不允许有裂纹、气泡、脱皮、严重冷斑、明显的杂质、色泽不匀及分解变色等缺陷。

（3）性能　给水管件的物理性能及卫生性能见表 6-1 所示。

表 6-1　给水管件的物理性能及卫生性能指标

性　能	指　标	性　能	指　标
密度/(kg/m³)	1350～1460	液压试验	不渗漏
维卡软化点/℃	≥72	铅的萃取值/(mg/L)	第一次小于 1.0,第三次小于 0.3
吸水性/(g/cm²)	≤40	锡的萃取值/(mg/L)	第三次小于 0.02
烘箱试验	均无任何起泡或拼缝线开裂等现象	镉的萃取值/(mg/L)	三次萃取液每次不大于 0.01
		汞的萃取值/(mg/L)	三次萃取液每次不大于 0.001
堕落试验	全部试样无破裂	氯乙烯单体含量/(mg/kg)	≤1.0

2. 制品设计

（1）给水管件种类　RPVC 给水管件的种类很多，主要有：90°弯头（包括等径和变径）、45°弯头、90°三通（包括等径和变径）、45°三通套管异径管（包括长型和短型）、内螺纹变接头、外螺纹变接头、管堵、活接头和法兰等，采用注射成型法生产，供管路配套使用。

（2）给水管件设计　包括以下六方面的内容。

① 尺寸精度　由于 RPVC 的熔体流动性差，并且在成型过程中受材料本身的收缩波动、注射成型工艺参数的变化及模具制造精度等的影响，因此，要提高给水管件的尺寸精度是比较困难的。在具体设计时，按 GB 10002.2—88 标准，高精度采用 4 级、一般精度采用 5 级、

低精度采用 6 级的精度等级。

② 壁厚 RPVC 制品的壁厚一般为 1.5～5mm。壁厚太小，不仅不能保证足够的强度和刚性，而且会使成型时熔体的流动阻力增大，特别是大型或形状复杂的制品，很容易产生欠注现象；壁厚太大，不仅造成原料浪费，而且也会增加冷却时间，降低生产效率，并容易产生凹陷、缩孔及气泡等缺陷。另外，制品壁厚应尽可能均匀，以免收缩不匀而产生翘曲、起泡、开裂等缺陷。

③ 脱模斜度 虽然 RPVC 的成型收缩率较小（0.6%～1.5%），但为方便脱模，制品应有一定的脱模斜度。一般沿脱模方向的斜度为 1°～1.5°，而对于脱模阻力较大的制品，脱模斜度应适当加大。

④ 螺纹 管件上的螺纹，通常是在注射时直接成型。成型方法有两种：采用成型杆或成型环，成型后再从制品中卸下来；外螺纹可采用瓣合模成型，这样工效高，但精度较差。

由于 RPVC 制品的切口处冲击强度很差，因此，要尽量避免设计尖螺纹形状。一般应设计成圆螺纹或在强度要求较高时设计成梯形螺纹。为防止螺孔最外圈螺纹崩裂或变形，内螺纹的始端应有一段距离（0.2～0.8mm）不带螺纹，末端也应留约 0.2mm 的不带螺纹段；同样，外螺纹的始端也应下降 0.2mm 以上，末端不宜延长到与垂直底面接触处，否则会使制品断裂。另外，螺纹的始端和末端均不应突然开始和结束，应留有过渡部分。

⑤ 圆角 由于 RPVC 塑料的流动性差，如果在制品表面弯折处出现尖角时，会因应力集中而产生裂纹；同时，在注射成型过程中，由于料流的突然过渡，会产生泛黄、烧焦以及明显的接缝线，使制品的强度下降。因此，制品上的尖角处都要倒圆角，这样不仅外观好，而且强度也可大大提高。

⑥ 嵌件 在管件的螺纹部分，常使用金属（一般为铜）嵌件。为使嵌件能牢固地固定在制品中，嵌件表面需滚花或开纵向沟槽；同时，嵌件不应带尖角，以免应力集中。必要时，应先将嵌件预热至接近物料的温度，保证注射成型顺利进行。

3. 原材料选择及典型配方

RPVC 给水管件的生产所用原料，包括 PVC 树脂、热稳定剂、润滑剂、抗冲改性剂、加工助剂、填充剂及着色剂等，具体选择如下。

（1）PVC 树脂 PVC 树脂的选择主要考虑两方面，即卫生性和加工性。

① 卫生性 生产给水管件必须采用食品卫生级的 PVC 树脂，该树脂中的氯乙烯单体（VCM）残留量小于 5mg/kg。

② 加工性 由于给水管件属无增塑的硬质 PVC 制品，因此，注射成型时必须选择平均聚合度较小的树脂，即国产 SG-6 及 SG-7 型树脂，或与其相对应的其他牌号树脂。

（2）热稳定剂 由于 PVC 树脂的分解温度低于加工温度，加工时易发生降解作用而使树脂变色、制品性能变坏。因此，配方中必须加入热稳定剂，最大限度地减轻 PVC 在加工过程中的热降解，从而提高其热稳定性。

热稳定剂的种类很多，常用的有三盐、二盐、有机锡类及金属皂等，考虑到制品的卫生性能指标，热稳定剂必须有选择地使用。目前，用于给水管件的热稳定剂主要有低铅复合稳定剂、有机锡和液体钙锌复合稳定剂等。

（3）润滑剂 加入润滑剂可使 PVC 塑料易于加工并提高加工效率。根据润滑剂与 PVC 的相容性好坏，可把润滑剂分为两类，即内润滑剂和外润滑剂。内润滑剂与 PVC 有一定的相容性，加入后可以降低物料的熔体黏度，减小塑料中各组分在加工过程中的内摩擦；而外润滑剂与 PVC 的相容性差，加入后可减少物料与料筒、螺杆及模具表面的摩擦与黏附，防止物料停滞分解，增加脱模性。

润滑剂的种类很多，并且大多数既具内润滑性又具外润滑性。以内润滑为主的有硬脂酸、硬脂酸单甘油酯等，以外润滑为主的有石蜡、聚乙烯蜡等。硬脂酸金属（如钙、锌、铅等）皂类，既有润滑作用，又有稳定作用。在管件的生产中，以内润滑为主，适当加入外润滑剂，以达到内、外润滑性平衡。

（4）加工助剂　为改善树脂的加工流动性，提高制品的表面质量，常加入加工助剂。目前以 ACR 最常用。由于 ACR 与 PVC 的相容性好，加入后加快树脂凝胶化速度，提高了加工性能和生产能力。

（5）抗冲改性剂　由于 RPVC 属脆性材料，制品在外力作用下易破坏，因此，为提高 RPVC 给水管件的冲击强度，必须在配方中加入抗冲改性剂。

常用的抗冲改性剂有 MBS、ABS、EVA、PEC 等，其中，PEC 是给水管件较理想的抗冲改性剂。因为 PEC 是不含双键的弹性体，耐候性好，而且 PEC 树脂是粉状，易于 PVC 混合。

（6）其他助剂　在配方中可加入少量填充剂，以便于制品定型；此外，还需加入适量的着色剂。

RPVC 给水管件的典型配方见表 6-2 所示。

表 6-2　RPVC 给水管件典型配方

原料名称	配方 1/phr	配方 2/phr	配方 3/phr
PVC(SG-6、SG-7)	100	100	100
有机锡稳定剂	1.2~2.0		
钙锌复合稳定剂		3	
低铅复合稳定剂			4
环氧大豆油		1	
ACR	1.5~3.0	3	2.5
氯化聚乙烯(PEC)	6~10	6~10	6~10
硬脂酸钙(CaSt)	0.5~2.0	1.5	1
硬脂酸			1
石蜡	0.5~1.5		
氧化聚乙烯蜡		0.8	
钛白粉(TiO$_2$)	1~2	1	1
着色剂	适量	适量	适量

4. 成型物料制备

RPVC 给水管件的生产工艺流程可分为两部分，即成型物料的制备和注射成型。下面主要介绍成型物料的制备。

将树脂及添加剂按配方准确计量后，加入高速捏合机中进行混合。加料顺序为：首先加入树脂，启动高速捏合机后，加入热稳定剂，待温度升至 95℃ 时加入抗冲改性剂和加工助剂，105℃ 时加入钛白粉和填充剂，到 115℃ 加入润滑剂，至 125℃ 终点时，物料自动放入低速冷混机中，搅拌冷却至 40℃ 以下出料。

PVC 干粉料可直接用于注射成型，但对注射成型机、模具及成型工艺的要求较高；也可先经挤出造粒后，再进行注射成型，这样，虽然制品的性能及表面质量较好，但由于增加了一道造粒工序，不仅增加设备投资和能耗，而且也消耗了部分添加剂，如热稳定剂、润滑剂等，因此，生产成本较高。

5. 注射成型机

RPVC 给水管件的生产宜选用螺杆式注射成型机。因为螺杆式注射成型机比柱塞式注射成型机的塑化效率高，塑化快速、均匀，控制精确，而且物料在料筒内的停留时间短，注射压力损失小。

在注射成型机中，凡与 PVC 物料接触的部分，都要设计成流线型（无死角、无黏附），防止物料滞流分解，并要用耐腐蚀、耐磨的材质制成，或在其表面进行镀铬、氮化处理。

螺杆应选用渐变型螺杆；螺杆头呈圆锥形，不能有止送环，螺杆锥头与料筒和喷嘴的间隙宜小，以防 PVC 滞留分解；螺杆的三段分布为：加料段占 40%，压缩段占 40%，计量段占 20%；螺杆转速应配有低速调速装置和无级调速装置。

由于 RPVC 的熔体黏度大、流动性差，为减少流动阻力，在成型中一般要选用孔径较大的（直径为 4～10mm）的敞开式喷嘴或延伸式喷嘴，喷嘴上应配有加热控温装置。

6. 成型模具

(1) 主流道　在设计主流道时，应注意：主流道的进口直径应比喷嘴直径大 0.5～1mm，以免造成死角，积存物料；为便于清除冷料，主流道应带有 2.5°～5° 的圆锥角；由于主流道要与高温塑料和喷嘴反复接触和碰撞，所以模具的主流道部分常设计成可拆卸更换的主流道衬套，以便选用优质钢材单独进行热处理加工。主流道与喷嘴接触处凹弧半径应稍大于喷嘴头半径，这样可保证两者紧密配合，也有利于主流道凝料的脱出；为便于排出冷空气和冷料，在主流道末端应开设足够的冷料穴，冷料穴直径等于或大于主流道出口直径；主流道尺寸不宜过长，以防止冷料从浇注套中拉出时断裂，使冷料留在定模中不宜取出。

(2) 分流道　分流道一般设置在多腔模中，以便将塑料熔体均衡地分配到各个型腔。设计时应注意：在保证足够的注射压力将塑料注入型腔的情况下，分流道的断面及长度应尽量小；当分流道较长时，末端也应设置冷料穴；分流道尽量采用半椭圆形。

(3) 浇口　在设计浇口时，应注意：RPVC 常采用边缘浇口，浇口断面为矩形或半圆形，浇口厚度约为制品厚度的 1/3～2/3，宽度由制品的质量和材料流动性而定。有时也采用直接浇口。这样，熔体的流动阻力小、进料速度快，适合大型长流程及厚度大的制品，但采用直接浇口时，主流道的根部不宜设计得太粗，否则易产生缩孔，浇口切除后，缩孔就留在了制品的表面。同时，制品上也易留下冷料斑；制品厚度不匀时，浇口应放在壁厚较厚的部分；浇口不能太小，否则会因摩擦热而导致物料分解，产生烧焦、泛黄、表面皱皮等缺陷。

(4) 模具的防腐蚀　由于 PVC 分解放出的 HCl 气体，对模具有很强的腐蚀作用。因此，模具中凡与熔体接触的部分，都应做好防腐处理，如镀铬、氮化等，或采用防腐、耐磨材料制成。

(5) 模温控制　模具一般是通水冷却，模温控制在 30～60℃，并保证动、定模的模温尽量相同。

7. 成型工艺参数

(1) 物料准备　由于 PVC 的吸水性较小，物料可直接用于注射成型。若物料储存时间长、保管不善或环境湿度高时，则需进行干燥处理。处理时，温度不宜高，时间不宜长，以免物料分解变色。通常可在 90～100℃ 下处理 1～1.5h。

(2) 成型温度

① 料筒温度　加工时，料筒温度一般控制在 120～190℃，最高不应超过 200℃。即使在加工温度范围内，温度也不能偏高，以免物料在进入模腔前发生分解。料筒温度采用三段控制，即从加料口到喷嘴前，按低温、中温、高温顺序升高，以减少物料在高温区的停留时

间。加料段的温度不宜超过 120℃，以免物料在料斗口处软化，影响正常加料。

② 喷嘴温度　喷嘴温度一般比料筒最高温度低 10～20℃。因为熔体快速通过喷嘴时会产生摩擦热，若喷嘴温度太高，易使物料分解变色；但喷嘴温度也不能太低，否则冷料会堵塞喷嘴孔、流道或浇口。另外，冷料也会进入模腔，造成制品外观与内在质量下降。

③ 模具温度　由于 RPVC 的热变形温度低，为防止制品脱模变形及有利缩短成型周期，成型时，模具要通水冷却，使模温控制在 40℃ 以下。成型某些超厚或超薄制品时，模具要适当加温，但最高不宜超过 60℃。

（3）压力和速度

① 注射压力　受成型温度低及 RPVC 熔体黏度大的影响，在给水管件的成型过程中，注射压力应选择偏高些（90MPa 以上）。这样有利于克服熔体流动阻力，增加制品密实度，减少收缩。但注射压力也不能太大，否则易出现溢料、膨胀、起泡等缺陷。

② 保压压力　在保压阶段，保压压力应适中。保压压力高，有利于流入模腔的料流更好地熔合，得到的制品密度高、收缩小、外观质量好。但保压压力过高，制品内残留的内应力大，并且会发生轻微膨胀而卡在模内，造成脱模困难。一般情况下，保压压力为 60～80MPa。

③ 塑化压力　塑化压力不宜过大，否则会因摩擦热而使 PVC 分解。一般采用粒料可不设塑化压力（背压）；而采用粉料时，为排除空气，可设极低的塑化压力（表压为 0.5～1MPa）。

④ 注射速度　注射速度快，物料充模时间短，有利于提高制品的表面光泽度，减少缩痕和熔接痕。但如果注射速度太快，往往会带入空气，特别是当模具排气不良时，制品中会出现气泡；此外，熔体高速经过喷嘴及浇注系统时，会产生较高的摩擦热，使制品表面烧焦及泛黄。而注射速度慢，会延长充模时间，制品表面熔接痕明显，且易产生欠注现象，同样不利于管件的成型。实际注射成型时，宜采取较高的注射压力和中等的注射速度。

⑤ 螺杆转速　螺杆转速一般为 20～50r/min，转速过快会使物料因摩擦发热而降解。

（4）成型周期　在注射成型过程中，要尽量缩短制品的成型周期，减少物料在料筒内的停留时间，从而减少物料分解。但成型周期也不能太短，必须保证制品能顺利脱模而不变形。

RPVC 给水管件注射成型工艺参数条件见表 6-3。

表 6-3　RPVC 给水管件注射成型工艺参数

温度/℃			压力/MPa		时间/s					螺杆转速 /(r/min)
料筒	喷嘴	模具	注射	预塑	闭模	注射	保压	冷却	周期	
1 段：100～200	170～180	30～50	4～6 （表压）	0.3～0.6 （表压）	3～5	3～6	10～20	15～30	40～80	20～50
2 段：140～160										
3 段：170～190										

8. 注意事项

为保证硬 PVC 给水管件的顺利成型，必须注意以下事项。

（1）料筒清洗　若料筒中所存的物料为 PE、PS 和 ABS 等树脂时，可在 PVC 的加工温度下，直接用所加工物料清洗料筒，然后进行成型加工；若所存物料的成型温度超过 PVC 加工温度，或存料为其他热敏性塑料（如聚甲醛等）时，必须先用 PS、PE 等树脂或回料将料筒清洗干净（也可用料筒清洗剂清洗料筒），然后再用加工物料清洗后方可进行成型。

（2）料筒加热　在料筒加热过程中，应密切注意升温情况，当温度到达设定值后，需及时开机进行对空注射，恒温时间不能过长，以免物料在料筒内分解、炭化。

（3）料温判断　判断料温是否合适，可采用对空注射法。若注射料条光滑明亮，则说明物料塑化良好，料温合适；若注射料条毛糙、暗淡无光，则表明物料塑化不良；若料条上有棕色条纹，则表明料温太高，必须采取措施。另外，在注射过程中，若发现浇口料或制品表面上出现棕色条纹时，则表明物料可能已过热分解，此时，应立即停止操作，待清洗料筒、调整成型工艺参数后再进行生产。

（4）脱模剂的使用　管件生产一般不使用脱模剂。因为 RPVC 制品的脱模性良好，使用脱模剂反而对其表观性能不利。若必须使用，则用量也应很小。

（5）停机操作　停机前，应将料筒内的物料全部排出，并用 PS 或 PE 树脂及时清洗料筒后方可停机。

（6）环境保护　在成型给水管件时，应保持室内通风情况良好，特别是当物料出现分解时，则必须及时将门窗打开。另外，室内所有机器设备及模具都要做好防腐工作。

案例二　啤酒箱的注射成型工艺

1. 概述

24 瓶装（6×4 排列）有内格的塑料啤酒周转箱，系采用注射成型方法生产，供瓶装啤酒的盛装、储运、周转用。其技术要求应符合 GB 5739—85 规定，主要技术指标如下。

（1）外观　完整无裂损、光滑平整、不许有明显白印、边沿及端手部位无毛刺；无明显色差、同批产品色差基本一致；浇口不影响箱子平整。

（2）变形　侧壁变形率为每边小于 1.0%；内格变形不影响装瓶使用。

（3）配合　同规格的啤酒箱，相互堆码配合适宜，不允许滑垛。

（4）物理性能　箱体内对角线变化率不大于 1.0%，内格变形不影响装瓶使用；在规定高度跌落时，不允许产生裂纹；在规定堆码高度时，箱体高度变化率不大于 2.0%；盛装规定质量后悬挂时，不允许产生裂纹。

2. 原料

生产啤酒箱所用的原料为 HDPE（注射成型级）。由于 HDPE 易着色，因此既可用干混法着色，也可用色母料着色。采用干混法着色时，分散剂一般用白油，着色剂要有较高的耐热温度。注射成型前，原材料可不干燥。

3. 生产工艺流程

生产啤酒箱的工艺流程见图 6-1。

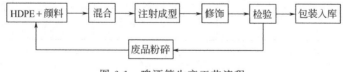

图 6-1　啤酒箱生产工艺流程

4. 生产工艺参数

啤酒周转箱的注射成型工艺参数见表 6-4。

表 6-4　啤酒周转箱的注射成型工艺参数

注射压力/MPa	温度/℃			时间/s		
	料筒	喷嘴	模温	注射	保压	冷却
70～100	180～220	210	40	5～10	5～10	20～40

5. 注射成型机及模具

（1）注射成型机 生产啤酒箱时应采用螺杆式注射成型机，而且注射能力要在 1000cm³ 以上。

（2）模具 由于塑料啤酒箱的尺寸精度要求不高，而 HDPE 又易成型，因此，注射成型模具结构不复杂、易制造。

案例三 塑料箱包的注射成型工艺

1. 概述

塑料公文箱、旅行箱是以改性 PP 及 ABS 为主要原料，经注射成型后制成，具有质轻、高强度、造型美观、线条柔和、耐候性好、安全性高等优点。塑料箱包的主要指标如下。

（1）外观 色泽均匀一致、表面无明显黑点、油渍及其他杂质；外形基本平整、光滑、无明显收缩变形。

（2）性能 装载性：箱体、配件不得有变形、松动等现象。箱体受力：箱体垂直站立和平放时，分别承受 10kg 的压力不变形，箱体不开裂。跌落试验：箱子装载规定重物后，使箱体离地面 0.6m 下落，箱体不跳开及变形。耐热性：产品放入 60℃±2℃ 下 2h 后，外壳不得有裂纹。耐寒性：产品放入 −30℃±2℃ 下 2h 后，外壳不得有裂纹。

2. 原料

生产箱包的原料可用改性 PP 或 ABS 树脂，以下以改性 PP 为例介绍。由于单纯的 PP 树脂结晶度高、成型收缩率大、冲击强度低，因此不能用于生产箱包。PP 树脂经复合及共混改性（其中可加入适量的抗静电剂）后，不仅减少成型收缩率、提高冲击强度，而且增加箱包的抗静电性。

3. 生产工艺流程

塑料箱包生产的工艺流程见图 6-2。

图 6-2 塑料箱包生产的工艺流程

4. 生产工艺

（1）物料配制 在捏合机中，按配方要求加入改性 PP 和色母料，混合均匀后备用。

（2）物料干燥 由于改性 PP 吸湿性小，成型前可不干燥。必要时可在 80～100℃ 下，干燥 2～4h。

（3）注射成型工艺参数 箱包注射成型工艺参数见表 6-5。

表 6-5 箱包注射成型工艺参数

注射压力/MPa	温度/℃		时间/s		
	料筒	喷嘴	注射	保压	冷却
60～80	180～220	210	8～12	3～6	50～70

5. 注射成型机及模具

（1）注射成型机 常用螺杆式注射成型机。由于旅行箱的体积较大，故必须采用注射量为 1000cm³ 以上的注射成型机；而公文箱的体积一般不大，可采用小型注射成型机（具体应视产品规格而定)。

(2) 模具　生产箱包的模具,其结构与一般注射成型模具的结构基本相同,具体设计应由旅行箱和公文箱的外形结构而定,模具型腔要经喷砂处理,使箱体表面有波纹,增加箱包的美观性。

案例四　接线座的注射成型工艺

1. 概述

接线座属电工产品,必须具备优异的电绝缘性能、较高的冲击强度、良好的外观、阻燃。生产接线座常用的方法有压塑模塑、传递模塑、注射成型等,适用的塑料材料品种较多,可以是热固性塑料,也可以是热塑性塑料。下面介绍热塑性塑料的注射成型法生产接线座。

(1) 原料　考虑到易加工性与经济性,选用阻燃 ABS 作为生产原料。

(2) 工艺流程　生产接线座工艺流程见图 6-3。

图 6-3　接线座生产工艺流程

2. 生产工艺条件

(1) 物料配制　在捏合机中,按配方要求加入阻燃 ABS 及色母料,混合均匀后备用(若产品为本色时,可不需配料)。

(2) 物料干燥　阻燃 ABS 原料在加工前要进行干燥处理,除去其中的水分。干燥工艺参数为干燥温度 80～90℃、干燥时间 2～4h、料层厚度<5cm,干燥后的物料要避免再吸湿。

(3) 注射成型工艺参数　接线座的注射成型要严格按工艺参数进行,开、停车时要对注射成型机料筒进行换料清洗,清洗料为通用级 ABS。接线座的注射成型工艺参数见表 6-6。

表 6-6　接线座注射成型工艺参数 (制品重 78g)

温度/℃			压力/MPa		时间/s		
料筒	喷嘴	模具	注射	保压	注射	保压	冷却
170～200	190	<60	70～90	70	8～12	3～5	15～20

3. 注射成型机及模具

(1) 注射成型机　采用螺杆式注射成型机。螺杆头部带止逆环,使用通用喷嘴(避免用自锁式喷嘴,以防阻燃料分解)。

(2) 模具　采用多针点潜伏式浇口,保证制品良好外观。

案例五　透明调味瓶的注射成型工艺

1. 概述

调味瓶属食品类包装容器,所用材料必须无毒、无臭、无味,制品要无色透明、表面有光泽,不能出现缩瘪、擦伤、水泡、银丝和污点等缺陷。

2. 原料

透明调味瓶生产原料常用 PS 树脂，由于 PS 材料性脆，易破碎，因此加工时，不能过多掺用回料。另外，PS 的吸水率低，加工前一般不进行干燥，必要时可在 70～80℃下干燥 1～2h。

3. 生产工艺流程

透明调味瓶生产的工艺流程见图 6-4。

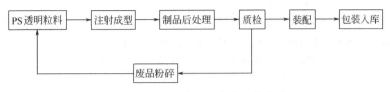

图 6-4　透明调味瓶生产的工艺流程

4. 注射成型工艺参数

透明调味瓶注射成型工艺参数见表 6-7。

表 6-7　透明调味瓶注射成型工艺参数

注射压力/MPa	温度/℃		时间/s			后处理	
	料筒	喷嘴	注射	保压	冷却	温度/℃	时间/h
70～100	180～220	210	3～6	3～6	10～20	70	2～4

5. 注射成型机及模具

① 注射成型机以螺杆式为宜，这样不仅成型条件易控制，而且生产效率较高。由于制品较小，故使用小型注射成型机。

② 模具采用侧浇口、顶板顶出（避免顶坏制品）。

6. 成型时注意事项

① 为保证制品质量，生产时最好采用新料，并且物料要进行干燥。

② 要控制好注射压力。因为如果压力太低，易产生欠注；压力太高，易出现溢料并使制品脱模时划伤。

③ 要控制好料温。因为如果温度太低，易产生欠注；温度太高，则易出现溢料、气泡、银纹等缺陷。

④ 保压压力不能太高、太长，否则制品脱模时易划伤。

复习思考题

1. PVC 管件的关键技术要求有哪些？
2. 试分析给水管件的结构设计注意事项。
3. 试分析 PVC 给水管件的配方组成及作用。
4. 简述 PVC 给水管件用物料的配制过程及工艺要点。
5. 简述 PVC 管件注射成型用设备选择注意事项。
6. PVC 管件成型模具设计注意事项有哪些？
7. 试分析 PVC 管件注射成型工艺。
8. PVC 注射成型有哪些注意事项。
9. 简述啤酒箱生产工艺流程及注射成型工艺参数。
10. 简述塑料箱包生产工艺流程及注射成型工艺参数。
11. 简述接线座生产工艺流程及注射成型工艺参数。
12. 简述透明调味瓶生产工艺流程及注射成型工艺参数。

参考文献

[1] 杨卫民等. 注射成型新技术. 北京：化学工业出版社，2008.

[2] 王向东等. 注射成型技术进展. 中国塑料，2001，15（10）：1.

[3] 王兴天. 注塑技术与注塑机. 北京：化学工业出版社，2005.

[4] 北京化工大学. 塑料机械设计. 北京：中国轻工业出版社，1995.

[5] 范有发. 冲压与塑料成型设备. 北京：机械工业出版社，2001.

[6] 徐声钧. 液压设备液压故障诊断技术教程. 武汉：武汉工业大学出版社，1990.

[7] 机械工业部. 橡胶塑料机械产品样本. 北京：机械工业出版社，1996.

[8] 叶蕊. 实用塑料加工技术. 北京：金盾出版社，2000.

[9] 申开智. 塑料成型模具. 北京：中国轻工业出版社，2007.

[10] 卜建新. 塑料模具设计. 北京：中国轻工业出版社，1999.

[11] 成都科技大学. 塑料成型工艺学. 北京：轻工业出版社，1991.

[12] 黄锐. 塑料成型工艺学. 北京：中国轻工业出版社，1998.

[13] 王善勤. 塑料注射成型工艺与设备. 北京：中国轻工业出版社，1998.

[14] 杨淑丽. 塑料注射成型入门. 杭州：浙江科学技术出版社，2000.

[15] 王兴天. 注塑成型技术. 北京：化学工业出版社，1998.

[16] 张明善. 塑料成型工艺及设备. 北京：中国轻工业出版社，1998.

[17] 杨卫民等. 注塑机使用与维修手册. 北京：机械工业出版社，2007.

[18] 周殿明. 注塑成型中的故障与排除. 北京：化学工业出版社，2002.